持续集成与
持续部署实践

陈志勇　钱　琪　孙金飞　李诚诚◎编著

人民邮电出版社
北　京

图书在版编目（CIP）数据

持续集成与持续部署实践 / 陈志勇等编著. -- 北京：人民邮电出版社，2019.6（2022.9重印）
ISBN 978-7-115-50681-8

Ⅰ. ①持… Ⅱ. ①陈… Ⅲ. ①软件开发 Ⅳ. ①TP311.52

中国版本图书馆CIP数据核字(2019)第019556号

内 容 提 要

本书结合实例介绍持续集成与持续部署过程中的相关知识，包括从源代码管理（版本管理、代码扫描、代码审核）到集成部署（编译打包、流水线、容器化部署），再到自动化测试（单元测试、接口测试），最后到生产发布（镜像仓库、镜像管理、日志管理、网络管理、持久化方案、服务发现、服务编排等）的整个过程。参照书中内容即可在企业中落地持续集成与持续部署。

本书适合有志于投身运维的读者，以及还处在手工部署环境中的测试团队、运维团队、开发团队。由于可操作性较强，本书也适合作为大专院校相关专业师生的学习用书和培训学校的教材。

◆ 编　著　陈志勇　钱　琪　孙金飞　李诚诚
　　责任编辑　张　涛
　　责任印制　焦志炜

◆ 人民邮电出版社出版发行　北京市丰台区成寿寺路 11 号
　　邮编　100164　电子邮件　315@ptpress.com.cn
　　网址　https://www.ptpress.com.cn
　　北京盛通印刷股份有限公司印刷

◆ 开本：800×1000　1/16
　　印张：25.75　　　　　　　2019 年 6 月第 1 版
　　字数：502 千字　　　　　2022 年 9 月北京第 9 次印刷

定价：89.00 元

读者服务热线：(010)81055410　印装质量热线：(010)81055316
反盗版热线：(010)81055315
广告经营许可证：京东市监广登字 20170147 号

业界专家推荐

今天,一家信息技术公司如果没有实现数字化、没有互联网技术支撑,将举步维艰。云计算、大数据、人工智能、敏捷、迭代、蓝绿部署、金丝雀发布、灰度试错、微服务、容器等技术纷纷出现的时代,数字化只是冰山的一角。本书探讨了冰山下那引人入胜的部分:CI/CD到底要解决什么问题,它与DevOps之间的关系是怎样的,程序员如何用工具化的系统持续进行代码的版本管理、构建、打包、集成、测试和部署,持续集成能力对互联网产品的生存阶段意味着什么、对用户体验意味着什么,如何利用云平台和容器技术实现弹性伸缩价值,等等。本书给出很好的解答。

——leo fan,腾讯研发总监

本书根据作者多年的工作经验娓娓道来,阐明持续集成的价值和实践,不仅包含Jenkins体系实践,还讲述如何用Docker构建集成容器、镜像仓库规划及管理。一书在手,持续集成无忧。

——吴毓雄(悟石),阿里巴巴高级技术专家

持续集成和持续部署现在很多公司已经开始实践了。但深入了解后会发现,真正整体实现、全面落地、产生巨大价值的真是凤毛麟角。作者在这方面的见解和认知对所有致力于提升企业研发效率、提升个人能力的从业者都有启发和借鉴意义。本书深入剖析了持续集成流水线、微服务和容器化新趋势下的CI&CD,因此强烈推荐本书。

——任杨,滴滴出行高级技术专家

统一高效的代码管理、测试、发布在大数据机器学习项目实施中至关重要。本书系统讲述了程序员如何从工具实战出发,来实现统一高效的代码持续集成与持续部署,是一本从实战出发的参考书。

——张粤磊,飞谷云创始人,大数据实战专家,平安壹钱包前大数据架构师

作者简介

钱琪，曾就职于 AMD、思科、中国电信、VMWare 等企业，擅长测试开发、自动化测试、性能测试，拥有丰富的持续集成、持续部署实践经验。

孙金飞，万达网科质量管理部技术专家，曾担任平安付、挖财等公司测试总监，服务过腾讯、淘宝、百度、平安、挖财等企业，擅长测试开发、自动化测试、测试管理、性能测试，拥有丰富的持续集成、持续部署实践经验。

陈志勇（天胜），曾就职于诺亚舟、上汽通用、平安集团、中国电信等企业，从事 DevOps 开发、性能测试工作，拥有丰富的开发、项目管理、性能测试经验，著有《全栈性能测试修炼宝典 JMeter 实战》。

李诚诚，翼支付消费金融事业群自动化测试专家，曾任职于平安付、挖财，擅长性能测试、自动化测试、测试开发，拥有丰富的持续集成、性能测试经验。

序

互联网时代，效率就是竞争力，软件工程开发效率甚至决定了商业的成败。在大规模协作开发的场景中，软件集成与部署发布是一个耗时费力还容易出错的环节。提高集成效率，加快部署速度，具备大规模部署及快速故障修复能力成为企业的迫切需求。

各大企业也都在建设自己的DevOps（Development和Operation的组合），用来提高开发、集成、测试及部署的效率。近年来，尤其是容器技术产生后，DevOps相当火热，国内成立了不少DevOps公益组织，举办了不少行业峰会。燃情岁月，无数从事运维、测试与开发的人员投身到DevOps的大潮中。

DevOps不仅是先进技术的集合，更是管理智慧的注入；DevOps是先进生产力的代表，提高了软件交付过程的效率。目前来看，DevOps的市场与前景光明，一技在手，就业不愁。学习DevOps及从事相关工作的人越来越多，恰巧近两年我也是在做DevOps的工作，基于开源项目做二次开发与集成，切身体会到DevOps建设的艰难。从无到有的过程总是艰苦的，踩过一些"坑"，走过一些弯路，最后还坚持下来了，办法总比困难多。

DevOps是一个庞大的技术栈，一本书讲不完也讲不尽各种细节，所以本书只打算讲DevOps中的部分内容——持续集成与持续部署。

我不善于讲解理论，所以主要围绕问题讲思路、讲办法、讲实际操作，这也意味着读者可以参照实例来进行学习，甚至可以参照书中的内容实现持续集成与持续部署的落地，掌握快速部署及故障恢复的技能。

没有什么比动手操作更令人印象深刻的了，没有什么比动手操作更好的学习方法了；那还等什么呢？一起行动起来，实现持续集成与持续部署的落地。

陈志勇（天胜）

前言

自动化的、流程化的、智能化的持续集成与持续部署不仅代替了人工打包、部署及测试等工作，还融入了流程管理，规范了软件开发过程。本书将探讨有关持续集成、持续部署的知识。

从本书中可以收获什么

- 落地持续集成，参照实例可以建立持续集成体系，内容包括源代码管理、代码扫描、代码审核、单元测试、部署（包括容器部署）及自动化测试，使用流水线来组织工作节点。
- 落地持续部署，参照实例可以建立起容器化的部署环境，内容包括各种部署需求的容器化实现，服务编排、服务发现、镜像管理、存储方案等。
- 了解容器技术栈、大规模部署的痛点及解决思路。对于大规模部署面临的问题，给出了解决方法。

读者群

本书适合以下读者阅读。
- 从事运维的技术人员。
- 还在实施手工部署的测试团队。
- 软件开发人员。

阅读提示

本书内容分 3 部分。

第一部分介绍价值驱动。第 1 章简单叙述持续集成、持续部署的价值及实施必要性。

第二部分讲解持续集成的基础知识，通过实例操作展示持续集成与持续交付过程。其中，第 2 章介绍源代码管理工具及源代码管理流程，第 3 章介绍 Jenkins 基础知识及操作示例，第 4 章结合实例讲解如何利用 Jenkins 持续集成，第 5 章介绍如何将自动化测试加入持续集成中。

第三部分讲解持续部署的要点、操作、原理。其中，第 6 章介绍持续部署技术选型应该解决哪些痛点，第 7 章介绍环境规划及安装部署，第 8 章讲解持续部署中的部署场景，如租户隔离、日志处理，第 9 章讲解容器网络基础和网络解决方案，第 10 章介绍容器服务管理及服务编排，第 11 章介绍容器镜像仓库规划，第 12 章介绍容器持久化存储需求及业务解决方案，第 13 章介绍服务编排工具 Rancher 的应用。

勘误与支持

限于个人水平，书中内容定有不足、不妥之处，恳请各位读者批评指正。
编辑联系邮箱为 zhangtao@ptpress.com.cn。
作者联系邮箱为 2583269477@qq.com。

致谢

感谢测试团队、DevOps 团队，与他们一起共事学习了很多知识。
感谢我的家人，是他们在背后默默支持，并且参与本书的校对工作，是他们的辛苦付出才让本书能够如期面世。
感谢所有的读者，感谢你们的支持和鼓励。

——钱琪

感谢身边的朋友和伙伴在本书编写过程中给予的帮助！
感谢妻子小徐一路的陪伴、理解与支持！

——孙金飞

有很多要感谢的话，感谢广大读者对我们的支持。
感谢我服务过的每一家企业、每一个团队给予了我学习的机会；感谢我的家人一直以来的陪伴、理解与支持。

——陈志勇

感谢王永强先生、高明国先生在工作中的支持，感谢段丹女士在生活中的陪伴。

——李诚诚

扫码关注本书

扫描下方二维码，您将会在异步社区微信服务号中看到本书信息及相关的服务提示。

与我们联系

我们的联系邮箱是 contact@epubit.com.cn。

如果您对本书有任何疑问或建议，请您发邮件给我们，并请在邮件标题中注明本书书名，以便我们更高效地做出反馈。

如果您有兴趣出版图书、录制教学视频，或者参与图书翻译、技术审校等工作，可以发邮件给我们；有意出版图书的作者也可以到异步社区在线提交投稿（直接访问 www.epubit.com/selfpublish/submission 即可）。

如果您是学校、培训机构或企业，想批量购买本书或异步社区出版的其他图书，也可以发邮件给我们。

如果您在网上发现有针对异步社区出品图书的各种形式的盗版行为，包括对图书全部或部分内容的非授权传播，请您将怀疑有侵权行为的链接发邮件给我们。您的这一举动是对作者权益的保护，也是我们持续为您提供有价值的内容的动力之源。

关于异步社区和异步图书

"异步社区"是人民邮电出版社旗下IT专业图书社区，致力于出版精品IT技术图书和相关学习产品，为作译者提供优质出版服务。异步社区创办于2015年8月，提供大量精品IT技术图书和电子书，以及高品质技术文章和视频课程。更多详情请访问异步社区官网 https://www.epubit.com。

"异步图书"是由异步社区编辑团队策划出版的精品IT专业图书的品牌，依托于人民邮电出版社近30年的计算机图书出版积累和专业编辑团队，相关图书在封面上印有异步图书的LOGO。异步图书的出版领域包括软件开发、大数据、AI、测试、前端、网络技术等。

异步社区

微信服务号

目录

第一部分 价值驱动

第1章 为什么要 CI&CD 2
- 1.1 CI&CD 的价值 2
- 1.2 CI&CD 带来的变化 3
- 1.3 CI&CD 实施现状 4
- 1.4 CI&CD 技术栈 5
- 1.5 大规模部署的烦恼 6
- 1.6 实施云平台化 7
- 1.7 本章小结 11

第二部分 持续集成

第2章 代码管理 14
- 2.1 代码版本管理工具 GitLab 14
  - 2.1.1 安装 GitLab CE 14
  - 2.1.2 配置 GitLab 24
  - 2.1.3 GitLab 的使用说明 33
- 2.2 代码扫描和管理平台 SonarQube 42
  - 2.2.1 SonarQube 平台的组成结构和集成 42
  - 2.2.2 SonarQube 服务器 44
  - 2.2.3 SonarQube 扫描器 52
  - 2.2.4 SonarQube 服务器的界面 56
- 2.3 代码审核工具 Gerrit 65
  - 2.3.1 Gerrit 65
  - 2.3.2 Gerrit 的安装和配置 66
  - 2.3.3 GitWeb 的安装和配置 75
  - 2.3.4 在 Gerrit 中集成 LDAP 认证 78
  - 2.3.5 Gerrit 和 GitLab 的集成 79
  - 2.3.6 Gerrit 的基本用法 86
- 2.4 本章小结 92

第3章 Jenkins 基础知识 93
- 3.1 Jenkins 93
- 3.2 Jenkins 的安装 94
  - 3.2.1 使用 Docker 安装 Jenkins 94
  - 3.2.2 为 CentOS 虚拟机安装 Jenkins 106
- 3.3 Jenkins Home 目录 108
- 3.4 Jenkins 的升级以及备份和还原 111

3.4.1　升级Jenkins ………………… 111
　　3.4.2　备份和还原Jenkins …… 111
3.5　Jenkins的分布式构建模式 …… 114
3.6　Jenkins配置 ……………………… 120
　　3.6.1　Jenkins界面 ……………… 120
　　3.6.2　Jenkins系统配置 ………… 125
　　3.6.3　Jenkins全局安全配置 …… 130
　　3.6.4　Jenkins全局工具配置 …… 136
　　3.6.5　Jenkins CLI ………………… 140
3.7　Jenkins插件的配置和使用 …… 144
　　3.7.1　强大的插件功能 …………… 144
　　3.7.2　安装和更新插件 …………… 145
3.8　本章小结 ……………………………… 150

第4章　持续集成实战 …………… 151

4.1　源码下拉和管理 …………………… 152
　　4.1.1　创建任务 …………………… 152
　　4.1.2　Git源码管理 ……………… 153
　　4.1.3　凭据 ………………………… 154
　　4.1.4　分支管理 …………………… 158
　　4.1.5　Git源码管理的附加
　　　　　　操作 ……………………… 159
　　4.1.6　拉取多个Git仓库 ………… 161
4.2　Maven源码构建 …………………… 162
　　4.2.1　构建一个Maven
　　　　　　项目 ……………………… 162
　　4.2.2　配置Build模块 …………… 164
4.3　集成SonarQube进行代码
　　　扫描 ………………………………… 167
　　4.3.1　对Sonar和Jenkins进行
　　　　　　集成 ……………………… 167
　　4.3.2　为Maven任务配置Sonar
　　　　　　扫描 ……………………… 169

4.4　触发设定 ……………………………… 173
　　4.4.1　定时构建 …………………… 173
　　4.4.2　远程构建 …………………… 174
　　4.4.3　GitLab触发构建 …………… 175
　　4.4.4　Gerrit触发构建 …………… 178
　　4.4.5　其他工程构建后触发 …… 184
4.5　邮件提醒 ……………………………… 184
　　4.5.1　Jenkins全局配置 ………… 184
　　4.5.2　在Jenkins任务中配置
　　　　　　邮件提醒 ………………… 185
　　4.5.3　邮件模板配置 ……………… 187
4.6　任务参数化配置 …………………… 197
　　4.6.1　Jenkins自带常用
　　　　　　参数 ……………………… 198
　　4.6.2　Node参数 …………………… 199
　　4.6.3　Git参数 ……………………… 201
　　4.6.4　动态选择参数 ……………… 203
4.7　上下游任务设定 …………………… 207
4.8　执行条件设定 ……………………… 209
　　4.8.1　设置Conditional step
　　　　　　（single）………………… 210
　　4.8.2　设置Conditional steps
　　　　　　（multiple）……………… 214
4.9　实例一：Git代码提交触发+Maven
　　　构建+代码扫描+邮件通知 …… 214
　　4.9.1　Build部分配置 …………… 215
　　4.9.2　Artifactory构建仓库
　　　　　　配置 ……………………… 215
4.10　实例二：Git源码下拉+参数化
　　　　构建+多环境部署 …………… 219
　　4.10.1　任务参数化 ……………… 220
　　4.10.2　多项目代码下拉 ………… 222
　　4.10.3　配置多阶段子任务 …… 223

4.10.4 在子任务之间传递部署执行文件 ………… 225
4.11 Pipeline 和 Blue Ocean ………… 227
 4.11.1 Jenkins Pipeline ………… 227
 4.11.2 多分支流水线任务 ………… 239
 4.11.3 通过 Blue Ocean 展示和创建任务 ………… 242
4.12 在 Jenkins 中集成 Kubernetes ………… 245
 4.12.1 基于 Kubernetes 集群的 Jenkins ………… 245
 4.12.2 安装 Jenkins Master ………… 246
 4.12.3 配置 Jenkins Master ………… 252
 4.12.4 通过 Pipeline 脚本创建动态 Slave 节点 ………… 256
4.13 本章小结 ………… 258

第 5 章 自动化测试集成 ………… 259

5.1 Jenkins+Maven+JMeter ………… 259
 5.1.1 环境准备 ………… 259
 5.1.2 Maven+JMeter 执行 ………… 260
 5.1.3 Jenkins+Maven+JMeter 任务构建 ………… 270
5.2 Jenkins+Robot Framework ………… 270
 5.2.1 Robot Framework 介绍和安装 ………… 270
 5.2.2 在 Robot Framework 中集成 Jenkins ………… 275
5.3 本章小结 ………… 283

第三部分 持续部署

第 6 章 持续部署设计 ………… 286

6.1 持续部署的问题 ………… 286
6.2 解决方案 ………… 288
 6.2.1 Rancher ………… 289
 6.2.2 Rancher 运行机理 ………… 291
 6.2.3 Rancher 如何解决持续部署的问题 ………… 293
6.3 持续部署场景 ………… 295
 6.3.1 单系统部署结构 ………… 295
 6.3.2 普通集群部署结构 ………… 296
 6.3.3 微服务系统部署结构 ………… 296
 6.3.4 租户隔离结构 ………… 297
6.4 本章小结 ………… 297

第 7 章 安装环境 ………… 298

7.1 准备工作 ………… 298
7.2 安装 Docker ………… 301
7.3 安装 Rancher ………… 302
 7.3.1 安装 Rancher HA 环境 ………… 302
 7.3.2 添加本地账户 ………… 306
 7.3.3 设置环境 ………… 308
 7.3.4 添加主机 ………… 309
7.4 集成 Harbor 镜像仓库 ………… 311
 7.4.1 下拉镜像 ………… 311
 7.4.2 配置 ………… 312
 7.4.3 启动容器 ………… 313
 7.4.4 修改默认的 HTTP 端口 ………… 315
 7.4.5 集成 Harbor 到 Rancher 中 ………… 315
 7.4.6 测试连通 ………… 316

7.4.7 查看 Harbor 日志 319
7.4.8 从 Rancher 商店集成
　　　Harbor 319
7.5 Rancher 名词约定 321
7.6 本章小结 324

第 8 章　持续部署 325
8.1 单系统部署 325
　8.1.1 源码扫描、编译、
　　　　打包 326
　8.1.2 制作镜像并上传到
　　　　Harbor 中 327
　8.1.3 通过 rancher-compose 启动
　　　　容器 329
　8.1.4 在 Jenkins 中访问
　　　　Rancher 332
8.2 集群部署 333
　8.2.1 部署多个实例 334
　8.2.2 建立 Load Balancer 335
　8.2.3 持续部署 339
　8.2.4 用 nginx 作为
　　　　Load Balancer 340
8.3 微服务部署 343
　8.3.1 微服务部署需求 343
　8.3.2 在 Docker 中实现日志
　　　　统一收集 345
　8.3.3 filebeat 与 ELK 的
　　　　集成 348
　8.3.4 将 Docker 日志传递到
　　　　ELK 352
　8.3.5 通过 Docker 日志收集
　　　　log-pilot 353
8.4 租户隔离 356

8.5 同一镜像的多环境发布 357
8.6 本章小结 360

第 9 章　网络方案 361
9.1 Docker 网络 361
　9.1.1 Host 网络 361
　9.1.2 Bridge 网络 362
　9.1.3 Container 网络 363
　9.1.4 none 网络 363
9.2 Rancher 网络方案 364
9.3 IPSec 网络 366
　9.3.1 IPSec 的定义 366
　9.3.2 Rancher 的 IPSec 网络 367
9.4 VXLAN 368
　9.4.1 什么是 VXLAN 368
　9.4.2 Rancher 的 VXLAN
　　　　驱动 369
9.5 本章小结 371

第 10 章　服务管理 372
10.1 服务编排 372
　10.1.1 Add Service 372
　10.1.2 Command 373
　10.1.3 Volumes 374
　10.1.4 Networking 375
　10.1.5 Security/Host 376
10.2 健康检查 379
10.3 蓝绿发布 380
10.4 灰度发布 381
10.5 本章小结 381

第 11 章　镜像仓库规划 382
11.1 镜像仓库的需求 382

11.2 镜像仓库规划 ……………… 382
11.3 复制 Harbor 镜像 ……………… 383
  11.3.1 分别准备好测试与生产环境的镜像仓库 ……… 384
  11.3.2 设置复制策略 ………… 384
11.4 本章小结 ………………… 386

第 12 章 存储方案 ……………… 387
12.1 存储需求 ………………… 387
  12.1.1 文件存储需求 ………… 387
  12.1.2 对象存储需求 ………… 387
  12.1.3 块存储需求 …………… 388
  12.1.4 分布式存储需求 ……… 388
12.2 常用方案 ………………… 389
12.3 Rancher NFS 示例 ……………… 390
12.4 本章小结 ………………… 394

第 13 章 服务编排工具 …………… 395
13.1 Rancher 2.0 ……………… 395
13.2 Rancher 2.0 体验 ……………… 397
13.3 本章小结 ………………… 398

第一部分
价值驱动

第 1 章　为什么要 CI&CD

DevOps、持续集成、持续交付、持续部署、敏捷等词语大家应该都耳熟能详了，说到底就是快速交付价值，从工程上、管理上、组织上、工具上来提高效率，打造可靠的、快速的产品（项目）交付过程。本书将围绕项目管理、自动化部署、自动化发布、自动化测试、容器云来实现持续集成、持续交付及持续部署，因为它不是一本理论图书，不打算大谈道理，我们将直接谈论持续集成、持续交付、持续部署的价值，抛出问题，说思路，讲方案，讲实际操作。希望能够帮助广大读者快速在企业落地持续集成、持续交付与持续部署。

1.1　CI&CD 的价值

持续集成（Continuous Integration，CI）是一种软件开发实践。在持续集成中，团队成员频繁集成他们的工作成果，一般每人每天至少集成一次，也可以多次。每次集成会经过自动构建（包括静态扫描、安全扫描、自动测试等过程）的检验，以尽快发现集成错误。许多团队发现这种方法可以显著减少集成引起的问题，并可以加快团队合作软件开发的速度（以上引用自 Martin Fowler 对持续集成的定义）。

持续交付（Continuous Delivery）是指频繁地将软件的新版本交付给质量团队或者用户，以供评审，如果评审通过，代码就进入生产阶段。

持续部署（Continuous Deployment）是持续交付的下一步，指的是代码通过评审以后，自动部署到生产环境中。

通过上面的定义我们不难发现，持续突出的就是一个快字，商业软件的快速落地需求推动了软件工程的发展。可持续的、快速迭代的软件过程是当今主流开发规约。尤其在互联网行业，快速响应即是生命线。从一个想法到产品落地都处在冲锋的过程中，机会稍纵即逝。响应用户反馈也是万分敏捷，早晨的反馈在当天就会上线发布，快得让用户感觉倍受重视。"快"已经成为商业竞争力。这一切都要求企业具备快速响应的能力，这正是推动持续集成、持续交付、持续部署的动力。

产品或者项目的参与者应该能够深刻体会到团队协作时，工作交接（系统集成）部分最容易出问题，会消耗大量的沟通成本与时间成本，直接拖慢进度。所以，一个行之有效的项目管理过程（包括沟通管理、流程管理）在大型项目中效果明显。当前敏捷开发是主流，持续集成、持续交付与持续部署正好能够帮助高效地实施敏捷过程，促进开发、运维和质量保障（QA）部门之间的沟通、协作与整合。

1.2 CI&CD 带来的变化

通常把开发工作过程分为编码、构建、集成、测试、交付、部署几个阶段（见图1-1），持续集成、持续交付、持续部署刚好覆盖这些阶段。从提高效率上来讲，对每个阶段的优化都可以缩短软件交付时间。持续集成、持续交付及持续部署的过程即是一个软件开发优化过程。

▲图 1-1 CI&CD 过程

墨菲定律大家都不陌生，越是担心什么就越会发生什么；在多团队协作时，比如系统对接时，我们都会担心对接是否顺利，往往也不枉我们担心，时常我们会被集成折磨得焦头烂额。有很多团队只是担心，并没有拿出有效的措施去避免这种事情发生，以至于延长了交付时间。既然担心，我们何不及早集成，把问题先暴露出来？

目前多数公司都已经使用了版本管理工具来管理源码，比如 GitLab、SVN 等版本管理工具。在版本管理这一块，公司会根据自己的实际情况来制订版本管理办法。对于持续集成来说，业内建议只维护一个源码仓库，降低版本管理的复杂度。开发人员持续提交自己的修改，自动触发编译，自动集成，自动进行自动化的测试，及早反馈集成过程中的问题，就能更好地防止出现平时不集成、集成就出问题的现象。

通过自动化的持续集成，把管理流程固化；保证集成的有序性、可靠性；减少版本发布的不合规性（开发或者测试手动打包，可能一天打多个包，更新多次，测试不充分），保证版本可控，问题可追溯（至于哪个版本出现的问题，可以回溯）。

一旦把这种持续集成的过程固定下来，形成一个自动化过程，就具备了持续集成的能力，软件交付的可靠性就大大增强，这无形也是一种竞争力。这种竞争力保证了集成的有序性、可靠性。过程的自动化抛弃了人工，降低了出错率，提高了速度，自然会节省成本。

1.3 CI&CD 实施现状

在日常生活中处处都体现着一个"快"字,互联网更是对快追求到极致。持续集成、持续交付、持续部署在互联网行业更为广泛。作者没有统计哪些公司在用,只是圈子中朋友公司都实施了持续集成,具备持续交付能力。至于持续部署就没这么广泛了,毕竟持续部署不仅仅是技术问题,还涉及管理、营运等问题。尤其是一些金融企业、大型国企,开发团队外包,测试外包,运营半外包,安全要求高,很难快速实施。多数能够在测试环境中建立起 CI&CD 就已经很不错了。

阿里云、腾讯云、网易蜂巢等国内云,都提供了从 GitLab 下拉代码、编译打包、单元测试、镜像制作、容器发布的功能。这个过程实际上就是持续集成、持续交付的过程,同时具有持续部署的能力。基本上,持续集成、持续交付、持续部署是一种服务能力,是云平台必须具备的能力。

下面引自 2017 年 DevOps 现状调查报告。

统计资料显示,DevOps 正在各个行业、各种规模的企业中落地。DevOps 团队的比例在 2014 年是 16%,在 2015 年是 19%,在 2016 年是 22%,在 2017 年已经增长到 27%,越来越多的企业和团队开始拥抱 DevOps。图 1-2 是 2017 年 DevOps 现状调查报告统计的从业分布情况。

完整的报告可以从 qcloudimg 网站下载。

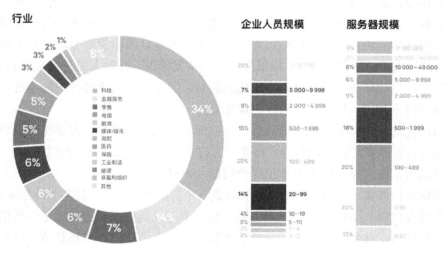

▲图 1-2 DevOps 从业统计

在本书撰写过程中 2018 年 DevOps 现状调查报告也已经出来，图 1-3 是精英级执行团队使用 DevOps 后的效率。

精英级执行团队在以下几个方面有着突出的表现。

1）代码发布频率高 46 倍。

2）代码从提交至发布的速度快 2555 倍。

3）故障变更率降低 1/7。

4）事故恢复时间快 2604 倍。

另外，云计算持续增长（见图 1-4）。有 17% 的调查者仍然没有使用云厂商的服务。AWS 最受欢迎，占比为 52%，Azure 屈居次席，占比为 34%。

▲图 1-3　精英级执行团队使用 DevOps 后的效率

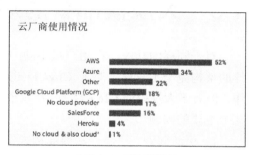

▲图 1-4　云计算调查

1.4　CI&CD 技术栈

目前持续集成、持续交付、持续部署在开源社区都是热点，用户可以方便地利用这些开源组件来构建自己企业的持续集成、持续交付及持续部署平台。

持续集成工具中以 Jenkins 使用最为广泛，由 Jenkins 来作业化持续集成过程；利用 GitLab 来管理程序版本；利用 Gerrit 来做代码审核；利用 Sonar 进行代码质量扫描；利用 JUnit 进行单元测试；利用 Docker compose 来构建镜像；利用 Docker 来部署容器；利用 Kubernetes、Rancher 等进行服务编排。图 1-5 显示了常见的 CI&CD 技术栈。后续讲解 CI&CD 落地时会运用到其中的一些技术与工具。当然，基本上都运用开源工具，这也有助于企业在落地时节省费用。

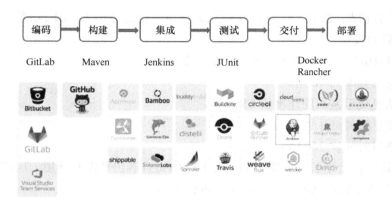

▲图 1-5　CI&CD 技术栈

1.5　大规模部署的烦恼

对于同样的功能，在用户量不同的系统中，工作量是完全不同的，后台为性能考虑而设计的架构完全不一样。对于 CI&CD 也是如此，小规模的很容易，配几个作业就可以完成工作，但对于大规模的 CI&CD，一旦系统数量、实例数量上去后各种问题就都来了。下面列举几个主要的问题。

1）更新问题。更新一次要耗费大量精力，很多企业都是晚上更新，员工得通宵加班，还不能保证更新没问题，不具备快速大批量部署的能力。

2）部署包（jar 包、war 包、ear 包等）的管理问题。为了保证版本可追溯，出错后能够回滚，我们需要保存各个历史版本，而且方便下载。

3）版本的安全性。传统上以 Java 语言开发的系统多数以 jar 包、war 包、ear 包的方式发布，容易被篡改（人为修改、传输过程不完整）；通常我们用 md5 来验证完整性，但包与 md5 对应关系的管理并没有系统化，往往在出问题后人工进行 md5 验证。

4）主机管理问题。系统部署到哪些机器上需要进行主机管理？在部署时人工选择部署到哪台主机显然不是一种明智的方式，能否自动进行调度？同时，不会产生有些主机性能堪忧、有些主机空闲导致的负载不均情况。

5）端口管理问题，在部署 Java 项目时我们并不建议设置太多的 JVM 内存，因此一台主机上往往能够部署多个应用实例，同一台机器上多个实例的开放端口就必须不一致，于是端口又成了需要管理的资源。有人会说可以选用虚拟机，一台虚拟机上只部署一个实例。当然，这也是可以的。实际上，多数企业也是这么做的。这种做法也有弊端，虚拟机虽然帮助做了隔离，但会损失一些主机性能；虚拟机要使用内网 IP，这样 IP 又成了稀有资源，当部署多个实例时 IP 会不够用。

6）负载均衡管理问题。不管是在主机上部署多个实例，还是利用虚拟机来部署多个实例，在做集群时，都会通过代理（Nginx、Apache、LVS……）软件来做负载均衡，因此我们需要把各实例的访问地址配置到负载器的配置文件中。实例数少的时候手工配置还可以接受，多了就没法手工配置了。当然，方法也会有，比如用 Etcd+Confd+Nginx（HAProxy）来做服务发现，我们需要自己部署一套工具，并进行维护，复杂的框架提高了对运维人员的要求。

7）服务伸缩问题。当服务访问量上去后，要能够具备快速扩充的能力；当访问量下去后，要能够具备缩小服务规模的能力，收放自如。这种弹性的服务能力显然是通过工具来完成的，手动完成是不可能的。

8）IP 管理问题。当大规模部署后，IP 资源会成为稀有资源，如何用更少的 IP 来部署更多的服务？IP 的分配及管理显然不能人工完成，那样效率太过低下，这就需要一个 IP 管理工具。

如果有一个系统能够一站式解决以上问题，那真是太完美了。因为没有这样的系统，所以很多公司开发了他们的运维平台，专门用来解决大规模部署问题。但对于中小公司来说，技术与人力投入往往受限，没有这个能力、精力或者财力去建立一个智能的运维平台。但是我们可以利用开源工具、开源技术来搭建一个相对完善的持续集成、持续部署体系。

1.6 实施云平台化

虚拟化、云平台化为大规模部署提供了方便，尤其是在硬件资源管理及网络管理方面。互联网的火热更是推动了云的快速发展，基本上各大互联网企业都已经完成了云平台化，生产力也在不断提升。以 Docker 为代表的容器化技术出现后，云变得更灵活，容器化已经成为大潮，Docker 也占据了容器市场的绝对份额。容器部署方式能够满足快速大批量部署的要求，充分利用物理机器资源。以 Docker 为例，Docker 容器技术让应用一次构建，到处（物理机、虚拟机、公有云、私有云、Windows 系统、Linux 系统等）可运行，加快了本地开发和构建，实现了快速交付和部署；同时还可以在操作系统层面提供资源隔离服务。

为了提高服务水平，企业服务需要能够快速水平扩展，在系统设计层面也大举采用 SOA 框架，这种框架天生适合使用容器大规模部署。当然，也存在一些问题，比如管理大量的服务实例成为一个挑战，运维、监控、问题分析等变得复杂。那么如何管理这些容器呢？于是就产生了大量的容器管理工具，支持 Docker 容器管理的工具使用得比较广的有 Swarm、Mesos、Kubernetes、Rancher 等工具。这些工具能够帮我们方便管理容器，虽然有一些问题的解决方式并不完美，但这也给运维开发、测试开发提供了更多的想象空间与工作机会。

目前容器管理工具 Kubernetes 影响最大，但 Kubernetes 的学习与运维成本相对较高，需要专业人士的支持。目前国内大型互联网公司基本都基于 Kubernetes 来管理大量容器，包括 BAT、京东等企业。腾讯的蓝鲸（DevOps）也基于 Kubernetes，已经开始市场化；淘宝的云效也是与蓝鲸同类型的产品。

对于中小型企业来说，上 Kubernetes 显得有点操之过急，需要有技术储备与维护团队，学习成本相对也会高一点，因此应该选择简单的、快速能够落地的、能够满足企业要求的、有一定市场的工具。当然，最好还是开源的，社区也支持的。所以我们选择 Rancher，据说早期云效也是整合 Rancher 的，作者也在基于 Rancher 做整合，利用 Rancher 实现容器的管理，利用 Jenkins 构建，利用 GitLab 实现源码管理，再加上静态扫描、自动化测试、性能测试、日志管理等功能，整合成 DevOps，足够运行、管理上千个实例级别的容器实例。实际上，拥有 DevOps 并且已经容器化，就相当于已经拥有一个相对智能化的私有云平台（不是真正意义上的云，并没有对物理资源进行管理，抽象成服务）。图 1-6 是作者早期开发的 DevOps 静态架构。

▲图 1-6　DevOps 静态架构

此平台类似于一个私有云平台，基本涵盖了系统的生命周期：编译、打包、发布、测试、上线、运维、下线。同时把硬件资源管理起来，这些硬件对用户透明。平台主要分 3 层。

- 基础组件层，提供了存储、网络与运算功能。对于上层来说，硬件只是一个服务而已。
- 服务组件层，提供了运维与监控功能。对于大规模系统营运来说，系统监控、问题诊断分析变得复杂，必须在系统层面给予帮助，结合平台能力，让用户分析问题变得简单。那种从服务器上看日志的老旧方式一去不复返了。
- DevOps 用户层，直接面向运维人员，做到持续集成、持续交付、持续部署，在平台中完成各种测试。支持多种形式的发布，减少上线风险。

图 1-7 是上述平台用到的技术栈。

▲图 1-7　DevOps 部分技术栈

下面对用到的部分工具进行简单说明。

- Rancher：一个开源的企业级容器管理平台。通过 Rancher，企业再也不必自己使用一系列的开源软件去从头搭建容器服务平台。Rancher 提供了在生产环境中使用的管理 Docker 和 Kubernetes 的全栈化容器部署与管理平台。
- Jenkins：用于构建管理，定义管理工作过程。
- Docker compose：一种定义编排容器的工具，以 YAML 或者 XML 的格式展示编排内容。
- Maven：源码编译工具。
- GitLab：源码管理工具。
- Gerrit：代码审核工具。
- Sonar：代码静态扫描工具。
- robot：自动化测试工具。
- Ceph：分布式存储产品。
- Spring Boot：DevOps 集成开发技术框架。
- React：门户开发框架。
- Redux：门户开发框架。
- MySQL：数据库。
- MyBatis：ORM 框架。
- Kibana、Logstash、Elastic：用于统一进行日志管理、日志存储、日志分析。

本书讲到的 CI&CD 刚好是这个 DevOps 的一个子集，我们将围绕上述架构及技术栈展开，本书不仅讲解如何实现，还会结合实例展示如何落地。这些对于大多数中小型企业来说已经足够支撑业务。企业给 CI&CD 加上 Web 版本的门户、集中的账户管理体系以及运维监控体系，即可打造一个智能的 DevOps 平台。

图 1-8 是 CI&CD 流程，后面的实例也将围绕这个流程。

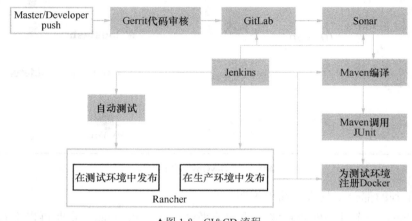

▲图 1-8　CI&CD 流程

下面先简单介绍该流程。

1）程序员提交代码。

2）Gerrit 做代码审核，通过提交到 GitLab，能通过邮件通知相关人员。

3）Sonar 做代码静态扫描，并把结果通知相关人员。

4）在 GitLab 中贴标签（通过 WebHook 触发 Jenkins 作业）或者手动在 Jenkins 中触发作业，Maven 开始下拉代码进行编译，然后进行单元测试和打包。

5）打包完成后利用 Docker cli 构建镜像。

6）把镜像上传到镜像仓库中。

7）Jenkins 作业触发 Rancher 在测试环境中启动容器，首先下拉镜像，然后根据配置启动容器。

8）Rancher 自动或者按规则调度容器在哪台机器上运行。

9）Rancher 负责容器生命周期管理（启动、监控、健康检查、扩展等）。

10）进行自动化测试。

11）测试通过后，Jenkins 触发 Rancher 在生产环境中启动或者更新测试通过的服务，当然，也可以手动在 Rancher 中进行发布，当实例增加时只需要填写实例数量即可快速扩展，在发布时可以支持灰度发布、蓝绿发布等个性化的发布需求。

注意：
1）我们一直不加上云平台这个名称，是因为云平台的定义太广，我们并没有产品接入功能，比如提供数据存储服务、缓存服务，以及提供大数据运算能力。
2）当然，我们也具备云要提供的很多服务，所以在把下面要讲的一套东西落地后，也可以冠以云平台之名，其他的功能可以慢慢补上来。"欲立新功，行之有名；立人之先，憨享其成。"

由于要用的工具比较多，这些工具多由外国人开发，译过来叫法比较多，因此为了方便讲述，下面介绍术语。

- 服务：完成某一功能的程序。
- 服务实例：程序部署单元，比如一个订单程序由 Tomcat 启动，一个这样的部署单元（一个 JVM 实例）称为一个服务实例。
- 容器：如 Docker 容器。
- 容器实例：镜像的运行态叫容器实例，如果运行一个 Nginx 镜像，那么这就是一个容器实例，我们利用镜像运行两个 Nginx，那么实例数为 2；这些实例称为容器实例，一定语境下直接称为实例。

1.7　本章小结

本章简单叙述了进行 CI&CD 的价值，以及通过 CI&CD 的实施能够帮我们解决什么问题。结合当前的 CI&CD 技术栈，我们知道要朝哪个方向去发力建立自己的私有云平台。利用当前的开源技术实现 CI&CD，运行自己的私有云平台，加速企业的系统集成效率，缩短部署时间，提高成功率。

第二部分
持续集成

第 2 章 代码管理

2.1 代码版本管理工具 GitLab

代码版本管理是持续集成中非常重要的环节,而且不论什么规模的公司,都会倾向于在本地服务器上搭建自己的代码版本管理服务,比较常用的就是 GitLab。

GitLab 是基于 Ruby On Rails 开发的 Git 项目仓库,类似于 GitHub,但是相比较而言,它支持在自己的内网服务器上搭建配置。

GitLab 目前有开源的 CE(Community Edition),也有收费的商业 EE(Enterprise Edition)。所有版本都可以基于 Git 对项目源码进行存储和管理,但是收费版本会提供更强大的功能。比如,与第三方服务的集成、代码提交规则制订、代码审核扫描等。一般公司推荐使用收费版本,这里列举已使用的是开源版本。

2.1.1 安装 GitLab CE

这里在 CentOS 7 的虚拟机上安装免费的 GitLab CE 10.1.4。

1. GitLab 架构和组件介绍

GitLab 整体架构如图 2-1 所示。

如果把 GitLab 比作一间办公室,那么这些组件对应的职能如下所述。

(1)GitLab Workhorse

GitLab 处理的内容可以存储在 GitLab Workhorse 中,也可以放在外置的硬盘中或者一些复杂的文件系统上,比如 NFS(Network File System,网络文件系统)。

(2)nginx

就好像前台,nginx 用户会首先访问前台,然后前台把请求发送给办公室中具体的办公人员。

(3)PostgreSQL(数据库)

就好像文件柜,数据库包含如下信息。

- 仓库中的所有货物(元数据、问题、合并请求等)。
- 前台记录的所有访问用户(权限数据)。

（4）Redis

就好像通信中心，Redis 包含所有工作人员的任务列表。

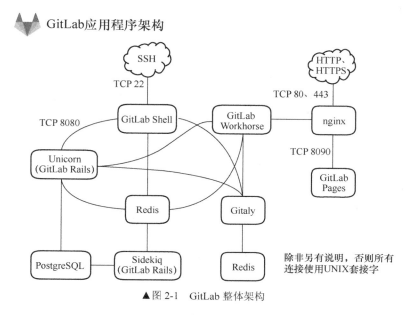

▲图 2-1　GitLab 整体架构

（5）Sidekiq

主要负责往外发送邮件的工作人员，邮件任务是从上面的 Redis 任务列表中获取的。

（6）Unicorn（GitLab Rails）

从 Redis 任务列表中获取任务，处理各种任务的工作人员，大致的任务如下。

- 通过 Redis 中存储的用户会话信息，对用户进行验证。
- 从代码仓库里取出内容，或者在里面移动、修改内容，就是日常一些代码的操作。

（7）GitLab Shell

从 SSH 而不是前台（HTTP）接受命令的工作人员。

（8）Gitaly

Gitaly 提供高层次的 Git RPC 服务以访问 Git 仓库，GitLab CE 9.4 以后变成一个必要组件，目前仍处在研发中，后期 GitLab 希望它能用于处理 GitLab 发出的所有 Git 调用。

2．安装步骤

官方安装文档参见 GitLab 网站。

（1）准备

1）安装 OpenSSH 服务器和客户端。

2）安装并且启动 postfix 邮件服务器，并且设置为开机自启动（用于后面配置 SMTP 和邮件发送）。

3）使用 lokkit 命令设置防火墙，打开 HTTP 和 SSH 的访问权限。

```
$ sudo yum install -y curl policycoreutils-python openssh-server openssh-clients postfix cronie lokkit
$ sudo systemctl enable sshd
$ sudo systemctl start sshd
$ sudo systemctl enable postfix
$ sudo systemctl start postfix
$ sudo chkconfig postfix on
$ sudo lokkit -s http -s ssh
```

（2）下载 EL6 完整版 rpm 安装包

1）可以从 GitLab 网站获取各类安装包。

2）获取适用于 CentOS 7 的 64 位安装包。这里从 GitLab 网站获取适用于 CentOS 7 的 rpm 安装包。用 curl 指令配置从本地获取 GitLab 安装包的 yum 源。

```
$ curl -s https://packages.gitlab 域名/install/repositories/gitlab/gitlab-ce/script.rpm.sh | sudo bash
```

3）yum 源配置好后，就可以直接通过 yum install 指令安装指定版本的 GitLab 了。如果公司内部网络无法从网上下载安装文件，可以通过下载 rpm 安装包的方式，进行本地化安装，如图 2-2 和图 2-3 所示。安装命令如下。

```
$ sudo yum install gitlab-ce-10.1.4-ce.0.el7.x86_64
```

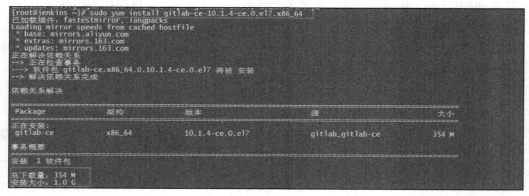

▲图 2-2　安装 GitLab CE 10.1.4

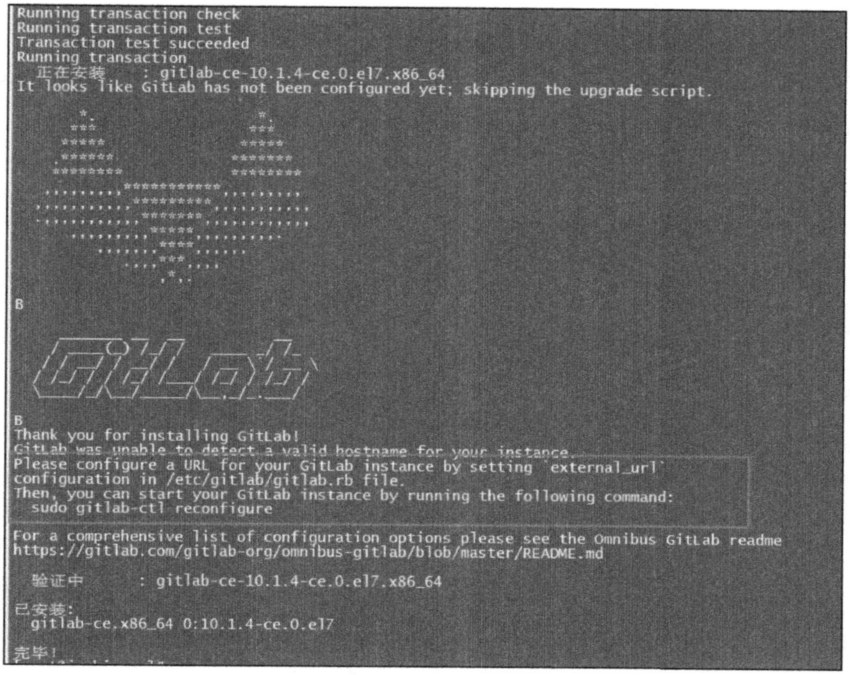

▲图 2-3　GitLab CE 10.1.4 安装完成

（3）初始化配置

安装完成后，界面上会提示需要修改/etc/gitlab/gitlab.rb 文件，并为 GitLab 配置 external_url（外部访问链接）。因此，在正式使用之前，需要稍微修改 gitlab.rb 这个文件。

1）配置 external_url。为 GitLab 对外提供的一个访问链接，包括邮件中展示地址和拉取代码的 URL 等。这里在/etc/gitlab/gitlab.rb 文件中配置 IP 和端口，也可以使用内网能够访问的域名代替，具体命令如下。

```
$ sudo vim /etc/gitlab/gitlab.rb
## GitLab URL
##! GitLab 能到达的 URL
##external_url 'http://***
external_url 'http://192.168.56.101/'
```

2）修改 GitLab 的服务端口。因为我们将 GitLab 和 Jenkins 安装在同一台虚拟机上，所以 Jenkins 的默认端口是 8080，GitLab 后台的 Unicorn 的默认端口也是 8080。为了避免端口冲突，这里需要修改一下 GitLab 的默认端口，从 8080 改为 8081。具体命令如下。

```
$ sudo vim /etc/gitlab/gitlab.rb
### 高级设置
# unicorn['listen'] = '127.0.0.1'
# unicorn['port'] = 8080
```

```
unicorn['port'] = 8081
```

3）运行以下 reconfigure 命令，使修改后的配置立即生效。sudo gitlab-ctl reconfigure 是 GitLab 自带的用于重载配置的命令。在第一次运行时，会初始化所有的配置，一般需要等待一段时间。

```
$ sudo gitlab-ctl reconfigure
Starting Chef Client, version 12.12.15
resolving cookbooks for run list: ["gitlab"]
Synchronizing Cookbooks:
  - gitlab (0.0.1)
  - package (0.1.0)
  - registry (0.1.0)
  - consul (0.0.0)
  - runit (0.14.2)
Installing Cookbook Gems:
Compiling Cookbooks...
...
...
Running handlers:
Running handlers complete
Chef Client finished, 366/519 resources updated in 03 minutes 00 seconds
gitlab Reconfigured!
```

4）重启/停止以查看 GitLab 状态。

初始化完成后，可以通过以下指令查看所有启动的子组件的进程和状态。可以发现，GitLab 实际上包含了很多第三方组件，比如 nginx、PostgreSQL、Redis 等。

```
$ sudo gitlab-ctl status
run: gitaly: (pid 11875) 131s; run: log: (pid 11232) 210s
run: gitlab-monitor: (pid 11901) 131s; run: log: (pid 11577) 181s
run: gitlab-workhorse: (pid 11889) 132s; run: log: (pid 11337) 205s
run: logrotate: (pid 11457) 193s; run: log: (pid 11456) 193s
run: nginx: (pid 11404) 199s; run: log: (pid 11403) 199s
run: node-exporter: (pid 11530) 187s; run: log: (pid 11529) 187s
run: postgres-exporter: (pid 11920) 130s; run: log: (pid 11777) 163s
run: postgresql: (pid 10897) 259s; run: log: (pid 10896) 259s
run: prometheus: (pid 11910) 130s; run: log: (pid 11669) 169s
run: redis: (pid 10774) 265s; run: log: (pid 10773) 265s
run: redis-exporter: (pid 11622) 175s; run: log: (pid 11621) 175s
run: sidekiq: (pid 11171) 217s; run: log: (pid 11170) 217s
run: unicorn: (pid 12700) 12s; run: log: (pid 11102) 223s
```

同样，如果需要停止、启动或者重启 GitLab 服务，可以使用以下指令。

```
$ sudo gitlab-ctl stop
$ sudo gitlab-ctl start
$ sudo gitlab-ctl restart
```

5）通过 gitlab-ctl tail 命令查看所有 GitLab 日志（下面只保留了日志文件目录，具体内容省略）。

```
$ sudo gitlab-ctl tail

==> /var/log/gitlab/gitlab-shell/gitlab-shell.log <==
==> /var/log/gitlab/gitlab-rails/gitlab-rails-db-migrate-2017-11-16-15-39-06.log <==
==> /var/log/gitlab/gitlab-rails/production.log <==
==> /var/log/gitlab/gitlab-rails/grpc.log <==
==> /var/log/gitlab/gitlab-rails/production_json.log <==
==> /var/log/gitlab/gitlab-rails/api_json.log <==
==> /var/log/gitlab/gitlab-rails/application.log <==
==> /var/log/gitlab/nginx/current <==
==> /var/log/gitlab/nginx/error.log <==
==> /var/log/gitlab/nginx/gitlab_access.log <==
==> /var/log/gitlab/nginx/gitlab_error.log <==
==> /var/log/gitlab/nginx/access.log <==
==> /var/log/gitlab/redis/current <==
==> /var/log/gitlab/redis-exporter/current <==
==> /var/log/gitlab/postgresql/current <==
==> /var/log/gitlab/postgres-exporter/current <==
==> /var/log/gitlab/logrotate/current <==
==> /var/log/gitlab/unicorn/unicorn_stderr.log <==
==> /var/log/gitlab/unicorn/unicorn_stdout.log <==
==> /var/log/gitlab/unicorn/current <==
==> /var/log/gitlab/sidekiq/current <==
==> /var/log/gitlab/gitaly/current <==
==> /var/log/gitlab/gitlab-workhorse/current <==
==> /var/log/gitlab/node-exporter/current <==
==> /var/log/gitlab/gitlab-monitor/current <==
==> /var/log/gitlab/prometheus/current <==
```

通过命令 gitlab-ctl tail ${组件名称} 查看某个组件的日志。

```
$ sudo gitlab-ctl tail gitlab-rails
==> /var/log/gitlab/gitlab-rails/gitlab-rails-db-migrate-2017-11-16-15-39-06.log <==
==> /var/log/gitlab/gitlab-rails/production.log <==
Filter chain halted as :validate_prometheus_metrics rendered or redirected
Completed 404 Not Found in 1ms (Views: 0.3ms | ActiveRecord: 0.0ms)
Started GET "/-/metrics" for 127.0.0.1 at 2017-11-20 15:34:08 +0800
==> /var/log/gitlab/gitlab-rails/grpc.log <==
==> /var/log/gitlab/gitlab-rails/production_json.log <==
{"method":"GET","path":"/-/metrics","format":"html","controller":"MetricsController",
"action":"index","status":404,"duration":4.19,"view":1.0,"db":0.0,"time":"2017-11-20T07:
32:08.682Z","params":{},"remote_ip":null,"user_id":null,"username":null}
==> /var/log/gitlab/gitlab-rails/api_json.log <==
==> /var/log/gitlab/gitlab-rails/application.log <==
November 20, 2017 14:06: User "**" (****@****.com)  was removed
November 20, 2017 14:55: User "**" (****@***.com) was created
November 20, 2017 14:59: User Logout: username=root ip=192.168.99.100
```

通过命令 gitlab-ctl tail ${组件名称}/${日志名称} 查看某个组件的某种类型的日志。

```
$ sudo gitlab-ctl tail gitlab-rails/production_json.log
{"method":"GET","path":"/-/metrics","format":"html","controller":"MetricsController",
"action":"index","status":404,"duration":1.42,"view":0.35,"db":0.0,"time":"2017-11-
20T07:33:53.679Z","params":{},"remote_ip":null,"user_id":null,"username":null}
{"method":"GET","path":"/-/metrics","format":"html","controller":"MetricsController",
"action":"index","status":404,"duration":1.55,"view":0.37,"db":0.0,"time":"2017-11-
20T07:34:08.678Z","params":{},"remote_ip":null,"user_id":null,"username":null}
```

（4）设置初始密码

1）用浏览器打开 GitLab 页面，例如 http://192.168.99.101（默认端口 80）。

2）第一次登录后，会跳转到密码设置页面，在此处为 root 用户设置密码（见图 2-4）。

3）为 root 用户设置密码成功后，直接用 root 用户登录系统（如图 2-5 所示）。

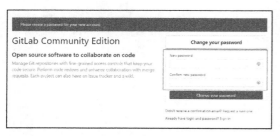 

▲图 2-4　为初次登录的用户设置管理员密码　　　　▲图 2-5　使用 root 用户登录

4）以 root 用户登录后，显示的主页面会提示创建项目、组和用户（如图 2-6 所示）。

（5）管理员更新个人资料

1）单击右上角用户头像旁边的下拉列表，选择 Settings（如图 2-7 所示）。

▲图 2-6　初始登录主界面　　　　　　　　　　　　▲图 2-7　选择 Settings

2）更新头像、邮箱等关键信息（如图 2-8 所示）。

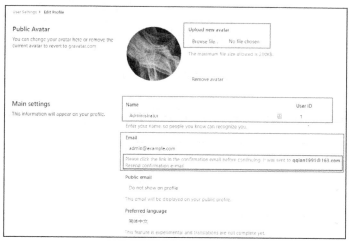

▲图 2-8　更新管理员的信息

可以看出，默认 Name 是 Administrator，如果不需要，可以不用修改，用户的 User ID 为 1，即表示第一位用户。

注意：
　　这里默认的邮箱地址 admin@example.com 是假的，它需要改成管理员真正的邮箱地址。但是保存修改后，邮箱地址不会立即生效，需要前往配置的邮箱中接收确认邮件，并单击邮件中的链接地址，确认后这些修改才会生效。

3）登录修改后的新邮箱，查看验证邮件（如图 2-9 所示）。
4）验证后，重新查看配置的内容，确认已经更新为新的邮箱（如图 2-10 所示）。

▲图 2-9　查看验证邮件

▲图 2-10　更新邮箱

5）查看管理员面板 Admin area。

只有管理员才能访问该面板，上面包含 GitLab 的统计数据，以及用户、项目、组的统一管理入口。

单击 GitLab 页面右上角的扳手图标 Admin area（如图 2-11 所示）。

▲图 2-11　管理员面板 Admin area

Admin area 的主面板显示整体数据，通过左边的导航菜单可以查看具体的分类信息（如图 2-12 所示）。

▲图 2-12　管理员面板中的具体信息

（6）创建新用户

默认系统启动后，以两种方式创建用户。

- 管理员直接创建用户，密码可以通过邮件的方式通知用户，让用户自己进行设置。
- 用户直接注册新的账户。

如果 GitLab 系统与第三方账户系统继承，如 LDAP 集成，那么就不用在 GitLab Web 端进行账户创建和注册，统一在第三方账户系统中进行管理。

1）管理员直接创建新用户。

单击 Admin area 的 New User 按钮，进入 New User 界面，在新建用户时不会直接设置密码（如图 2-13 所示）。

密码可以由用户本人设置，一旦管理员创建该用户，该用户的邮箱就会收到设置密码的邮件，从而可以自行设定密码。

Access 部分需要根据具体需求进行设置，比如，是否是外部用户、是否可以创建组、创建项目的个数限制等。

成功创建用户后会弹出图 2-14 所示界面。

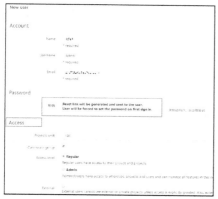

▲图 2-13　不直接设置密码

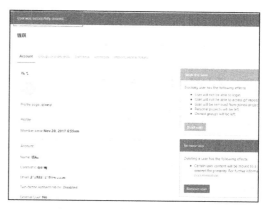

▲图 2-14　成功创建用户

用户的邮箱会收到设置密码的邮件，单击链接设定自己的密码（如图 2-15 所示）。

▲图 2-15　设置密码的邮件

单击邮件中的链接，会跳转到 GitLab 的密码设置界面，进行密码设置（如图 2-16 所示）。

2）用户直接注册账户。

直接输入 GitLab 的地址和端口，会直接跳转到用户登录和注册界面，单击"注册"按钮进行用户注册，可以同时设置密码（如图 2-17 所示）。

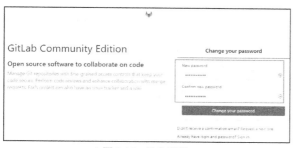

▲图 2-16　设定密码

▲图 2-17　用户注册账户

注册完毕后即可进行登录（这里的用户拥有默认权限，可以在管理员面板的 Settings 中进行修改）。

2.1.2 配置 GitLab

上面的内容配置完之后，就可以直接创建组、项目、推送和拉取代码了。根据实际的需求，一般还需要一些额外配置，或者和第三方系统集成的配置项。下面介绍几种常用配置。

1. 配置 Git 存储仓库目录

（1）修改存储目录

默认存储目录是 /var/opt/gitlab/git-data 下的 repositories 目录。如果需要修改位置，可以在主配置文件 /etc/gitlab/gitlab.rb 中增加以下内容。

```
$ sudo vim /etc/gitlab/gitlab.rb
# 如果没有配置 Git 存储仓库目录，添加这一部分代码；如果已经配置这一部分，则修改已有的内容
git_data_dirs({
  "default" => { "path" => "/home/gitlab/git-data" }
})

# 也可以添加多个仓库，default 是默认使用的仓库，如果需要切换到其他设定的仓库，可以在界面的管理员设置中修改
git_data_dirs({
  "default" => { "path" => "/home/gitlab/git-data" },
  "alternative" => { "path" => "/home/gitlab/git-data-alternative" }
})

# 重新配置使之生效
$ sudo gitlab-ctl reconfigure
```

注意：

因为 GitLab 启动后会自动在系统中创建一个 Git 用户，所以如果要修改仓库目录，那么 Git 用户要有权访问仓库目录以及上层目录，不然重新配置时会报错。

（2）GitLab 数据仓库迁移

修改仓库目录后，再次查看项目，会发现提示"没有存储库"（如图 2-18 所示）。

所以，更换了仓库后，需要通过以下代码手动把旧仓库的数据迁移到新目录下。

▲图 2-18 GitLab 数据仓库的迁移

```
# 为防止迁移时有新的输入/输出操作，先停止 GitLab 的所有服务
$ sudo gitlab-ctl stop
```

```
# 进行目录同步操作，这里要注意repositories后面没有斜杠，但是git-data后面有斜杠，这里如果弄错，可能
# 会导致repositories本身没有同步过去，只是把子目录同步到git-data下
$ sudo rsync -av /var/opt/gitlab/git-data/repositories /home/gitlab/git-data/

# 迁移前，执行组件的版本更新操作（可选）
$ sudo gitlab-ctl upgrade

# 查看新目录下的数据迁移是否成功，以及目录层级有没有错误
$ sudo ls /home/gitlab/git-data

# 重新启动 GitLab 的所有服务
$ sudo gitlab-ctl start

# 重新载入 GitLab 的配置
$ sudo gitlab-ctl reconfigure
```

2. 配置邮件 SMTP

因为安装 GitLab 的同时也安装了邮件服务，所以如果使用默认配置并且能够访问外网，GitLab 是可以直接发送邮件通知的。但是如果有些内网对网络访问有限制，那么就需要通过内部的 SMTP 服务发送邮件，可以按照下面的步骤来配置邮件服务。

1）要配置 SMTP，在主配置文件/etc/gitlab/gitlab.rb 中添加 SMTP 信息（以 Gmail SMTP 服务为例）。代码如下。

```
$ sudo vim /etc/gitlab/gitlab.rb
gitlab_rails['smtp_enable'] = true
gitlab_rails['smtp_address'] = "smtp.gmail.com"
gitlab_rails['smtp_port'] = 587
gitlab_rails['smtp_user_name'] = "my.email@gmail.com"
gitlab_rails['smtp_password'] = "my-gmail-password"
gitlab_rails['smtp_domain'] = "smtp.gmail.com"
gitlab_rails['smtp_authentication'] = "login"
gitlab_rails['smtp_enable_starttls_auto'] = true
gitlab_rails['smtp_tls'] = false
gitlab_rails['smtp_openssl_verify_mode'] = 'peer'

# 邮件默认发送于gitlab@localhost，如果不符合要求，可以修改下面的参数进行定制
gitlab_rails['gitlab_email_from'] = 'mail address'
gitlab_rails['gitlab_email_reply_to'] = 'mail address'
```

2）重新加载 GitLab 配置。代码如下。

```
$ sudo gitlab-ctl reconfigure
```

3）测试邮件发送。代码如下。

```
$ sudo gitlab-rails console
Loading production environment (Rails 4.2.8)
irb(main):001:0> Notify.test_email(' ****@gmail.com', 'test', 'test').deliver_now
```

```
Notify#test_email: processed outbound mail in 167.7ms

Sent mail to ****@gmail.com (85.5ms)
Date: Mon, 20 Nov 2017 20:57:41 +0800
From: GitLab <gitlab@192.168.99.101>
Reply-To: GitLab <noreply@192.168.99.101>
To: ****@gmail.com
Message-ID: <5a12d14520370_4b03f93813db11c1106b@jenkins.****.mail>
Subject: test
Mime-Version: 1.0
Content-Type: text/html;
 charset=UTF-8
Content-Transfer-Encoding: 7bit
Auto-Submitted: auto-generated
X-Auto-Response-Suppress: All

<!DOCTYPE html PUBLIC "-//W3C//DTD HTML 4.0 Transitional//EN" "http://***/TR/REC-
html40/loose.dtd">
<html><body><p>test</p></body></html>

=> #<Mail::Message:69902398167040, Multipart: false, Headers: <Date: Mon, 20 Nov 2017
20:57:41 +0800>, <From: GitLab <gitlab@192.168.99.101>>, <Reply-To: GitLab <noreply@192.
168.99.101>>, <To: ****@gmail.com>, <Message-ID: <5a12d14520370_4b03f93813db11c1106b@
jenkins.gmail.mail>>, <Subject: test>, <Mime-Version: 1.0>, <Content-Type: text/html;
charset=UTF-8>, <Content-Transfer-Encoding: 7bit>, <Auto-Submitted: auto-generated>,
<X-Auto-Response-Suppress: All>>
```

3. 和 Open LDAP 的集成

1）要添加 Open LDAP 配置，在主配置文件/etc/gitlab/gitlab.rb 中添加以下内容。

```
$ sudo vim /etc/gitlab/gitlab.rb
gitlab_rails['ldap_enabled'] = true
gitlab_rails['ldap_servers'] = YAML.load <<-EOS # 通过 EOS 把服务配置包起来
main:
 label: 'My-LDAP'    # LDAP 服务标签名，可以自行命名
 host: 'server_ip or server_hostname'
 port: 389    # SSL 一般是 636
 uid: 'uid'   # 这里指的是登录时用的是 LDAP 信息中的哪个字段，一般来说，是类似于用户名、用户 ID 这样的字段，
#根据实际情况修改
 encryption: 'plain'    # 加密方式，"tls"或"ssl"或"plain"
 verify_certificates: true # 如果加密方式为 ssl，这里的验证会生效
 ca_file: ''   # pem 格式的 ca 验证文件，比如类似"/etc/ca.pem"
 timeout: 10   # 设定对 LDAP 服务器的查询超时时间，以防请求得不到响应被堵塞住
 bind_dn: 'CN=Manager,DC=myCompany,DC=com'   # 绑定的 LDAP 的完整 DN 路径
 password: 'admin123456'    # 绑定的用户的密码，这里就是 Manager 的密码
 active_directory: true     # 判断是不是 Active Directory 类型的 LDAP 服务
 allow_username_or_email_login: false  # 如果前面使用 Active Directory 中的 uid 字段进行登录，
#这里要设置为 false
```

```
  block_auto_created_users: false
  base: 'DC=myCompany,DC=com'    # 以此为基础，进行用户查询
  user_filter: ''
  # 下面的参数指定 GitLab 会使用 LDAP 中的哪些属性值作为自己的用户信息，比如 GitLab 中的 username 信息会
  # 按照先后顺序匹配 LDAP 中的'uid'/ 'userid'/ 'sAMAccountName'属性值中的一个，fist_name 字段就直接
  # 对应 LDAP 中的'giveName'属性
  attributes:
    username:    ['uid', 'userid', 'sAMAccountName']
    email:       ['mail', 'email', 'userPrincipalName']
    name:        'cn'
    first_name:  'givenName'
    last_name:   'sn'
EOS
```

2）通过以下代码重新加载配置。

```
# 重新加载配置
$ sudo gitlab-ctl reconfigure
```

3）通过以下代码检查是否配置成功。

```
# 用 GitLab 的指令列出所有用户列表以及 uid
$ sudo gitlab-rake gitlab:ldap:check
Checking LDAP ...

Server: ldapmain
LDAP authentication... Success
LDAP users with access to your GitLab server (only showing the first 100 results)
        DN: uid=****,ou=QA,ou=myGroup,dc=myCompany,dc=com      uid: ****
        DN: uid=liyongping,ou=QA,ou=myGroup,dc=myCompany,dc=com     uid: liyongping
        DN: uid=admin,ou=Jenkins,ou=myGroup,dc=myCompany,dc=com     uid: admin
        DN: uid=dev,ou=Jenkins,ou=myGroup,dc=myCompany,dc=com       uid: dev
        DN: uid=test,ou=Jenkins,ou=myGroup,dc=myCompany,dc=com      uid: test
Checking LDAP ... Finished
```

4. 备份和还原

（1）备份配置文件

首先，下面提到的备份指令不会备份配置文件，所以需要手动备份配置目录和相关文件。备份指令之所以不备份配置文件，是因为数据库中包含一些加密的信息。加密信息的密钥存放在备份目录下，如果放在一个地方，会违背信息加密的安全目的。

一般来说，对于使用 rpm 包安装的 GitLab，所有的默认配置都在/etc/gitlab 目录下。其中最重要的是/etc/gitlab/gitlab.rb 和/etc/gitlab/gitlab-secrets.json 这两个文件。gitlab.rb 是主配置文件，包含外部 URL、仓库目录、备份目录等重要配置。gitlab-secrets.json 包含数据库的加密密钥、双重认证的密钥、GitLab CI 的密钥等加密信息。

(2)备份指令

1)备份/etc/gitlab/gitlab.rb。

- backup_path 表示备份的目录,默认是/var/opt/gitlab/backups。
- backup_archive_permissions 是 GitLab 备份生成的 tar 格式的压缩包,默认是 git:git 用户和群组,默认文件权限是 0600,可以防止其他系统用户获取 GitLab 的数据。如果要修改备份包的权限,可以修改该参数,比如,改成 0644 即具有可读的权限。
- backup_keep_time 表示备份的保留时间。如果备份压缩包太多,会导致磁盘空间一直被占用,所以可以给备份包设置最长的保留时间,每次备份任务时会把超过保留时间的旧备份包删除,备份的保留时间默认是 604 800s,即 7 天。具体代码如下。

```
$ sudo vim /etc/gitlab/gitlab.rb
### 备份设置
###! Docs: https://***/omnibus/settings/backups.html

# gitlab_rails['manage_backup_path'] = true
# gitlab_rails['backup_path'] = "/var/opt/gitlab/backups"
gitlab_rails['backup_path'] = "/mnt/gitlab/backup"

###! Docs: https:// ***/ce/raketasks/backup_restore.html#backup-archive-
permissions
gitlab_rails['backup_archive_permissions'] = 0644

###! 在允许删除之前保留备份文件的秒数
gitlab_rails['backup_keep_time'] = 604800
```

2)执行 sudo gitlab-ctl reconfigure,使修改的配置生效。

3)执行以下备份指令。

```
$ sudo gitlab-rake gitlab:backup:create
Dumping database ...
Dumping PostgreSQL database gitlabhq_production ... [DONE]
done
Dumping repositories ...
 * Devops/psi-probe ... [DONE]
 * Devops/psi-probe.wiki ...   [SKIPPED]
done
Dumping uploads ...
done
Dumping builds ...
done
Dumping artifacts ...
done
Dumping pages ...
done
Dumping lfs objects ...
```

```
done
Dumping container registry images ...
[DISABLED]
Creating backup archive: 1511425831_2017_11_23_10.1.4_gitlab_backup.tar ... done
Uploading backup archive to remote storage  ... skipped
Deleting tmp directories ... done
done
done
done
done
done
done
done
Deleting old backups ... done. (0 removed)
```

4)查看备份目录下新的文件。

备份文件采用 tar 包格式,文件命名规则是 EPOCH_YYYY_MM_DD_GitLab 版本号_gitlab_backup.tar,并且会带上时间戳和 GitLab 的版本号信息。

```
$ ls -al /mnt/gitlab/backup/
总用量 7720
drwx------. 2 git  root        60 11月 23 16:30 .
drwxr-xr-x. 3 root root        20 11月 23 16:27 ..
-rw-r--r--. 1 git  git     7905280 11月 23 16:30 1511425831_2017_11_23_10.1.4_gitlab_backup.tar
```

(3)定时备份

使用 Linux 系统的 crontab 任务进行定时备份。

1)通过以下命令切换到 root 用户。

```
$ sudo su
```

2)通过以下命令创建 crontab 任务。每天凌晨 2 点执行一次备份任务(根据实际情况进行时间配置)。

```
$ crontab -e
0 2 * * * /opt/gitlab/bin/gitlab-rake gitlab:backup:create CRON=1

# 查看任务列表
$ crontab -l
0 2 * * * /opt/gitlab/bin/gitlab-rake gitlab:backup:create CRON=1
```

(4)备份到远端云存储上

从 GitLab 7.4 开始,可以把打包的 tar 文件上传到远端的云存储上,比如 AWS、Google 云存储、OpenStack Swift、阿里云等。下面是 GitLab 官方文档提供的备份到 AWS 和 Google 云存储的示例。

1)上传到 AWS,方法是在/etc/gitlab/gitlab.rb 文件中加入以下代码。

```
$ vim /etc/gitlab/gitlab.rb
gitlab_rails['backup_upload_connection'] = {
  'provider' => 'AWS',
  'region' => 'eu-west-1',
  'aws_access_key_id' => 'AKIAKIAKI',
  'aws_secret_access_key' => 'secret123'
# 如果打开下面的 IAM Profile，则不用配置上面的 aws_access_key_id 和 aws_secret_access_key 两个参数
# 'use_iam_profile' => true
}
gitlab_rails['backup_upload_remote_directory'] = 'my.s3.bucket'
```

2）上传到 Google 云存储。

首先，登录 Google 中的存储设置页面，选择 Interoperability 并且创建一个 Access Key。然后，把 Access Key 和 Secret 的内容填写到下面的配置中，确保已经创建了一个存储区（bucket）。

通过以下代码在/etc/gitlab/gitlab.rb 文件中进行了配置并把文件上传至 Google 云存储上。

```
$ vim /etc/gitlab/gitlab.rb
gitlab_rails['backup_upload_connection'] = {
  'provider' => 'Google',
  'google_storage_access_key_id' => 'Access Key',
  'google_storage_secret_access_key' => 'Secret'
}
gitlab_rails['backup_upload_remote_directory'] = 'my.google.bucket'
```

3）执行 sudo gitlab-ctl reconfigure，使修改的配置生效。

（5）还原数据

1）备份前，先通过以下代码停止 GitLab 的服务。

```
$ sudo gitlab-ctl stop
```

2）如果是重新安装的 GitLab，首先要进行配置文件的备份。

直接对/etc/gitlab 目录进行覆盖，然后执行一次 sudo gitlab-ctl reconfigure 指令，让覆盖的新配置生效。如果只想恢复数据，原本安装的 GitLab 和/etc/gitlab 目录都没有改变，则无须执行这一步的操作。

3）查看可供备份的文件及版本。

需要确保该备份目录和 gitlab.rb 中的备份目录一致。如果是重新安装的 GitLab，需要通过以下代码确保 GitLab 的版本和备份文件中的版本一致，不然还原时会报错。

```
$ ls -al /mnt/gitlab/backup/
-rw-r--r--. 1 git  git   7905280 11月 23 16:30 1511425831_2017_11_23_10.1.4_gitlab_backup.tar
-rw-r--r--. 1 git  git   7905280 11月 23 16:35 1511426146_2017_11_23_10.1.4_gitlab_backup.tar
```

4）执行以下还原指令。

```
$ sudo gitlab-rake gitlab:backup:restore BACKUP=1511426146_2017_11_23_10.1.4
Unpacking backup ... done
# 首先把 GitLab 数据库中的表清空，如果在这个数据库中有手动定义的表，会一起移除这些表
Before restoring the database we recommend removing all existing
tables to avoid future upgrade problems. Be aware that if you have
custom tables in the GitLab database these tables and all data will be
removed.

Do you want to continue (yes/no)? yes
...
...
ALTER TABLE
ALTER TABLE
ALTER TABLE
ALTER TABLE
ALTER TABLE
WARNING:  no privileges were granted for "public"
GRANT
[DONE]
done
# 还原仓库数据
Restoring repositories ...
* Devops/psi-probe ... [DONE]
Put GitLab hooks in repositories dirs [DONE]
done
Restoring uploads ...
done
Restoring builds ...
done
Restoring artifacts ...
done
Restoring pages ...
done
Restoring lfs objects ...
done
This will rebuild an authorized_keys file.
You will lose any data stored in authorized_keys file.
Do you want to continue (yes/no)? yes
Do you want to continue (yes/no)? yes
Deleting tmp directories ... done done done done done done done done

# 查看仓库数据
# 如果之前存在旧的 repositories 目录，则会加上时间戳进行备份
$ ls -al /home/gitlab/git-data
drwxrws---. 3 git   git   20 11月 23 17:21 repositories
drwxrwx---. 3 git   git   20 11月 23 17:19 repositories.old.1511428863
```

5）通过以下代码重启 GitLab 的所有服务。

```
$ sudo gitlab-ctl restart
```

```
ok: run: gitaly: (pid 25135) 0s
ok: run: gitlab-monitor: (pid 25145) 1s
ok: run: gitlab-workhorse: (pid 25155) 0s
ok: run: logrotate: (pid 25163) 1s
ok: run: nginx: (pid 25204) 0s
ok: run: node-exporter: (pid 25211) 0s
ok: run: postgres-exporter: (pid 25215) 1s
ok: run: postgresql: (pid 25222) 0s
ok: run: prometheus: (pid 25231) 1s
ok: run: redis: (pid 25238) 0s
ok: run: redis-exporter: (pid 25242) 1s
ok: run: sidekiq: (pid 25247) 0s
ok: run: unicorn: (pid 25254) 0s
```

6）通过以下代码检查还原后 GitLab 的所有组件是否运行正常。

```
$ sudo gitlab-rake gitlab:check SANITIZE=true
Checking GitLab Shell ...

GitLab Shell version >= 5.9.3 ? ... OK (5.9.3)
Repo base directory exists?
default... yes
alternative... yes
Repo storage directories are symlinks?
default... no
alternative... no
Repo paths owned by git:root, or git:git?
default... yes
alternative... yes
Repo paths access is drwxrws---?
default... yes
alternative... yes
hooks directories in repos are links: ...
5/2 ... ok
Running /opt/gitlab/embedded/service/gitlab-shell/bin/check
Check GitLab API access: OK
Redis available via internal API: OK

Access to /var/opt/gitlab/.ssh/authorized_keys: OK
gitlab-shell self-check successful

Checking GitLab Shell ... Finished

Checking Sidekiq ...

Running? ... yes
Number of Sidekiq processes ... 1

Checking Sidekiq ... Finished
```

```
Reply by email is disabled in config/gitlab.yml
Checking LDAP ...

LDAP is disabled in config/gitlab.yml

Checking LDAP ... Finished

Checking GitLab ...

Git configured correctly? ... yes
Database config exists? ... yes
All migrations up? ... yes
Database contains orphaned GroupMembers? ... no
GitLab config exists? ... yes
GitLab config up to date? ... yes
Log directory writable? ... yes
Tmp directory writable? ... yes
Uploads directory exists? ... yes
Uploads directory has correct permissions? ... yes
Uploads directory tmp has correct permissions? ... yes
Init script exists? ... skipped (omnibus-gitlab has no init script)
Init script up-to-date? ... skipped (omnibus-gitlab has no init script)
Projects have namespace: ...
5/2 ... yes
Redis version >= 2.8.0? ... yes
Ruby version >= 2.3.3 ? ... yes (2.3.5)
Git version >= 2.7.3 ? ... yes (2.13.6)
Git user has default SSH configuration? ... yes
Active users: ... 2

Checking GitLab ... Finished
```

2.1.3 GitLab 的使用说明

上面介绍的是系统管理员安装 GitLab 以及进行后台配置的一些操作。下面从开发者角度介绍创建项目、添加用户、配置项目、本地环境和 GitLab 连接、拉取代码等操作。

首先介绍 GitLab 的角色体系以及对应的权限。

1. GitLab 角色权限说明

用户可以拥有两种类型的级别，一种是组（Group）级别，另一种是项目（Project）级别。不同的级别对应不同的权限，具体权限操作如下。

（1）组

创建组的一般流程是首先由管理员创建不同的分组，然后设定分组的负责人（Owner），负责人可以添加组成员，为组创建项目，指定项目的负责人。

项目负责人可以往项目成员列表中添加成员并设定对应的级别。

不同组中角色的权限可以参考表 2-1。

表 2-1　　　　　　　　　　　　不同组中角色的权限

角　　色	Guest	Reporter	Developer	Master	Owner
查看组信息	✓	✓	✓	✓	✓
编辑组信息	×	×	×	×	✓
为所属组创建项目	×	×	×	✓	✓
管理组的成员	×	×	×	×	✓
移除当前组	×	×	×	×	✓

（2）项目

项目本身可以设定可见度，可见度有 3 种级别。

- 公开（Public）

公开项目可以被任何人查看、拉取代码（没有登录的游客也可以）。

- 内部（Internal）

内部项目可以被任何登录的用户查看、拉取代码。

- 私密（Private）

只有加入该项目的用户才有权限查看、拉取代码。

不同项目中角色的权限可以参考表 2-2。

表 2-2　　　　　　　　　　　　不同项目中角色的权限

角　　色	Guest	Reporter	Developer	Master	Owner
创建新问题	✓	✓	✓	✓	✓
添加留言和评论	✓	✓	✓	✓	✓
下载项目代码	×	✓	✓	✓	✓
下拉项目代码	×	✓	✓	✓	✓
查看提交的信息	×	✓	✓	✓	✓
创建代码合并请求	×	×	✓	✓	✓
管理/接收代码合并请求	×	×	✓	✓	✓
创建新分支	×	×	✓	✓	✓
往不受保护的分支提交代码	×	×	✓	✓	✓
移除不受保护的分支	×	×	✓	✓	✓
创建标签	×	×	✓	✓	✓
编辑 wiki 内容	×	×	✓	✓	✓
添加新的项目成员	×	×	×	✓	✓
往受保护的分支提交代码	×	×	×	✓	✓

续表

角 色	Guest	Reporter	Developer	Master	Owner
设置受保护的分支	×	×	×	✓	✓
设置受保护的标签	×	×	×	✓	✓
移除受保护的分支	×	×	×	✓	✓
打开 Developer 并往受保护的分支提交代码	×	×	×	✓	✓
修改和移除标签	×	×	×	✓	✓
编辑项目信息	×	×	×	✓	✓
为项目添加 deploy keys	×	×	×	✓	✓
移动项目到别的空间	×	×	×	×	✓
修改项目的可见等级	×	×	×	×	✓
删除问题	×	×	×	×	✓
删除项目	×	×	×	×	✓

2. 创建新的组和项目

只有管理员账户才有创建组的权限。要创建组，在界面右上角单击"加号"，选择 New group（参见图 2-19）。

对于 Group 所需的信息，主要设置组名称和可见级别，一般默认为私有组（如图 2-20 所示）。

▲图 2-19　创建新的组

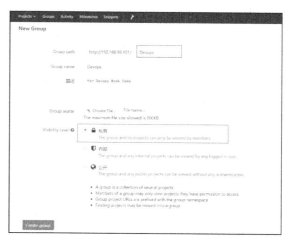

▲图 2-20　设置组名和可见级别

因为创建组的时候没有添加任何成员，所以管理员是默认的 Owner。

在左侧面板中选择 Members，在右侧面板中可以添加新的组成员到该组中，并且设定该成员的组级别，以及权限到期时间。如果不设定时间，则权限默认一直有效（如图 2-21 所示）。

在组的页面上有 New Project 按钮，单击该按钮即可创建新的项目（如图 2-22 所示）。

▲图 2-21　添加组成员

▲图 2-22　创建新的项目

目前支持 3 种项目创建模式。
- 创建一个空的项目（如图 2-23 所示）。
- 创建模板项目（如图 2-24 所示）。

▲图 2-23　创建空项目

▲图 2-24　创建模板项目

- 从其他代码库导入项目（如图 2-25 所示）。

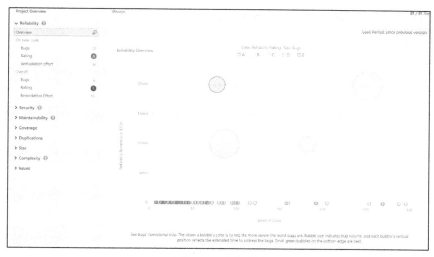

▲图 2-25　导入项目

3. 本地 Git 配置

如果要从 GitLab 拉取以及提交代码，需要通过 GitLab 连接认证。GitLab 默认提供两种方式（SSH 和 HTTP）来拉取代码（如图 2-26 所示）。

▲图 2-26　拉取代码的方式

如图 2-27 所示，当以 HTTP 方式拉取代码时，直接使用账户的用户名/密码方式拉取。优点是不用做其他任何配置，缺点是每次和 GitLab 服务器交互时都需要输入用户名和密码。

▲图 2-27　以 HTTP 方式拉取 GitLab 项目代码

如果将常用的本地开发环境的 SSH 公钥复制到 GitLab 用户配置中，就可以通过 SSH 方式直接拉取该用户有权限的项目代码，而无须输入用户名和密码。

如果 ~/.ssh/ 下没有相关的 SSH Key 文件，则使用指令生成一个（将 -C 参数设置为自己的 GitLab 账户的邮箱）。对于 Windows 系统，在安装 Git 的时候会同时安装一个 Git Bash 的终端工具。

首先，通过以下命令配置 GitLab 用户的 SSH 公钥。

```
$ ssh-keygen -t rsa -C "****@gmail.com" -b 4096
```

```
Generating public/private rsa key pair.
Enter file in which to save the key (/home/****/.ssh/id_rsa):
Enter passphrase (empty for no passphrase):
Enter same passphrase again:
Your identification has been saved in /home/****/.ssh/id_rsa.
Your public key has been saved in /home/****/.ssh/id_rsa.pub.
The key fingerprint is:
SHA256:SDvwGb7/gBokoX8Da6rVlyul1PQaZ8VrfWV1xbuTF0I ****@gmail.com
The key's randomart image is:
+---[RSA 4096]----+
|              .o|
|              E +|
| . . o     . +|
| . . =.= o  oo|
|. o .oB.S. o .o+|
| . *. +=+ o . .+.|
|   =.=o==.. . o|
|   + .o=.o    |
|   +   ...    |
+----[SHA256]-----+
```

然后，就可以登录 GitLab 页面，为自己的账号添加 SSH 公钥了。

可以为多个开发环境添加多个 SSH 公钥，也可以删除旧的 SSH 公钥，在 SSH Keys 页面中需要填写的内容是上一步生成的～/.ssh/id_rsa.pub 文件（如图 2-28 所示）。

▲图 2-28　为 GitLab 账户添加 SSH 公钥

接着，再通过 SSH 方式拉取代码，无须输入任何验证信息（如图 2-29 所示）。

每次创建一个空的项目时，项目的主页面会提示我们在本地需要进行的一些 Git 配置（如图 2-30 所示）。

▲图 2-29 以 SSH 方式拉取 GitLab 项目代码 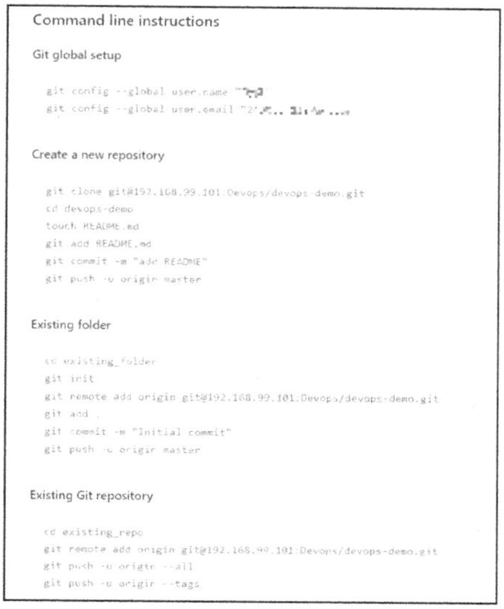　　▲图 2-30 本地项目的 Git 配置

> **注意：**
> 这里"git clone"的 URL 会根据上面选择的是 HTTP 方式还是 SSH 方式而有所不同。

通过以下代码完成 Git 本地的用户全局配置。在提交项目时，为了显示提交者的用户名和邮箱信息，这里需要和 GitLab 账户的姓名、邮箱匹配。

```
$ git config --global user.name "****"
$ git config --global user.email "****@gmail.com"
# git config --list 可以查看是否设置成功
$ git config --list
user.name=****
user.email=****@gmail.com
```

通过以下代码第一次提交 Git。可以直接添加文件，进行第一次提交，也可以把一个本地已经存在的目录通过"git init"与"git remote add"指令和远端的仓库进行关联。指令页面建议第一次提交的内容，是一个 README.md 文件，创建后会在 GitLab 项目的首页进行展示。

```
$ git clone git@192.168.99.101:Devops/devops-demo.git
复制到 'devops-demo'...
warning: 您似乎复制了一个空的版本库
$ cd devops-demo/
$ touch README.md
```

```
$ vim README.md

# 修改文件后会提示"未跟踪的文件"
$ git status
位于分支 master
初始提交
未跟踪的文件:
    （使用 "git add <file>..." 以包含要提交的内容）
        README.md

# git add 把修改的文件添加到暂缓区中
$ git add README.md

# 再次查看状态，已经显示为提交的变更"新文件"
$ git status
位于分支 master
初始提交

要提交的变更:
    （使用 "git rm --cached <file>..." 撤出暂存区）
        新文件:     README.md

# git commit -m "commit message" 把添加的修改文件提交到本地仓库
$ git commit -m "add README"
[master（根提交） 5ac5629] add README
 1 file changed, 3 insertions(+)
 create mode 100644 README.md

# git push -u origin $branch_name 提交到远端分支，目前新创建的项目只有 master 分支
$ git push -u origin master
Counting objects: 3, done.
Writing objects: 100% (3/3), 259 bytes | 0 bytes/s, done.
Total 3 (delta 0), reused 0 (delta 0)
To git@192.168.99.101:Devops/devops-demo.git
 * [new branch]      master -> master
#将分支 master 设置为跟踪来自 origin 的远程分支 master
```

一般新创建的项目只有默认的 master 分支，会把 master 分支设置为"受保护的分支"。只有项目的 Owner 和 Master 才有权限直接往受保护的分支提交代码，这主要是为了确保 master 分支的稳定性（如图 2-31 所示）。

▲图 2-31　项目的 master 分支设置 1

从设置页面也可以看出，只有 master 级别以上的分支才可以往受保护的分支提交代码（如图 2-32 所示）。

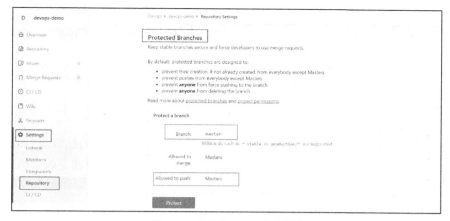

▲图 2-32 项目的 master 分支设置 2

设置完成后,分支列表中的分支右侧会有 protected 标签,在项目中可以设置多个受保护分支(如图 2-33 所示)。

后期进行项目开发时,可以再创建普通的 develop 分支,从而以 developer 角色进行代码提交(如图 2-34 所示)。

▲图 2-33 protected 标签

▲图 2-34 项目的 develop 分支设置

如果要把代码合并到 master 分支,可以创建 merge request 请求,在项目的 Owner 或 Master 进行代码审查且无误后,再合并到 master 分支。

当创建分支时,填写分支名称以及从哪个分支、标签或具体的提交号拉出来,这里选择从 master 分支创建一条 develop 分支用于开发(如图 2-35 所示)。

▲图 2-35 从 master 分支创建 develop 分支

2.2 代码扫描和管理平台 SonarQube

2.2.1 SonarQube 平台的组成结构和集成

SonarQube 是开源的源码质量管理平台，目的是对项目进行持续的分析和测量技术质量，可用于快速定位代码中潜在的或明显的错误，并且可以通过各种开源的插件进行功能的扩展。

目前 SonarQube 推出了有更多功能的开发者版本和企业版本，但都是收费版本，这里主要介绍的是开源免费的 CE。

1. SonarQube 平台的组成

SonarQube 平台主要有 4 个组成部分（如图 2-36 所示）。

- SonarQube 服务器，包括所有项目的配置和结果的页面展示，实际包含 3 个独立的进程。
  - WebServer，负责页面展示，主要让开发人员和管理员查看项目情况，包括页面直接配置等。
  - SearchServer，这里使用开源的、基于内存的 ElasticSearch 作为后台的搜索服务，搜索请求一般直接从页面发出。
  - ComputeEngine，主要负责处理源码分析报告，并且把这些报告结果存储到数据库中。

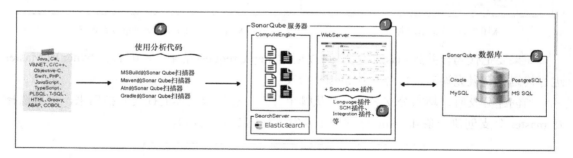

▲图 2-36　SonarQube 平台的组成

- SonarQube 数据库，存储 SonarQube 的安全配置、全局配置、插件配置以及项目的质量快照、展示内容等。
- SonarQube 插件，安装在服务器端，包括代码语言、代码管理工具、第三方集成、账户认证等各种类型的插件。
- SonarQube 扫描器，运行在构建或持续集成的服务器上的一个或多个扫描程序，执行项目分析任务。

SonarQube 平台只能有一个 SonarQube 服务器和一个 SonarQube 数据库，如果需要扫描大规模项目的场景并且保证最佳性能，那么每个模块（SonarQube 服务器、SonarQube 数据库、SonarQube 扫描器）可以分离安装到不同的虚拟机或物理机上。

SonarQube 扫描器可以有多个，而且可以通过增加机器进行横向扩展。

2. SonarQube 平台的集成

一般都是对 SonarQube 平台与其他的生命周期管理工具进行集成，作为整个持续集成体系的一部分，SonarQube 可以进行即时扫描和结果更新，给予开发者最新的代码质量报告。

图 2-37 显示了 SonarQube 平台的集成模型。其中包括以下操作。

- 本地代码扫描：开发者在本地可以给 IDE 工具安装 SonarLint 插件（支持 Eclipse 和 IntelliJ IDEA），进行本地代码的实时扫描。
- 本地代码上传：开发者通过代码配置管理工具（SCM），比如 Git、Svn、Clearcase 等，上传到代码仓库。
- 触发持续构建：一般代码库会和持续构建系统（如 Jenkins）进行集成，一旦有新的代码提交，Jenkins 会自动执行构建任务。如果在 Jenkins 上安装配置并打开了 SonarQube 扫描器选项，则每次构建都会进行代码扫描。
- 把扫描结果上传到服务器端：持续集成系统端的扫描器执行完项目扫描任务后，会把结果上传到 SonarQube 扫描器端进行后续处理。

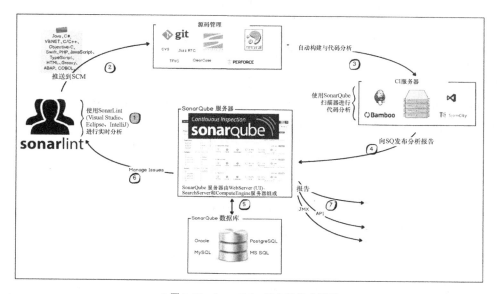

▲图 2-37　SonarQube 平台的集成模型

- 展示和存储结果：服务器端会对扫描结果进行处理，生成扫描报告，存储到数据库中，并且在前端页面进行展示，如有需要，可以把扫描结果通过邮件发送给项目负责人和相关的开发人员。
- 开发处理问题：开发者可以通过 SonarQube Server 界面，查看自己代码的问题，及时进行处理。

2.2.2 SonarQube 服务器

1. 安装要求

这里安装环境为 CentOS 7，系统必须安装以下软件。
- Java 8（Oracle JRE 8 或者 OpenJDK 8）
- MySQL 5.6/5.7（PostgreSQL 8 或 Oracle）

注意：
　　数据库不是必需的条件，SonarQube 服务器默认会使用自带的 H2 数据库，但是因为 H2 数据库无法扩展，以及版本升级时无法进行数据迁移，所以建议只有测试时使用该内置数据库。在实际项目中使用时，更改为更加稳定、强大的外置数据库，目前支持 MySQL、Oracle、PostgreSQL 和 Microsoft SQL Server 等主流关系型数据库。

如果安装环境为 Linux 系统，还需要保证如下系统级别的参数设置。
- vm.maxmapcount：大于或等于 262 144。
- fs.file-max：（系统所有进程一共可以打开的文件数量）大于或等于 65 536。
- ulimit -n：（可以打开最大文件描述符的数量）大于或等于 65 536。

可以通过执行如下指令动态修改这些内核参数。

```
sudo sysctl -w vm.max_map_count=262144
sudo sysctl -w fs.file-max=65536
sudo ulimit -n 65536
```

如果要永久修改这些系统级别参数，需要修改下面两个文件，并且重启系统。
- 通过以下代码修改/etc/sysctl.conf。

```
fs.file-max = 65536
```

- 通过以下代码修改/etc/security/limits.conf。

```
* soft nofile 65536
```

```
* hard nofile 65536
```

2. 为 CentOS 7 安装 SonarQube 服务器

具体步骤如下。

1）为安装系统创建一个 sonar 用户。因为 SonarQube 服务器的 ElasticSearch 组件不允许使用 root 启动，所以这里为服务器专门创建一个 sonar 用户，用于启动 SonarQube 服务器进程。通过以下命令创建 sonar 用户并且设置用户密码。

```
$ sudo adduser sonar
$ sudo passwd sonar
  更改用户 sonar 的密码。
  新的密码：
  重新输入新的密码：
  passwd: 所有的身份验证令牌已经成功更新
  [qianqi@jenkins ~]$ su sonar
  密码：
```

2）对从官网下载的 zip 包进行解压和安装。通过以下命令把解压后的 zip 安装包文件放在 /usr/share 目录下。

```
$ ls -al /usr/share | grep sonarqube
drwxr-xr-x.  11 root root         141 12月 21 08:48 sonarqube-6.7.1
-rw-r--r--.   1 root root   159270309 12月 31 17:39 sonarqube-6.7.1.zip
```

3）通过以下代码把 sonar 配置为 Linux 系统上的服务。

```
# 将 sonar 启动脚本链接到系统指令执行路径
$ sudo ln /usr/share/sonarqube-6.7.1/bin/linux-x86-64/sonar.sh /usr/bin/sonar

# 创建 sonar 启动脚本
$ sudo vim /etc/init.d/sonar
```

sonar 启动脚本的内容如下。

```
#!/bin/sh
#
# rc file for SonarQube
#
# chkconfig: 345 96 10
# description: SonarQube system (www.sonarsource 域名)

/usr/bin/sonar $*
```

4）通过以下代码为脚本赋权并打开开机自启动功能。

```
$ sudo chmod 755 /etc/init.d/sonar
$ sudo chkconfig --add sonar
```

5）通过以下代码把 SonarQube 服务器目录赋权给 sonar 用户，并且启动 sonar 服务。

```
$ sudo chown -R sonar:sonar /usr/share/sonarqube-6.7.1
# 注意，这里需要切换到 sonar 用户进行启动
$ su sonar
$ service sonar start
Starting SonarQube...
Started SonarQube.
$ service sonar status
SonarQube is running (5405).
```

6）打开 SonarQube 服务器的页面。默认的 Web 端口是 9000，打开 http://${IP}:9000 即可看到 SonarQube 服务器的界面（如图 2-38 所示）。

▲图 2-38　SonarQube 服务器初次启动的界面

3. SonarQube 服务器中的数据库配置

为了从默认 H2 数据库修改为 MySQL 数据库，MySQL 必须为 5.6 或 5.7 版本。

通过以下代码为 MySQL 创建数据库 sonar，并且指定数据库的编码方式为 utf8。

```
mysql> CREATE DATABASE IF NOT EXISTS sonar DEFAULT CHARSET utf8 COLLATE utf8_general_ci;
Query OK, 1 row affected (0.00 sec)
```

通过以下代码修改主配置文件 sonar.properties。配置文件路径是 /usr/share/sonarqube-6.7.1/conf/，需要做如下配置。

- 取消 username 和 password 的注释，并且添加内容。
- 取消 jdbc.url 这一行注释。

```
sonar.jdbc.username=qianqi
sonar.jdbc.password=qianqi123456

sonar.jdbc.url=jdbc:mysql://localhost:3306/sonar?useUnicode=true&characterEncoding=utf8
&rewriteBatchedStatements=true&useConfigs=maxPerformance&useSSL=false
```

修改后，通过以下代码重启 sonar 服务。

```
# 注意，使用 sonar 用户执行该指令
$ service sonar restart
```

4. 账户权限配置

修改管理员密码。管理员默认的用户名/密码为 admin/admin，管理员通过页面可以修改密码（如图 2-39 所示）。

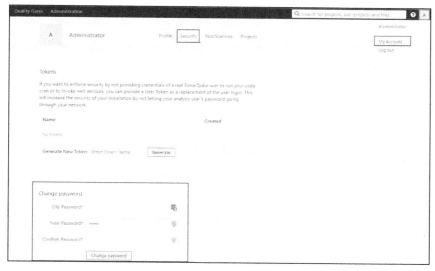

▲图 2-39　为 SonarQube 服务器管理员重置密码

如果忘记了管理员密码，可以通过数据库指令重置为初始密码 admin，具体操作指令如以下代码所示。

```
mysql> use sonar;
Reading table information for completion of table and column names
You can turn off this feature to get a quicker startup with -A
Database changed

mysql> update users set crypted_password = '88c991e39bb88b94178123a849606905ebf440f5',
salt='6522f3c5007ae910ad690bb1bdbf264a34884c6d' where login = 'admin';
Query OK, 1 row affected (0.00 sec)
Rows matched: 1  Changed: 1  Warnings: 0
```

设置访问模式。SonarQube 默认配置是所有用户都可以匿名访问 Web 界面和内容，如果要设置为强制用户访问模式，则管理员登录后，选择菜单 Administration，单击 Configuration→Security，在 Security 选项卡中勾选 Force user authentication 复选框（如图 2-40 所示）。

创建新用户。管理员可以通过选择 Administration→Security→Users→Create User 添加新用户（如图 2-41 所示）。

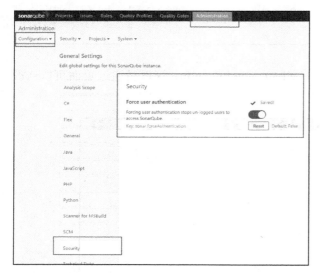

▲图 2-40　在 SonarQube 服务器中设置强制用户访问模式　　▲图 2-41　在 SonarQube 服务器中创建用户

创建后，该用户会展示在用户列表中（如图 2-42 所示）。

▲图 2-42　查看用户

创建组。SonarQube 服务器中默认有两组用户：一组是 sonar-administrators，系统管理员所在的组，默认只有 admin 用户属于该组，后续可以添加多个成员；另一组是 sonar-users，所有新增加的成员默认都属于该组。

我们可以根据职能或者一些项目，自己创建用户组，这里创建 QA 组（如图 2-43 所示）。

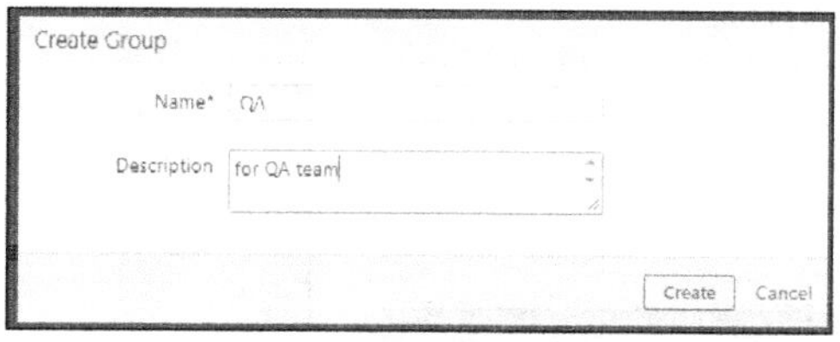

▲图 2-43　创建组

创建成功后，组列表会更新（如图 2-44 所示）。

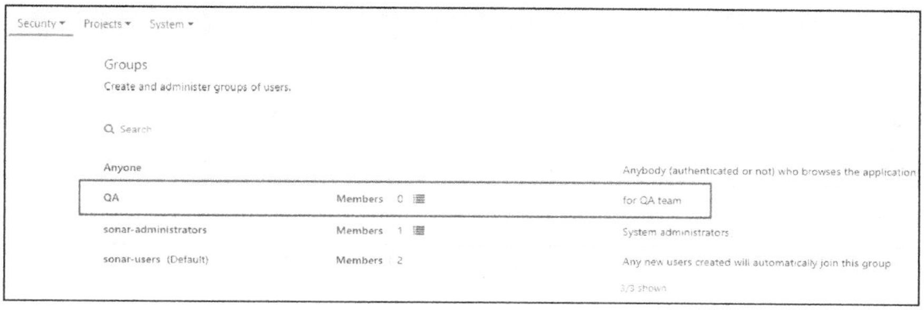

▲图 2-44　查看组列表

5. 安装插件

安装插件有两种主要的方式（无论是手动方式还是界面方式，都只有管理员可以进行插件的安装和更新）。

- 界面安装：通过 UI 去选择和自动安装。
- 手动安装：适用于无法连接外网的环境。

目前官方提供的插件主要包含如下几种类型。

- 不同语言类型的插件，如 SonarJava、SonarJS、SonarC#等。
- 与源码管理相关的插件，如 Git、SVN、CVS 等。
- 和第三方系统集成的插件，如 GitHub Plugin、GitLab Plugin 等。
- 与权限相关的插件，如 LDAP、PAM、GitLab Authentication 等。
- 代码单元测试覆盖率插件，如 Cobertura、Cover 等。
- 第三方扫描工具集成插件，如 Checkstyle、Findbugs、jDepend 等。
- 语言包插件，支持中文、法文、德文、日语、韩语等。

（1）界面安装

在老版本中，要安装插件，首先选择 Administration 菜单，然后在 System 选项卡中选择 Update Center，并单击 Installed 按钮（如图 2-45 所示）。

在新版本中，要安装插件，首先选择 Administration 菜单，然后在 Marketplace 选项卡中单击 All 按钮（如图 2-46 所示）。

▲图 2-45　在老版本中安装插件

▲图 2-46　在新版本中安装插件

图 2-46 中列出了所有可以安装的插件列表，选择自己所需的插件，单击右边的 Install 与 Update 按钮进行安装和更新。不过需要注意的是，目前 SonarQube 也有收费的商业版本，所以有些标明 Available under our commericial editions 的插件是收费版本才支持的（如图 2-47 所示），用开源版本安装会报错。

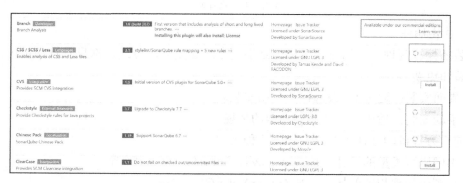

▲图 2-47　注意收费的商业版插件

安装后，页面最上方会提示需要重启才能使服务生效，单击 Restart 按钮即可重启（如图 2-48 所示）。

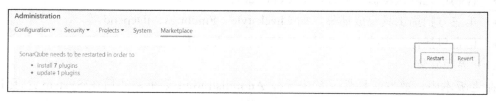

▲图 2-48　安装插件后重启服务

(2)手动安装

在服务器无法接通外网的情况下,只能通过下载安装文件并登录后台进行手动安装才行,具体步骤如下。

1)从插件页面下载 jar 包,并存放在${SONARQUBE_HOME}/extensions/plugins 目录下。

2)不同的 SonarQube 服务器有适配范围的插件版本,可以参考 SonarQube 官方文档的插件版本兼容性矩阵图。

3)如果老版本的 jar 包已经存在,要移除或备份该包,不能有多个版本共存。

4)重启 SonarQube 服务器。

6. 升级 SonarQube 服务器

注意:

如果是跨版本的升级,需要先升级到当前低版本的 LTS 版本,再升级到高版本的 LTS 版本,最终才能升级到高版本的最新版本,比如以下两种情况。

- 大版本升级:4.2→6.1,升级步骤是 4.2→4.5.7 LTS→5.6 LTS→6.1。
- 小版本升级:5.1→5.6,升级步骤是 5.1→5.6。

升级步骤如下。

1)下载最新版本的 SonarQube 服务器的 zip 压缩包,解压到一个新的目录${SONARQUBE_NEW_HOME}中。

2)下载和升级 SonarQube 服务器版本匹配的插件,版本匹配信息可以参考官网的兼容性矩阵页面。若版本不匹配,启动时会报错。

3)更新新版本安装目录 conf 下的配置文件,手动修改需要的配置,如服务器 URL、数据库、LDAP 等。

注意:

不要直接把旧的配置文件复制过来。这会出错,并且配置文件整体会不匹配。

4)停止旧的 SonarQube 服务器。

5)重新链接 SonarQube 服务器的启动脚本(指令如下所示)。

```
$ sudo rm -rf /usr/bin/sonar
$ sudo ln -s ${SONARQUBE_NEW_HOME}/bin/linux-x86-64/sonar.sh /usr/bin/sonar
```

6）启动新的 SonarQube 服务器（查看 sonar 状态和日志，确保启动成功）。

注意：
如果启动不了，注意查看相关的日志文件 ${SONARQUBE_NEW_HOME}/logs 和${SONARQUBE_NEW_HOME}/bin/linux-x86-64/ wrapper.log。

7）手动进行数据库迁移，升级后第一次浏览器打开 http://${IP}:9000/setup 时，根据页面提示进行数据库的更新。

8）等待数据库更新完毕后，就可以正常使用新版本的 SonarQube 服务器了。

2.2.3 SonarQube 扫描器

SonarQube 扫描器是运行具体代码扫描任务的工具，它读取项目的代码并发送至 SonarQube 服务器，这样才能让 SonarQube 进行代码分析，可以认为它是 SonarQube 服务器对应的客户端。

1. 扫描方式和主要配置

目前主要有 4 种扫描方式。

- 通过命令行，如 SonarQube 扫描器。
- 通过构建工具进行扫描，如 MSBuild、Ant、Maven、Gradle 的 SonarQube 扫描器。
- 通过持续集成平台进行扫描，如 Jenkins 的 SonnarQube 扫描器。
- 通过本地代码扫描，如 IntelliJ IDEA 或 Eclipse 的 SonarLint 插件。

无论使用哪种方式，最终都调用一样的接口，将配置信息和代码扫描内容返回给 SonarQube 服务器，进行界面展示。其中最主要的一些配置如下。

- sonar.host.url（必需参数）：SonarQube 服务器的地址，默认是 http://localhost:9000。
- sonar.projectKey（必需参数）：每个扫描项目有一个唯一的 key，对于通过 Maven 构建的项目，这里会自动设置为<groupId>:<artifactId>。
- sonar.sources（必需参数）：包含源码的路径，可以有多个，用逗号分隔。如果是 Maven 项目且没有设置，会自动设定为 Maven 默认的源码位置。
- sonar.projectName（可选参数）：界面展示的项目名称，对于 Maven 项目，如果没设置，会使用 pom.xml 中的项目名称。
- sonar.projectVersion（可选参数）：界面展示的项目版本，对于 Maven 项目，如果没设置，会使用 pom.xml 中的版本号。

如果 SonarQube 服务器需要用户权限认证才能进行代码扫描，则需要添加下面两个参数。

- sonar.login：用户名或用户的认证令牌。

- sonar.password：如果 sonar.login 是用户名，这里填写对应的密码。如果上面用了令牌，这里为空即可。

还有其他很多可选的细化参数，用于对项目扫描方式进行具体和进一步的定制，可以参考 SonarQube 官方文档。

2. 本地开发工具代码扫描

目前支持 3 种开发工具。

- IntelliJ 的 SonarLint
- Eclipse 的 SonarLint
- VisualStudio 的 SonarLint

这里以 IntelliJ IDEA 为例介绍安装和配置的步骤。

1）安装 SonarLint 插件，选择 Settings→Plugins 就可以直接搜索安装。

2）重启 IntelliJ IDEA。

3）配置一下远端 SonarQube 服务器信息。选择 Settings→Other Settings→SonarLint General Settings，在打开的界面中填写内容，其中包含服务器名称、URL 以及登录的用户名和密码（如图 2-49 和图 2-50 所示）。添加好后可以在列表中看到新添加的服务器，并且可以添加多个（如图 2-51 所示）。

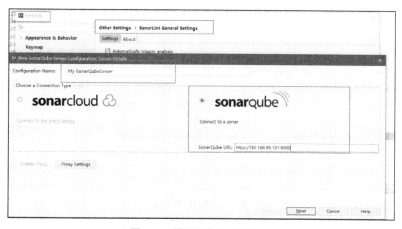

▲图 2-49 设置服务器名称和 URL

4）选择本地代码在扫描时使用哪个 SonarQube 服务器，以及与扫描对应的项目。选择 Settings→Other Settings→SonarLint Project Settings，选中 Enable binding to remote SonarQube server 选项。然后选择 My-SonarQubeServer，列表会自动刷新远端已有的项目，项目都有项目名称和分支名称，选择对应的即可（如图 2-52 所示）。

▲图 2-50　设置用户名和密码　　　　▲图 2-51　查看服务器引表

5）开发本地代码进行 Sonar 扫描。在当前开发的代码文件下有个 SonarLint 按钮，单击三角形按钮进行扫描，就会显示当前文件所存在的问题（如图 2-53 所示），我们可以选择扫描的范围，比如，扫描单个文件、只扫描发生改动的代码文件以及所有文件。单击具体的文件，会列出该文件包含的问题，右边面板会显示问题的类型是 Bug、安全漏洞还是代码坏味道，以及问题的级别和对应的扫描规则等（如图 2-54 所示）。

▲图 2-52　选择 My-SonarQubeServer　　　　▲图 2-53　开始扫描

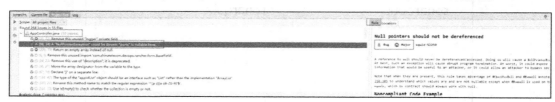

▲图 2-54　扫描结果

3. 通过 Maven 方式进行扫描

在本地的 settings.xml 配置中添加如下 SonarQube 服务器信息，该文件一般在${MAVEN_HOME}/conf 目录下。

```
<settings>
    <pluginGroups>
        <pluginGroup>org.sonarsource.scanner.maven</pluginGroup>
    </pluginGroups>
```

```xml
<profiles>
    <profile>
        <id>sonar</id>
        <activation>
            <activeByDefault>true</activeByDefault>
        </activation>
        <properties>
            <!-- Optional URL to server. Default value is http://localhost:9000 -->
            <sonar.host.url>http://192.168.99.101:9000</sonar.host.url>
            <sonar.login>qianqi</sonar.login>
            <sonar.password>qianqi123456</sonar.password>
        </properties>
    </profile>
</profiles>
</settings>
```

在运行构建指令时加上 sonar:sonar。

```
$ mvn clean install sonar:sonar
...
[INFO] ------------- Scan devops
[INFO] Base dir: E:\Nustore\Nustore-Code\Gitlab\devops
[INFO] Working dir: E:\Nustore\Nustore-Code\Gitlab\devops\target\sonar
[INFO] Source paths: pom.xml
[INFO] Source encoding: UTF-8, default locale: zh_CN
...
[INFO] Analysis report generated in 2978ms, dir size=661 KB
[INFO] Analysis reports compressed in 338ms, zip size=311 KB
[INFO] Analysis report uploaded in 460ms
[INFO] ANALYSIS SUCCESSFUL, you can browse http://192.168.99.101:9000/dashboard/index/com.myproject.qa:devops
[INFO] Note that you will be able to access the updated dashboard once the server has processed the submitted analysis report
[INFO] More about the report processing at http://192.168.99.101:9000/api/ce/task?id=AWDQEuh4Uv10dKBaK6qU
[INFO] Task total time: 37.029 s
....
```

对于一个多模块的项目，如果只想扫描某个或某几个模块，可以通过 -pl 参数实现。

```
$ mvn clean install sonar:sonar -pl ${subModuleName} -am
$ mvn clean install sonar:sonar -pl ${subModuleName1},${subModuleName2} -am
```

如果在扫描的同时要获取代码覆盖率，需要加上 jacoco 参数。

```
$ mvn clean org.jacoco:jacoco-maven-plugin:prepare-agent install sonar:sonar -pl devops-rancher -am
```

如果需要排除一些不想扫描的目录，可以把配置添加到当前 Maven 项目的 pom.xml 文件中。

```
<properties>
  <sonar.exclusions> [...] </sonar.exclusions>
</properties>
```

2.2.4　SonarQube 服务器的界面

SonarQube 服务器默认打开的是 Projects 界面，上面会显示项目的一些基本信息，包括项目的问题种类和不同种类问题的个数、代码覆盖率、代码重复率、代码行数、最近一次扫描时间以及扫描结果等（如图 2-55 所示）。

▲图 2-55　Projects 界面

1. Overview 界面

单击项目列表中的某一项，会看到该项目的概要信息，这里的界面主要分成左右两部分：所有代码扫描结果和新增代码扫描结果（如图 2-56 所示）。

▲图 2-56　Overview 界面

新增代码部分涉及一个概念"Leak Period"，翻译过来叫作"泄漏期间"，字面意思不是很好理解，实际上就是最新扫描和上一次扫描之间的时间间隔。那么怎么判定这个"上次扫描"呢？Sonar 默认按照版本去分，如果版本一直不变，就算不断进行代码扫描，它也会认为没有新增代码。所以，对于版本改动不频繁的项目，如果想观察新增代码的指标，可以通过选择 Administrator→General Settings→General→Leak Period 去修改"泄漏期间"。它主要支持以下几种定义。

- 天数：直接指定距离上次扫描的时间间隔，格式为数字。
- 自定义日期：根据指定的日期和时间来设定时间间隔，格式为 yyyy-mm-dd。
- previous_version：上一个版本到这个版本之间的时间间隔。
- 指定的版本：指定一个固定的版本，每次新扫描的泄漏时间都是和这个固定版本之间的时间间隔。

2. Issues 界面

该界面主要展示所有问题的列表，在左边可以通过问题类型、问题级别、问题状态等选项进行过滤和搜索（如图 2-57 所示）。

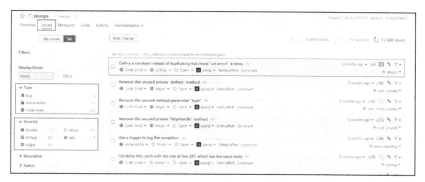

▲图 2-57 Issues 界面

问题的类型见表 2-3。

表 2-3　　　　　　　　　　　　　　问题的类型

名　称	描　述
Bug	可能会导致应用功能不正常和不稳定的潜在问题，需要进行修复
漏洞（Vulnerability）	代码中一些安全方面的问题，如果不修复，会有一些安全隐患
坏味道（Code Smell）	关于代码的可维护性和写法规范的一些问题，如果问题太多并且不加修改，可能会导致后期修改和重构很困难

很多人希望了解 Bug 和漏洞的区别，漏洞专指安全方面的问题，大部分是有可能被利用的威胁，导致原因可以是 Bug，也可能是因为设计导致的，Bug 则不限于安全方面。

问题的级别分类见表 2-4。

表 2-4　　　　　　　　　　　　问题的级别分类

名　称	描　述
阻断（Blocker）	有很高概率影响应用程序行为的 Bug，比如内存泄漏，没有关闭的 JDBC 连接等，这类问题必须立即进行修复
严重（Critical）	有低概率影响应用程序行为的 Bug，或者是表现出的安全缺陷，如空的 catch 块、SQL 注入等，这类问题必须尽快进行评估和审查
主要（Major）	高度影响开发人员生产力的质量缺陷，比如，没有覆盖的代码、重复代码段、没有使用的参数等
次要（Minor）	轻微影响开发人员生产力的质量缺陷，比如，代码行过长、switch 语句至少有 3 个 case 分支等
提示（Info）	不是 Bug 也不是质量缺陷，只是发现和提示

开发人员需要对扫描出来的问题进行相应的操作，Sonar 有如下可执行操作（如图 2-58 和表 2-5 所示）。

▲图 2-58　可执行操作

表 2-5　　　　　　　　　　　　可执行操作

名　称	描　述
确认（Confirm）	审查后确认是问题，需要进行修复，状态从 Open 变为 Conform
误判（Resolve as false positive）	审查后认为不是真的问题，状态变为 Resolve as false positive，需要项目管理员权限
标记为不会修复（Resolve as won't fix）	审查后认为问题不需要解决，状态变为 Resolve as won't fix，需要项目管理员权限
改变等级（Change severity）	审查后根据情况修改问题的级别，需要项目管理员权限
解决（Resolve as fixed）	可以手动设置问题为 Resolved as fixed 状态，但是在下一次 Sonar 扫描解析时，如果确实被解决，状态会设置为"关闭"，否则会设置为"重新打开"

如果有很多问题是 Resolve as false positive 或者设置为 Resolve as won't fix，说明有些规则并不适用，可以在质量配置（Quality profile）中设置为停用，或者通过排除问题缩小规则关注的范围，比如对程序的某种类型文件或某些目录不起作用。

3. Measures 界面

该界面对 Overview 界面扫描结果、指标分类进行详细展示（如图 2-59 所示）。

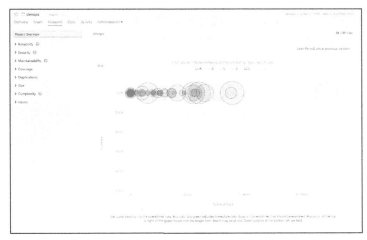

▲图 2-59　Measures 界面

（1）Reliability（可靠性）选项

该选项主要对项目代码的 Bug 数目进行统计和级别评定，并会分成所有代码和新增代码两块，具体级别对应的问题数量和修复时间可参照图 2-60 和表 2-6 的内容。

▲图 2-60　Reliability 选项

表 2-6　　　　　　　　　　　　　　　Reliability 选项

名　称	描　述
Bugs	Bug 的数量
Rating	A 表示 0 个 Bug，B 表示至少有一个次要的 Bug，C 表示至少有一个重要的 Bug，D 表示至少有一个严重的 Bug，E 表示至少有一个阻断的 Bug
Remediation Effort	Sonar 评估预计修复 Bug 需要的时间

（2）Security（安全性）选项

该选项主要对项目代码的 Bug 数目进行统计和级别评定，其中会分成所有代码和新增代码两块，具体级别对应的问题数量和修复时间参照图 2-61 和表 2-7 的内容。

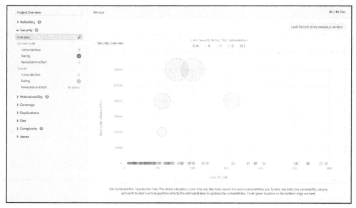

▲图 2-61 Security 选项

表 2-7　　　　　　　　　　　　　　　Security 选项

名　称	描　述
Vulnerabilities	漏洞的数量
Rating	A 表示 0 个漏洞，B 表示至少有一个次要的漏洞，C 表示至少有一个重要的漏洞，D 表示至少有一个严重的漏洞，E 表示至少有一个阻断的漏洞
Remediation Effort	Sonar 评估预计修复漏洞需要的时间

（3）Maintainability（可维护性）选项

该选项主要对项目代码坏味道进行统计和级别评定，其中会分成所有代码和新增代码两块，具体级别对应的问题数量和修复时间参照图 2-62 和表 2-8 的内容。

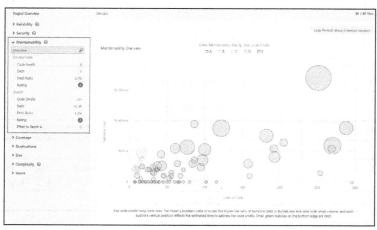

▲图 2-62 SonarQube Server 界面中的 Maintainability 选项

表 2-8　　　　　　　　　　　　　　Maintainability 选项

名　称	描　述
Code Smells	坏味道个数
Rating	根据技术债务比率来决定。A 表示小于或等于 5%，B 表示 6%～10%，C 表示 11%～20%，D 表示 21%～50%，E 表示超过 50%
Debt	Sonar 评估预计修复坏味道问题需要的时间
Debt Ratio	Sonar 评估预计修复坏味道问题需要的时间/开发所有代码需要的时间（每行代码花费时间*代码行数），每行代码花费时间按照 0.06 天计算

（4）Coverage（覆盖率）选项

该选项用于展示关于代码单元测试覆盖率的指标，可以查看具体代码行数、代码块、判断条件等方面的覆盖率（如图 2-63 和表 2-9 所示）。

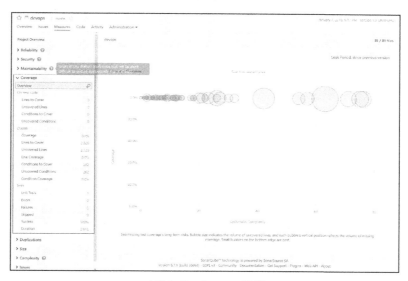

▲图 2-63　Coverage 选项

表 2-9　　　　　　　　　　　　　　Coverage 选项

名　称	描　述
Coverage（位于 Overall 子选项下）	代码的单元测试覆盖率，是行和条件覆盖率的混合，覆盖率 =（至少一次被判定为"真"的条件个数 + 至少一次被判定为"假"的条件个数 + 被覆盖的行数）/（2*所有条件个数 + 总计执行的代码行数）
Unit Tests	单元测试用例个数
Line Coverage	只根据代码行数的密度计算的覆盖率，代码覆盖率=被单元测试覆盖的行数/总计执行的代码行数
Uncovered Lines	没有被单元测试覆盖的代码行数

续表

名称	描述
Lines to Cover	总的代码行数
Errors	失败的单元测试个数
Failures	因为未知异常报错而失败的单元测试个数
Skipped	跳过没有运行的单元测试个数
Success	单元测试成功率 ＝[（单元测试总个数－（错误的单元测试个数+失败的单元测试个数））／（单元测试总个数）] * 100%
Duration	运行单元测试所耗费的时间

（5）Duplications（重复）选项

该选项用于展示代码重复的指标，包括重复的行数、重复的代码块等（如图 2-64 和表 2-10 所示）。

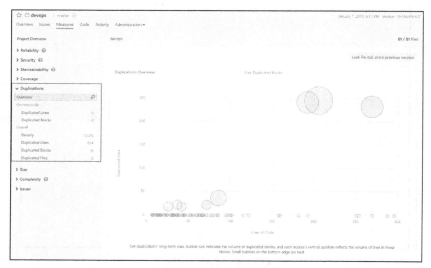

▲图 2-64　Duplication 选项

表 2-10　　　　　　　　　　　　　　　Duplication 选项

名称	描述
Density	重复率=（重复行数 / 总行数）* 100%
Duplicated Blocks	重复代码段的数目，对于 Java 代码，代码段至少有 10 个连续的重复声明
Duplicated Lines	重复的代码行数
Duplicated Files	包含重复代码的文件总数

（6）Size（大小）选项

Size 选项如表 2-11 所示。

表 2-11　　　　　　　　　　　　　　Size 选项

名　　称	描　　述
Lines of Code	实际的代码行数,不包括空行、图表、注释等
Lines	所有的行数
Statements	语句的数量,在 Java 中,语句计算按照如下关键词计算：if、else、while、do、for、switch、break、continue、return、throw、synchronized、catch、finally
Functions	函数的数量,Java 中的构造函数是函数
Classes	类的数量,包括嵌套的类、接口、枚举和注释
Files	文件的数量
Directories	目录的数量
Comment Lines	包含注释和注释掉的代码行数,但是不包含不显著行,比如注释内容为空、内容为特殊字符等
Comments（%）	注释代码的密度=注释行数/（实际代码行数+注释行数）

（7）Complexity（复杂度）选项

Complexity 选项如表 2-12 所示。复杂度对于项目后期的维护和重构有很重要的意义,所以也需要在前期就关注。

表 2-12　　　　　　　　　　　　Complexity 选项

名　　称	描　　述
复杂度/函数（Complexity/Function）	函数的平均圈复杂度
复杂度/文件（Complexity/File）	文件的平均圈复杂度
复杂度/类（Complexity/Class）	类的平均圈复杂度

关于复杂度的详细解释,可以参考 SonarQube 官方文档。对于复杂度,每个方法的默认最小值为 1,对于以下每一个关键字,圈复杂度都会加 1：if、for、while、case、catch、throw、return、&&、||、?。

（8）Issues（问题）选项

Issues 选项如表 2-13 所示。

表 2-13　　　　　　　　　　　　　　Issues 选项

名　　称	描　　述
Issues（子选项）	问题数量
New Issues	新的问题数量
Open Issues	状态是开启的问题数量
Reopened Issues	状态是重开的问题数量
Confirmed Issues	状态是确认的问题数量
False Positive Issues	误判的问题数量
Won't Fix Issues	不修复的问题数量

4. Code 界面

Code 界面如图 2-65 所示。

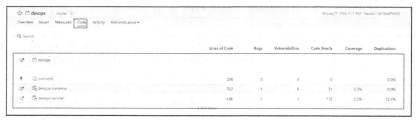

▲图 2-65　Code 界面

可以在该界面直接查看代码内容，每个目录、子目录以及文件右边都会展示代码行数、Bug、漏洞、代码坏味道、代码覆盖率、重复率等信息，单击具体的文件，还能看到具体问题所在的行数和描述信息（如图 2-66 所示）。

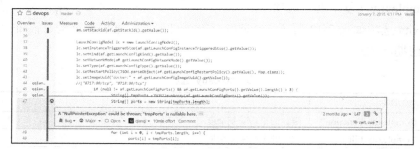

▲图 2-66　代码的相关信息

5. Activity 界面

Activity 界面主要展示当前项目的一些扫描活动的记录和图表（如图 2-67 所示）。

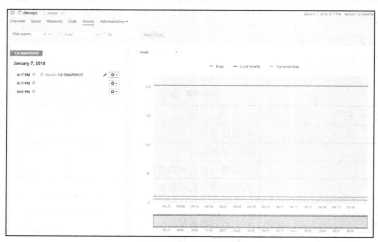

▲图 2-67　Activity 界面

6. Administration 界面

每个项目都可以独立进行个性化配置，包括一般配置、后台任务、权限、更新 Key、删除等（如图 2-68 所示）。

Background Tasks 选项用来展示所有运行完成以及正在运行的任务队列（如图 2-69 所示）。

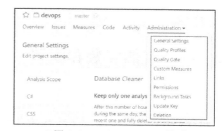

▲图 2-68　Administration 界面

▲图 2-69　Background Tasks 选项

后台任务在队列中，并且是串行的，同一时间执行的后台任务个数默认是 1。通常后台任务的状态有 Pending、Failures、Success、Canceled、In Process。

单击每个任务右边的下拉箭头，选择 Show Scanner Context 可以查看详细的日志。

2.3　代码审核工具 Gerrit

2.3.1　Gerrit

Gerrit 是一个建立在 Git 版本控制系统之上并且基于 Web 的代码审查工具，是开发者和 Git 之间的一层屏障，不允许直接将本地修改内容同步到远程仓库中。Gerrit 可以和 Jenkins 进行集成，每次代码提交后，在人工审核代码前，通过 Jenkins 任务自动运行单元测试、构建以及自动化测试。Jenkins 任务如果失败，会自动打回这次提交。

一般 Git、Jenkins、Gerrit 集成在一起之后的使用流程如下。

1）开发者提交代码到 Gerrit。
2）触发对应的 Jenkins 任务，通过以后 verified 加 1。
3）人工审核，审核通过后 code review 加 2。
4）确认这次提交，Gerrit 执行和 Git 仓库的代码同步。

5）代码入库。

2.3.2　Gerrit 的安装和配置

1. 准备

下载稳定版本和插件，这里使用的是 Gerrit-2.15.1 稳定版本。

从 Gerrit Releases 网站下载 Gerrit Release。

上面的 Gerrit Release 网站有时需要以特殊方式访问，因此可以从 gerritforge 网站下载最新版本的 Gerrit 以及插件。

添加以下插件。

- replication.jar
- reviewnotes.jar
- singleusergroup.jar
- commit-message-length-validator.jar
- download-commands.jar
- hooks.jar
- reviewer.jar
- events-log.jar

检查安装环境，确保操作环境满足以下条件。

- Linux 操作系统
- Java JRE 1.8 及以上版本
- Git 工具

通过配置 Git 的全局参数，解决 Gerrit 上对中文编码支持的问题。代码如下。

```
#git utf-8 配置
git config --global core.quotepath false
git config --global i18n.logoutputencoding utf8
git config --global i18n.commitencoding utf8
```

2. 安装

创建一个 Gerrit 用户专门用于安装和启动 Gerrit 服务。代码如下。

```
# 在 root 用户下创建
$ adduser gerrit
$ passwd gerrit # 为新用户设定密码
$ su gerrit
```

把 Gerrit 的安装包放到 gerrit 用户的 home 目录下。代码如下。

```
[gerrit@localhost ~]$ ls -al
total 84180
drwxrwxr-x. 2 gerrit gerrit    168 5月 13 14:38 .
drwx------. 6 gerrit gerrit    135 5月 13 14:38 ..
-rw-r--r--. 1 gerrit gerrit   5374 5月 13 14:38 commit-message-length-validator.jar
-rw-r--r--. 1 gerrit gerrit  26703 5月 13 14:38 download-commands.jar
-rw-r--r--. 1 gerrit gerrit  45837 5月 13 14:38 hooks.jar
-rw-r--r--. 1 gerrit gerrit 226929 5月 13 14:38 replication.jar
-rw-r--r--. 1 gerrit gerrit  26057 5月 13 14:38 reviewnotes.jar
-rw-r--r--. 1 gerrit gerrit   8757 5月 13 14:38 singleusergroup.jar
```

通过以下代码初始化 Gerrit 目录。

除了下面提到的几个，其他均采用默认配置，可以后面通过配置文件进行修改。

1）完成 SMTP 配置。

初始化时可以设置 SMTP 地址（也可后面通过修改配置文件的方式进行配置）。

2）完成 Authentication method 配置。

选择 HTTP，不采用默认配置。

3）监听端口。

由于 8080 端口被占用，因此需要改为 8083 端口。

```
$ java -jar ~/release.war init -d ~/gerrit_site
Using secure store: com.google.gerrit.server.securestore.DefaultSecureStore
[2018-05-13 14:46:02,710] [main] INFO  com.google.gerrit.server.config.GerritServer-
ConfigProvider : No /home/gerrit/gerrit_site/etc/gerrit.config; assuming defaults

*** Gerrit Code Review 2.15.1-210-g4726779f6f
***

Create '/home/gerrit/gerrit_site' [Y/n]? y

*** Git Repositories
***

Location of Git repositories       [git]:

*** SQL Database
***

Database server type               [h2]:

*** NoteDb Database
***

Use NoteDb for change metadata?
  See documentation:
```

```
              https://遮着/Documentation/note-db.html
Enable                          [Y/n]? y

*** Index
***

Type                            [lucene/?]:

*** User Authentication
***

Authentication method           [openid/?]: HTTP
Get username from custom HTTP header [y/N]?
SSO logout URL                  :
Enable signed push support      [y/N]?

*** Review Labels
***

Install Verified label          [y/N]?

*** Email Delivery
***

SMTP server hostname            [localhost]:
SMTP server port                [(default)]:
SMTP encryption                 [none/?]:
SMTP username                   :

*** Container Process
***

Run as                          [gerrit]:
Java runtime                    [/usr/java/jdk1.8.0_151/jre]:
Copy release.war to /home/gerrit/gerrit_site/bin/gerrit.war [Y/n]?
Copying release.war to /home/gerrit/gerrit_site/bin/gerrit.war

*** SSH Daemon
***

Listen on address               [*]:
Listen on port                  [29418]:
Generating SSH host key ... rsa... dsa... ed25519... ecdsa 256... ecdsa 384... ecdsa
521... done

*** HTTP Daemon
***

Behind reverse proxy            [y/N]?
Use SSL (https://)              [y/N]?
```

```
Listen on address                [*]:
Listen on port                   [8080]: 8083
Canonical URL                    [http://localhost:8083/]:

*** Cache
***


*** Plugins
***

Installing plugins.
Install plugin commit-message-length-validator version v2.15.1 [y/N]? y
Installed commit-message-length-validator v2.15.1
Install plugin download-commands version v2.15.1 [y/N]? y
Installed download-commands v2.15.1
Install plugin hooks version v2.15.1-14-ge51f704 [y/N]? y
Installed hooks v2.15.1-14-ge51f704
Install plugin replication version v2.15.1-3-ge6092a0 [y/N]? y
Installed replication v2.15.1-3-ge6092a0
Install plugin reviewnotes version v2.15.1 [y/N]? y
Installed reviewnotes v2.15.1
Install plugin singleusergroup version v2.15.1 [y/N]? y
Installed singleusergroup v2.15.1
Initializing plugins.

*** Experimental features
***

Enable any experimental features [y/N]? y
Default to PolyGerrit UI         [Y/n]? y
Enable GWT UI                    [Y/n]? y

Initialized /home/gerrit/gerrit_site
Executing /home/gerrit/gerrit_site/bin/gerrit.sh start
Starting Gerrit Code Review: OK
Waiting for server on localhost:8083 ... OK
Opening http://localhost:8083/#/admin/projects/ ...OK
Open Gerrit with a JavaScript capable browser:
  http://localhost:8083/#/admin/projects/
```

通过以下代码查看 Gerrit 是否启动并且监听相应的端口。

```
# 需要root权限才能查看
[root@localhost gerrit]# netstat -ltpn | grep -i gerrit
  tcp6       0      0 :::29418              :::*        LISTEN      5069/GerritCodeRevi
  tcp6       0      0 127.0.0.1:8082        :::*        LISTEN      5069/GerritCodeRevi
```

3. 配置 Gerrit

把之前下载好的插件的 jar 包放到 gerrit_site/plugin 目录下，重启 Gerrit 服务后，会自动加载 plugin 目录下的插件。

主配置文件 gerrit.config 位于目录/home/gerrit/gerrit_site/etc 下。具体代码如下。

```
[gerrit]
        basePath = git
        serverId = c357cde6-0d9c-4d96-bef7-6927f4c88e17
        canonicalWebUrl = http://192.168.56.101:8083
[database]
        type = h2
        database = /home/gerrit/gerrit_site/db/ReviewDB
[noteDb "changes"]
        disableReviewDb = true
        primaryStorage = note db
        read = true
        sequence = true
        write = true
[index]
        type = LUCENE
[auth]
        type = HTTP
[receive]
        enableSignedPush = false
[sendemail]
        smtpServer = localhost
[container]
        user = gerrit
        javaHome = /usr/java/jdk1.8.0_151/jre
[sshd]
        listenAddress = *:29418
[httpd]
        listenUrl = http://*:8083/
[cache]
        directory = cache
```

要为 nginx 配置反向代理，步骤如下。

1）安装 nginx。因为 yum 源默认没有 nginx，所以需要把 nginx 的源加入 yum 源中。代码如下。

```
$ rpm -ivh http://nginx域名/packages/centos/7/noarch/RPMS/nginx-release-centos-7-0.el7.ngx.noarch.rpm
$ yum info nginx
$ sudo yum install nginx
```

2）在/etc/nginx/conf.d 目录下创建 Gerrit 的 nginx 配置文件 gerrit.conf。代码如下。

```
server {
    listen       8088;
    server_name  localhost;
    allow        all;
    deny         all;

    auth_basic "Welcom to Gerrit Code Review Site!";
    auth_basic_user_file /home/gerrit/gerrit.password;

    location / {
      proxy_pass        http://192.168.56.101:8083;
      proxy_set_header       X-Forwarded-For $remote_addr;
      proxy_set_header       Host $host;
    }
}
```

注意:
proxy_pass 路径后不能加"/"，否则会出现报错 "Code Review - Error the page you requested was not found....permission to view this page"。

3）修改 Gerrit home 目录的权限。默认创建的 Gerrit home 目录的权限是 700，这里修改为 755。代码如下。

```
$ sudo chmod 755 /home/gerrit/
```

4）创建用户以及用户认证。

首先，创建登录 Gerrit 界面的 admin 用户。

```
$ htpasswd -c /home/gerrit/gerrit.password admin
New password:
Re-type new password:
Adding password for user admin
```

注意:
如果想要修改或新加用户，把-c 换成-m，因为继续用-c 会覆盖原来的文件。

然后，继续创建登录 Gerrit 界面的用户 qianqi。

```
$ htpasswd -m /home/gerrit/gerrit.password qianqi
New password:
Re-type new password:
Adding password for user qianqi
```

当用 htpasswd 命令创建用户时，并没有向 Gerrit 中添加账号，只有当用户通过 Web 浏览器登录 Gerrit 服务器时，才会自动创建账号并把它添加至 Gerrit 数据库中，但是账号的 name 和 email 内容都为空（NULL）。初次登录时，界面会提醒添加姓名和邮箱来补全个人信息。

由于 Basic HTTP 认证模式不支持 Sign Out，因此需要先通过 Sign Out 退出账号，关闭浏览器后再登录，才能出现 HTTP 验证密码对话框。

5）重启 nginx 服务。代码如下。

```
$ sudo service nginx restart
```

如果启动 nginx 服务时出错（13: Permission denied），则需要修改"/etc/selinux/config"文件，将"SELINUX=enforcing"改为"SELINUX=disabled"，然后重启 nginx 服务。

6）重启 Gerrit 服务。代码如下。

```
$ /home/gerrit/gerrit_site/bin/gerrit.sh restart
Stopping Gerrit Code Review: OK
Starting Gerrit Code Review: OK
```

注意：
如果启动失败，请查看/home/gerrit/gerrit_site/logs 下的日志文件。

4. 通过 SSH 公钥连接 Gerrit

通过 keygen 指令为 Gerrit 用户生成 SSH 公钥。代码如下。

```
[gerrit@localhost .ssh]$ keygen -t rsa -C "gerrit-admin"
Generating public/private rsa key pair.
Enter file in which to save the key (/home/gerrit/.ssh/id_rsa):
Enter passphrase (empty for no passphrase):
Enter same passphrase again:
Your identification has been saved in /home/gerrit/.ssh/id_rsa.
Your public key has been saved in /home/gerrit/.ssh/id_rsa.pub.
The key fingerprint is:
68:0b:cd:69:9a:f1:4e:6b:44:d4:53:eb:b1:c6:51:29 gerrit-admin
The key's randomart image is:
+--[ RSA 2048]----+
|      ....       |
|     . o Eo.     |
|      .  .+.     |
|     o.o o +     |
|     o.B S =     |
|      O...       |
|     o.+         |
|      o..        |
|       .o        |
+-----------------+
```

```
[gerrit@jenkins etc]$ ls ~/.ssh/
id_rsa  id_rsa.pub
```

在 Gerrit 界面上，单击右上角用户，选择 Settings，然后选择 SSH Public Keys，添加公钥内容，公钥内容为生成的 id_rsa.pub 内容（如图 2-70 所示）。

通过以下代码在～/.ssh/config 文件中配置登录信息。其中端口需要和 gerrit.config 配置文件中的 sshd 端口一致。使用 ssh gerrit-admin 指令测试是否可以正常连接。

▲图 2-70 添加 Gerrit 公钥

```
$ cat ~/.ssh/config
Host gerrit-admin
  HostName 192.168.56.101
  User admin
  Port 29418
  IdentityFile ~/.ssh/id_rsa

[gerrit@localhost .ssh]$ chmod 600 ~/.ssh/config
```

测试是否可以正常连接。检测 gerrit-admin 是否可以通过 SSH 连接。代码如下。

```
$ ssh gerrit-admin

  ****    Welcome to Gerrit Code Review    ****

  Hi admin, you have successfully connected over SSH.

  Unfortunately, interactive shells are disabled.
  To clone a hosted Git repository, use:

  git clone ssh://admin@192.168.56.101:29418/REPOSITORY_NAME.git

Connection to 192.168.56.101 closed.
```

通过 -h 查看 gerrit-admin 的命令行说明。代码如下。

```
$ ssh gerrit-admin gerrit -h
gerrit [COMMAND] [ARG ...] [--] [--help (-h)]

 --         : end of options
 --help (-h) : display this help text

Available commands of gerrit are:

   apropos               Search in Gerrit documentation
```

```
ban-commit              Ban a commit from a project's repository
close-connection        Close the specified SSH connection
create-account          Create a new batch/role account
create-branch           Create a new branch
create-group            Create a new account group
create-project          Create a new project and associated Git repository
flush-caches            Flush some/all server caches from memory
gc                      Run Git garbage collection
gsql                    Administrative interface to active database
index
logging
ls-groups               List groups visible to the caller
ls-members              List the members of a given group
ls-projects             List projects visible to the caller
ls-user-refs            List refs visible to a specific user
plugin
query                   Query the change database
receive-pack            Standard Git server side command for client side git push
rename-group            Rename an account group
review                  Apply reviews to one or more patch sets
set-account             Change an account's settings
set-head                Change HEAD reference for a project
set-members             Modify members of specific group or number of groups
set-project             Change a project's settings
set-project-parent      Change the project permissions are inherited from
set-reviewers           Add or remove reviewers on a change
show-caches             Display current cache statistics
show-connections        Display active client SSH connections
show-queue              Display the background work queues
stream-events           Monitor events occurring in real time
test-submit
version                 Display gerrit version

See 'gerrit COMMAND --help' for more information.
```

首先为 admin 用户配置访问数据库的权限，不然会有 access database not permitted 提示。

选择 Projects→List，然后单击 All-Projects，并单击上面的 Access 选项进入全局项目权限配置界面。

这里在 Global Capabilities 下添加 Access Database 选项并且授权给 Administrators 用户（如图 2-71 所示）。

接下来就可以登录后台了，通过 ssh 指令来登录 Gerrit 数据库了。代码如下。

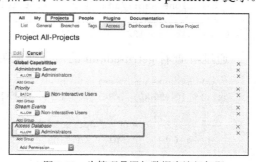

▲图 2-71　为管理员添加数据库访问权限

```
$ ssh gerrit-admin gerrit gsql
Welcome to Gerrit Code Review 2.15.1-210-g4726779f6f
(H2 1.3.176 (2014-04-05))

Type '\h' for help.  Type '\r' to clear the buffer.

gerrit> show tables;
TABLE_NAME                       | TABLE_SCHEMA
---------------------------------+-------------
ACCOUNT_GROUPS                   | PUBLIC
ACCOUNT_GROUP_BY_ID              | PUBLIC
ACCOUNT_GROUP_BY_ID_AUD          | PUBLIC
ACCOUNT_GROUP_MEMBERS            | PUBLIC
ACCOUNT_GROUP_MEMBERS_AUDIT      | PUBLIC
ACCOUNT_GROUP_NAMES              | PUBLIC
CHANGES                          | PUBLIC
CHANGE_MESSAGES                  | PUBLIC
PATCH_COMMENTS                   | PUBLIC
PATCH_SETS                       | PUBLIC
PATCH_SET_APPROVALS              | PUBLIC
SCHEMA_VERSION                   | PUBLIC
SYSTEM_CONFIG                    | PUBLIC
(13 rows; 2 ms)

gerrit> select * from ACCOUNT_GROUP_MEMBERS;
ACCOUNT_ID | GROUP_ID
-----------+---------
1000000    | 1
(1 row; 1 ms)
```

2.3.3 GitWeb 的安装和配置

GitWeb 是一个支持在 Web 页面上查看代码以及提交信息的工具。安装 GitWeb 工具并且集成到 Gerrit 中，从而可以直接在 Gerrit 的项目列表中查看项目的代码信息。

1. 安装 GitWeb

通过 yum 安装 GitWeb。

```
$ sudo yum install gitweb -y
```

CentOS 系统中安装好后的默认目录为 "/var/www/git/gitweb.cgi"。

2. 配置 GitWeb

GitWeb 的配置文件为 "/etc/gitweb.conf"。现在添加 projectroot 目录，即 Gerrit 的 Git 仓库目录，修改配置文件/etc/gitweb.conf。代码如下。

```
our $projectroot = "/home/gerrit/gerrit_site/git"
```

因为 GitWeb 是基于 httpd 服务工作的,所以需要在 httpd 服务中配置 GitWeb。步骤如下。

1)通过配置文件/etc/httpd/conf.d/git.conf 配置 GitWeb 路径。代码如下。

```
Alias /gitweb /var/www/git
SetEnv GITWEB_CONFIG /etc/gitweb.conf
<Directory /var/www/git>
  Options ExecCGI FollowSymLinks SymLinksIfOwnerMatch
  AllowOverride All
  order allow,deny
  Allow from all
  AddHandler cgi-script .cgi
  DirectoryIndex gitweb.cgi
</Directory>
```

其中"/gitweb"是 URL 路径,需要映射成本地的 GitWeb 路径。

2)通过配置文件/etc/httpd/conf/httpd.conf 配置服务端口。代码如下。

```
Listen 8889
...
Include conf.d/*.conf
```

因为 httpd 服务默认的 80 端口已经被占用,所以调整成 8889 端口。

3)重启 httpd 服务。代码如下。

```
$ systemctl restart httpd.service
$ systemctl status httpd.service
$ httpd.service - The Apache HTTP Server
   Loaded: loaded (/usr/lib/systemd/system/httpd.service; disabled; vendor preset:
   disabled)
   Active: active (running) since 日 2018-06-24 16:51:03 CST; 7s ago
     Docs: man:httpd(8)
           man:apachectl(8)
  Process: 3759 ExecStop=/bin/kill -WINCH ${MAINPID} (code=exited, status=0/SUCCESS)
 Main PID: 3767 (httpd)
   Status: "Processing requests..."
   Memory: 2.8M
   CGroup: /system.slice/httpd.service
           ├─3767 /usr/sbin/httpd -DFOREGROUND
           ├─3768 /usr/sbin/httpd -DFOREGROUND
           ├─3769 /usr/sbin/httpd -DFOREGROUND
           ├─3770 /usr/sbin/httpd -DFOREGROUND
           ├─3771 /usr/sbin/httpd -DFOREGROUND
           └─3772 /usr/sbin/httpd -DFOREGROUND

6月 24 16:51:03 jenkins.qianqi systemd[1]: Starting The Apache HTTP Server...
6月 24 16:51:03 jenkins.qianqi httpd[3767]: AH00558: httpd: Could not reliably
determine the server's fully qualified domain name, using jenki... message
6月 24 16:51:03 jenkins.qianqi systemd[1]: Started The Apache HTTP Server.
```

```
Hint: Some lines were ellipsized, use -l to show in full.
```

4）查看 GitWeb 是否可以访问。GitWeb 的 URL 格式为 http://${ip}:${port}/gitweb，打开后的界面如图 2-72 所示。

▲图 2-72　GitWeb 界面

3. 和 Gerrit 进行集成

首先，更新 Gerrit 配置文件，步骤如下。

1）在/home/gerrit/gerrit_site/etc/gerrit.config 文件中添加 GitWeb 配置。代码如下。
Gerrit 2.13 以后版本除了要配置 cgi 之外，type 也是必配选项，否则界面不会显示 GitWeb 链接。

```
[gitweb]
        cgi = /var/www/git/gitweb.cgi
        type=gitweb
```

2）修改 git 配置。代码如下。

```
$ git config --file /home/gerrit/gerrit_site/etc/gerrit.config gitweb.cgi /var/www/git/gitweb.cgi
$ git config --file /home/gerrit/gerrit_site/etc/gerrit.config --unset gitweb.url
```

3）重启 Gerrit 服务。代码如下。

```
$ /home/gerrit/gerrit_site/bin/gerrit.sh restart
```

4）重新打开登录界面，发现项目列表中的 Repository Browser 部分出现了 GitWeb 链接（如图 2-73 所示）。

▲图 2-73　Gerrit 项目列表的 GitWeb 链接

然后，配置 GitWeb 访问权限。

Gerrit 与 GitWeb 集成后，默认情况下，只有 Gerrit 管理员用户才具有 GitWeb 的访问权限，普通用户单击 GitWeb 链接后显示 Not Found。

选择 Projects→List→All-Projects 进入 Projects 界面，然后单击 Access 选项以查看项目的全局权限配置，可以看到 refs/meta/config 部分中授予 read 权限的对象为 Administrators 和 Project Owners，所以需要给普通用户添加 read 权限，这样普通用户才能查看 GitWeb 内容。所以，在 refs/meta/cofig 的 Read 选项中添加 ALLOW Registered Users（参见图 2-74）。

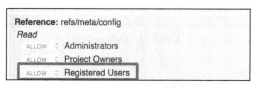

▲图 2-74 为普通用户添加 GitWeb 访问权限

2.3.4 在 Gerrit 中集成 LDAP 认证

Gerrit 系统可以和 LDAP 用户认证服务集成，用于登录用户的导入、同步和集中管理。

1. 修改 Gerrit 的配置文件

1）配置文件 /home/gerrit/gerrit_site/etc/gerrit.config。

2）修改 auth 部分的 type 属性，从 HTTP 改为 LDAP。

3）增加 ldap 部分的配置。

- accountBase

LDAP 中的基准目录，该目录下的用户都会被导入。

- accountPattern

当 LDAP 目录结构中的字段和 Gerrit 数据库中的字段不一致时，可以进行相关字段映射，比如在以下代码中，将 Gerrit 中登录的 uid 映射到了 LDAP 中的 username 字段。

```
[auth]
    type = LDAP
[ldap]
        server = ldap://${ip}:${port}
        sslVerify = false
        username = cn=admin,dc=ct,dc=com
        password = admin123!
        accountBase = ou=dev,dc=ct,dc=com
        accountPattern = (&(objectClass=inetOrgPerson)(uid=${username}))
        accountFullName = cn
        accountEmailAddress = mail
        groupsVisibleToAll = true
        referral = follow
```

4）重启 Gerrit 服务。代码如下。

```
/home/gerrit/gerrit_site/bin/gerrit.sh restart
```

2. 修改 nginx 配置

因为 nginx 之前配置的是 Basic Auth 验证方式，所以要切换到配置好的 LDAP 认证服务，把配置文件 "/etc/nginx/conf.d/gerrit.conf" 中 Basic Auth 相关的两行内容注释掉，并重新启动 nginx。代码如下。

```
#auth_basic "Welcom to Gerrit Code Review Site!";
#auth_basic_user_file /home/gerrit/gerrit.password;
```

3. 在 LDAP 模式下登录 Gerrit

再次登录 Gerrit 界面时，使用 LDAP 组织下已有的用户名和密码即可。这里注意一点，第一个登录的 Gerrit 用户为管理员，Account ID 是 1000000。

因为在上面的配置中设置了字段的映射关系，比如 accountFullName 为 LDAP 中的 cn，accountEmailAddress 为 LDAP 中的 mail，所以登录 Gerrit 后，username/fullname/email address 都会自动从 LDAP 中获取。

在 LDAP 认证模式下，用户的用户名及密码都是在 LDAP 端进行管理的。

2.3.5　Gerrit 和 GitLab 的集成

上面介绍了 Gerrit 服务的搭建和配置，以及不同的用户认证模式，下面开始介绍 Gerrit 的实际使用场景。

Gerrit 一般位于最终代码仓库的前面一层，用于代码的人工审核和对 CI 任务的触发进行验证。

这里使用的代码仓库是 GitLab，下面介绍 GitLab 和 Gerrit 如何进行集成，以及如何使用 Gerrit 对提交到 GitLab 的代码进行审核验证。

1. 两边权限配置

1）将 Gerrit 的公钥添加到 GitLab 的管理员账号中。这样配置后，Gerrit 服务可以通过 SSH 拉取 GitLab 上任意项目的代码。通过以下代码获取 Gerrit 服务的公钥。

```
$ su gerrit
$ cat ~/.ssh/id_rsa.pub
ssh-rsa AAAAB3NzaC1yc2EAAAADAQABAAABAQDO3O+SL3wMBFIqPTrVPK9yLsOdpNIgVjMxJ5w+dYKw5OGJBuy
8f4cfRqBLLsB8SZv1LBv1kyGmwJ7I2rV6n2Q4908QSd74wT018yQ0zJk5cvyCxycAZp9yIJjOSybdEMJLOzoGs
WhnHQ0Be6dXYuXH+Wjp9Dcx4lgOIrZurrArP2GFFO1aQM5UukRqy/qdUYolFhtg7khiSYttk76PjpogQP1+zQc
K7nPeeVAj5OGFA8cqL2jTHHeGRflOnzVPFw9Qhb6juViONCH1jGt9V/nNsFF9K9f82CHFFW6jcLPzjPEpLdlts
TAmAXGzXkr1UaFjNcYok4ZXo5PFCVRHZA6H gerrit-admin
```

用 root 账户登录 GitLab，选择 User Settings→SSH Keys，并单击 Add key 按钮，如图 2-75 所示。

▲图 2-75　添加 Gerrit 公钥到 GitLab 管理员账号中

2）配置 GitLab 访问 Gerrit 的权限。

由于需要进行双向同步，因此需要配置 GitLab 访问 Gerrit 机器和服务的权限，用于后面两边代码的同步。登录 Gerrit 服务所在的机器，在"/home/gerrit/.ssh/config"中添加以下内容。

```
Host gerrit-admin
  HostName 192.168.56.101
  User admin
  Port 29418
  IdentityFile ~/.ssh/id_rsa
  PreferredAuthentications publickey
```

把 GitLab 的地址添加到 Gerrit 机器的"~/.ssh/known_hosts"中。代码如下。

```
$ sh -c "ssh-keyscan -t rsa 191.168.56.101 >> /home/gerrit/.ssh/known_hosts"
$ sh -c "ssh-keygen -H -f /home/gerrit/.ssh/known_hosts"
/home/gerrit/.ssh/known_hosts updated.
Original contents retained as /home/gerrit/.ssh/known_hosts.old
WARNING: /home/gerrit/.ssh/known_hosts.old contains unhashed entries
Delete this file to ensure privacy of hostnames
```

2. 更新 Gerrit 配置文件

1）在"/home/gerrit/gerrit_site/etc/gerrit.config"文件中添加用于 replication 插件的配置，这个插件的主要作用是实现 Gerrit 和远端代码仓库的自动同步。

```
[plugins]
    allowRemoteAdmin = true
```

2）重启 Gerrit 服务。代码如下。

```
$ ~/gerrit_site/bin/gerrit.sh restart
```

3. 在 Gerrit 中创建项目

要在 Gerrit 中创建一个空项目，项目名称和 GitLab 项目相同。

1）使用界面或代码都可以创建项目（界面创建方式如图 2-76 所示）。或者以代码方式创建项目。代码如下。

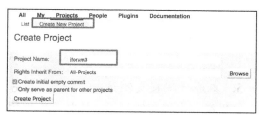

▲图 2-76 以界面方式创建项目

```
$ ssh gerrit-admin gerrit create-project jforum3
```

2）进入 Gerrit 项目目录/home/gerrit/gerrit_site/git。查看刚刚新创建的项目目录，删除自动创建的目录，通过 git clone --bare ${gitlab_ssh_url}重新从 GitLab 复制一份。代码如下。

```
$ cd ~/gerrit_site/git/
$ ls
All-Projects.git  All-Users.git  jforum3.git
$ rm -rf jforum3.git/
$ git clone --bare git@192.168.56.101:root/jforum3.git
正复制到 'jforum3'...
The authenticity of host '192.168.56.101 (192.168.56.101)' can't be established.
ECDSA key fingerprint is SHA256:Zv3JJ4BGQgxoi/U+MlVJKwErdRIIxogiCWL2T1X+z54.
ECDSA key fingerprint is MD5:27:ab:28:3f:0a:c9:3f:2e:f9:94:ee:23:16:5f:c8:bf.
Are you sure you want to continue connecting (yes/no)? yes
Warning: Permanently added '192.168.56.101' (ECDSA) to the list of known hosts.
remote: Counting objects: 1049, done.
remote: Compressing objects: 100% (771/771), done.
remote: Total 1049 (delta 247), reused 1049 (delta 247)
接收对象中: 100% (1049/1049), 1.67 MiB | 0 bytes/s, done.
处理 delta 中: 100% (247/247), done.
```

4. 配置 Gerrit 与 GitLab 的同步

配置目的是当 Gerrit 项目仓库有变化时，会自动同步到 GitLab 的项目仓库中。

该功能需要使用 Gerrit 的 replication 插件来实现（在前面插件安装部分已经安装，并且已经在 Gerrit 中配置为 enable）。首先需要创建配置文件 replication.config 并存放到/home/gerrit/gerrit_site/etc/目录下。

以后每创建一个新的项目，都要在该配置文件中添加[remote ${projectName}]的配置。

下面在目录/home/gerrit/gerrit_site/etc/下创建 replication.config 用于代码同步。

```
[remote "jforum3"]
projects = jforum3
url = git@192.168.56.101:root/jforum3.git
push = +refs/heads/*:refs/heads/*
push = +refs/tags/*:refs/tags/*
push = +refs/changes/*:refs/changes/*
threads = 3
```

用以下代码重载 replication 插件的配置来进行同步。

```
$ ssh gerrit-admin gerrit plugin reload replication
```

5. 本地代码提交测试

这里举一个提交的例子，比如，本地用户 qianqi 要提交代码到 jforum3 项目。

首先，本地 Git 用户配置要和 Gerrit 用户信息一致，通过以下命令配置 Git 提交信息。

```
$ git config --list
user.name=writer
user.email=writer@**.com
# 如果不一致，重新设置
$ git config --global user.name "writer"
$ git config --global user.name "writer@***.com"
```

然后，更新本地 .ssh/config 文件。添加以下代码（如果没有该文件，创建该文件，权限为 600），更新本地 SSH 配置。

```
KexAlgorithms +diffie-hellman-group1-sha1
```

接下来，将本地公钥添加到 Gerrit 用户配置中，通过以下代码获取本地 SSH 公钥。

```
$ ssh cat ~/.ssh/id_rsa.pub
ssh-rsa AAAAB3NzaC1yc2EAAAADAQABAAABAQDEZLRR+brnyIWs7clrSulkgFuIgfK2gXgfdnir8FSxz8zBJ3D
Ho7xin1+uO5bX1LnlkrBRsF4o9PaPHgZsde4lPN4mMyM/WUC3sUQt9MEsOd7CzPhYBAjFswrR1sVceN0KZAw9W5
ZttqOsBnLWJkMn0WWGYJH0MxnnZdYC6iX2s4atg+XC5lpcrYYi6/fqIke4r6p7+3cNrUtqhNMr+3Zf0+cnK1lrs
EaRTprCpzH3mgZm42YD6Fbg28G2eJquurplDajwfSpa1FelhsXufcDdmUaGBZpxaTKJOugO8OC0ZM1PYkHI7RqK
RUHdXuaOEdYSiwXuxE4lkh2nXpUR2Osn writer@***.com
# 如果该文件不存在，使用下面的指令生成
$ keygen -t rsa -C "your email"
```

将获取到的公钥内容填至 Gerrit 个人设置中，选择 Settings→SSH Public Keys（如图 2-77 所示）。

接下来，开发本地下拉 Gerrit 项目代码。复制模式是 clone with commit-msg hook。路径选择方式是 SSH。参考图 2-78 和以下代码。

▲图 2-77　将本地公钥添加到 Gerrit 账户中

▲图 2-78　复制 Gerrit 项目代码到本地

```
$ git clone ssh://qianqi@192.168.56.101:29418/jforum3 && scp -p -P 29418 qianqi@192.
168.56.101:hooks/commit-msg jforum3/.git/hooks/
Cloning into 'jforum3'...
The authenticity of host '[192.168.56.101]:29418 ([192.168.56.101]:29418)' can't be
established.
ECDSA key fingerprint is SHA256:cnH8/WCH8o6i6T6+3rX/hz8HFlLakXVMBDzyqrq2gCQ.
Are you sure you want to continue connecting (yes/no)? yes
Warning: Permanently added '[192.168.56.101]:29418' (ECDSA) to the list of known hosts.
remote: Counting objects: 1049, done
remote: Finding sources: 100% (1049/1049)
remote: Total 1049 (delta 247), reused 1049 (delta 247)
Receiving objects: 100% (1049/1049), 1.67 MiB | 6.12 MiB/s, done.
Resolving deltas: 100% (247/247), done.
commit-msg                                       100% 4796   398.7KB/s   00:00
```

如果还是和往常一样，通过 push 指令提交代码，那么会提示 prohibited by Gerrit: ref update access denied。代码如下。

```
$ git add test.txt
$ git commit -m "add test.txt file"
[master 6239199] add test.txt file
 1 file changed, 1 insertion(+)
 create mode 100644 test.txt

$ jforum3 git:(master) git push -u origin master
Counting objects: 3, done.
Delta compression using up to 4 threads.
Compressing objects: 100% (2/2), done.
Writing objects: 100% (3/3), 315 bytes | 315.00 KiB/s, done.
Total 3 (delta 1), reused 0 (delta 0)
remote: Resolving deltas: 100% (1/1)
remote: Branch refs/heads/master:
remote: You are not allowed to perform this operation.
remote: To push into this reference you need 'Push' rights.
remote: User: qianqi
remote: Please read the documentation and contact an administrator
```

```
remote: if you feel the configuration is incorrect
remote: Processing changes: refs: 1, done
To ssh://192.168.56.101:29418/jforum3
 ! [remote rejected] master -> master (prohibited by Gerrit: ref update access denied)
error: failed to push some refs to 'ssh://qianqi@192.168.56.101:29418/jforum3'
```

这里要将指令改成 git push -u origin HEAD:refs/for/<branch>，refs/for/* 会将提交变更放到暂存区中，需要等待代码审核和持续集成验证。具体代码如下。

```
$ jforum3 git:(master) git push -u origin HEAD:refs/for/master
Counting objects: 3, done.
Delta compression using up to 4 threads.
Compressing objects: 100% (2/2), done.
Writing objects: 100% (3/3), 315 bytes | 315.00 KiB/s, done.
Total 3 (delta 1), reused 0 (delta 0)
remote: Resolving deltas: 100% (1/1)
remote: Processing changes: new: 1, done
remote:
remote: New Changes:
remote:   http://192.168.56.101:8083/#/c/jforum3/+/1 add test.txt file
remote:
To ssh://192.168.56.101:29418/jforum3
 * [new branch]      HEAD -> refs/for/master
```

接下来，对代码进行人工审核。

提交代码到 refs/for/* 成功后，在 Web 界面选择 All→Open，打开 Open 界面，可以看到这次提交正在等待审核（如图 2-79 所示）。

单击 Subject，可以看到这次提交的具体信息，包括提交人、时间、修改的项目分支、修改内容等（如图 2-80 所示）。

▲图 2-79　等待审核的提交

▲图 2-80　Gerrit 提交页面

单击下面的文件名称，还可以看到具体修改的内容和对比情况（如图 2-81 所示）。

每个普通用户都有代码审核的权利，只是 Code-Review 选项只能选择+1，这并不能使提交通过（如图 2-82 所示）。

▲图 2-81　Gerrit 提交内容对比　　　　　　▲图 2-82　选择 +1 选项

默认需要 Project Owners 和 Administrators 这两个群组的用户才具有 Code-Review+2 的权限，所以要让提交通过，需要切换成 admin 用户后再次登录。

可以看到界面上会出现"Code-Review+2"按钮，单击"Code Review+2"按钮，这次提交才可以通过（如图 2-83 所示）。

▲图 2-83　单击 Code-Review+2 按钮

提交后并没有直接入库，还需要确认后单击 Submit 按钮，才可以最终同步到 GitLab 代码仓库（如图 2-84 所示）。

▲图 2-84　审核通过后提交并入库

最下方的 History 部分会显示所有操作的记录，如果提交成功，这里会多一条信息"Change has been successfully merged"（如图 2-85 所示）。

再返回 GitLab 代码仓库的 Master 分支做检测，判断这次通过的代码提交是否已自动同步（如图 2-86 所示）。

▲图 2-85　Gerrit 显示入库成功

▲图 2-86　GitLab 自动同步最新的提交

6. 删除 Gerrit 上的项目

Gerrit 界面对于任何用户不提供直接删除项目的操作，以防止误操作。

登录后台，在/home/gerrit/gerrit_site/git 目录中把项目目录删除。执行指令行以刷新缓存，界面上的项目才能完全移除。

```
$ ssh gerrit-admin gerrit flush-caches --all
```

2.3.6　Gerrit 的基本用法

图 2-87 是 Gerrit 的整体架构，开发人员会进行代码的提交，资深的开发人员或项目负责人会进行代码的审核。如果和 CI 系统集成了，CI 系统会对提交的代码进行验证，返回验证结果。每一次提交都需要人工代码审核以及 CI 验证同时通过，才能入库。当多人提交时，免不了会发生提交冲突的情况。本节最后会简单介绍几种经常发生的冲突的解决办法。

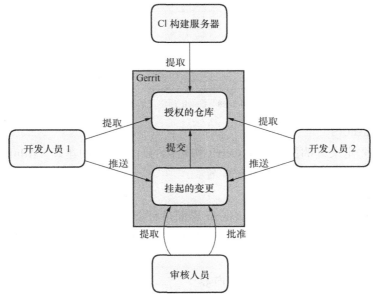

▲图 2-87 Gerrit 整体架构

1. Gerrit 的用户和群组

Gerrit 用户是以群组（group）为基本单元的，每一个用户都属于一个或多个群组，访问权限只能赋予群组，无法赋予单独的用户，所以需要将用户添加到对应的群组中，才能获得相应的权限。

Gerrit 用户的群组分成两种类型：系统自带的群组和 Gerrit 预先定义的群组。

系统自带的群组无须定义，默认存在。

- Anonymous Users

所有用户都自动属于该群组，默认只有 Read 权限。所有用户都能继承 Anonymous Users 的所有访问权限。

- Project Owners

Project Owners 是指项目拥有者，拥有所属项目的权限。

- Change Owner

Change Owner 是指某个提交的拥有者，拥有所属变更的访问权限。

- Registered Users

所有登录成功的用户都会自动注册到 Registered Users 群组，Registered Users 群组通常被赋予 Code-Review -1..+1 权限，允许为需要审查的代码投票，但是无法直接同意或拒绝代码审查请求。

可以通过选择 People→List Groups 查看 Gerrit 预先定义的群组（如图 2-88 所示）。

▲图 2-88　Gerrit 预定义的群组

- Administrators

这是一个预先定义好的群组，在 Gerrit 初始化的时候就已创建好，Administrators 群组的成员可以管理所有项目和 Gerrit 的系统配置。

- Non-Interactive Users

Non-Interactive Users 是可以通过 Gerrit 界面进行操作的群组，用户一般都和第三方系统集成，Non-Interactive Users 和其他普通用户使用不同的线程池，防止互相抢占线程，当系统资源紧张时确保其他用户可以继续工作。

2．不同开发者如何解决有冲突的内容

一般情况下，如果不同开发者修改同一个文件，两个提交都不会入库，第二个 Change 页面会有 Conflicts With 提示（如图 2-89 和图 2-90 所示）。

▲图 2-89　提交冲突 1

▲图 2-90　提交冲突 2

对于有冲突的提交，如果其中一个通过入库，另一个即使代码审查通过，也无法提交，会显示 Cannot Merge。解决办法有以下两个。

- 直接将该提交取消掉，需要修改时重新提交一个（不推荐该方法）。
- 不用放弃该次提交，因为实际就是两个提交分叉了，在本地手动解决冲突，用 git rebase 命令让代码不分叉，这样还是提交到同一个 Change-Id 和 Commit Id。

第二个解决办法的步骤如下。

1）在本地通过以下 git fetch 指令更新最新的远端代码。

```
$ git fetch
remote: Counting objects: 128, done
remote: Finding sources: 100% (2/2)
remote: Total 2 (delta 1), reused 2 (delta 1)
展开对象中: 100% (2/2), 完成.
来自 ssh://10.142.78.52:8418/devops
   09c8e4a..43ebcf7  develop    -> origin/develop
```

2）使用以下 git rebase 指令把有冲突的提交合并到远端相关分支，本地会提示有冲突，并且会提示具体的冲突文件。

```
$ git rebase
首先, 回退分支以便在上面重放...
应用: admin modify test2 file
使用索引来重建一个（三方合并的）基础目录树...
A         test2
回落到基础版本上打补丁及进行三方合并...
冲突（修改/删除）: test2 在 HEAD 中被删除, 在 admin modify test2 file 中被修改, test2 在 admin modify test2 file 中的版本被保留。
error: 无法合并变更。
打补丁失败于 0001 admin modify test2 file
失败的补丁文件副本位于: .git/rebase-apply/patch

当您解决了此问题后, 执行 "git rebase --continue".
如果您想跳过此补丁, 则执行 "git rebase --skip".
要恢复原分支并停止变基, 执行 "git rebase --abort".
```

3）使用以下 git mergetool 指令手动解决冲突部分。

```
$ git mergetool

This message is displayed because 'merge.tool' is not configured.
See 'git mergetool --tool-help' or 'git help config' for more details.
'git mergetool' will now attempt to use one of the following tools:
tortoisemerge emerge vimdiff
Merging:
test2

Deleted merge conflict for 'test2':
  {local}: deleted
  {remote}: modified file
Use (m)odified or (d)eleted file, or (a)bort? m
```

4）解决冲突后，使用以下 git add 指令重新添加修改的文件。

```
$ git add test2
```

5）冲突解决后，继续执行以下 git rebase –continue 以完成 rebase 过程。

```
$ git rebase -continue
应用: admin modify test2 file
```

6）重新执行 git push 指令，以在 Gerrit 中执行 CR 操作。

```
$ git push origin HEAD:refs/for/develop
对象计数中: 3, 完成.
Delta compression using up to 32 threads.
压缩对象中: 100% (2/2), 完成.
写入对象中: 100% (3/3), 322 bytes | 0 bytes/s, 完成.
Total 3 (delta 1), reused 0 (delta 0)
remote: Resolving deltas: 100% (1/1)
remote: Processing changes: updated: 1, refs: 1, done
remote: (I) da43424: no files changed, was rebased
remote:
remote: Updated Changes:
remote:   http://10.142.78.52:8082/49 admin modify test2 file
remote:
To ssh://10.142.78.52:8418/devops
 * [new branch]      HEAD -> refs/for/develop
```

7）重新登录 Gerrit，发现 Cannot Merge 消失，可以执行 CR 和提交操作。

3. 为 Gerrit 项目创建和删除分支

在 Gerrit 上创建分支，GitLab 上也会自动同步该分支，但同步是单向的。如果在 GitLab 上直接创建分支，不会自动同步到 Gerrit 上，所以建议 GitLab 集成了 Gerrit 后，所有的操作都在 Gerrit 上完成。

（1）创建分支

1）使用管理员或项目负责人账号登录 Gerrit，在 Projects→List 中选择要创建分支的项目。

2）在项目界面上方单击 Branches 标签页，可以查看当前已有分支和创建新的分支。

在创建分支时有个 Initial Revision 选项，它可以是其他分支名称或者 commit id（如图 2-91 所示）。

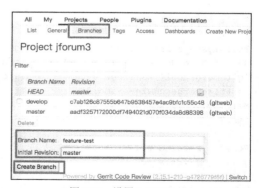

▲图 2-91　设置 Initial Revision

3）单击 Create Branch 按钮后会显示"The following branch was successfully created"提示

（如图 2-92 所示）。

4）登录 GitLab，查看该分支是否已经同步过来（如图 2-93 所示）。

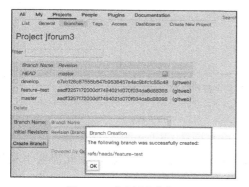

▲图 2-92　成功创建分支

▲图 2-93　查看分支是否已同步

（2）删除分支

1）使用管理员或项目负责人账号登录 Gerrit，还进入刚刚展示分支的界面。

2）勾选需要删除的分支，单击下方的 Delete 按钮。

3）在 Branch Deletion 对话框中，单击 OK 按钮。

上述过程如图 2-94 和图 2-95 所示。

▲图 2-94　为 Gerrit 项目删除分支

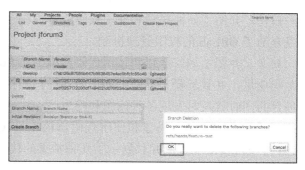

▲图 2-95　确认删除分支

4. 为项目添加默认代码审核者

一般提交时每次都需要手动添加代码审核者名单。如果要把某些用户设置为默认审核者，即只要项目有代码提交，或者某个指定分支有代码提交，就会自动将这些用户设置为代码审核者，并且发送代码审核通知邮件，那么要通过 reviewers 插件来实现。

在 Filter 部分，"*"表示所有分支改动，"branch:develop"表示审核者只会添加到分支 develop 的改动中。

审核者不会自动提示，但是支持用户名/邮箱/组名，如果输入错误，会提示不存在（如

图 2-96 所示)。

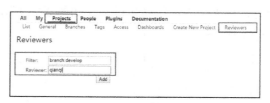

▲图 2-96 默认代码审核者设置

5. 手动将 GitLab 代码同步到 Gerrit

同步一般只是单向的,默认集成 Gerrit 后,不允许在 GitLab 端直接操作。

但是万一 GitLab 端进行了代码的更新操作,Gerrit 不会自动更新,因此需要手动执行同步两边代码的指令。

```
$ cd /home/gerrit/gerrit_site/git/${project}
$ git fetch origin +refs/heads/*:refs/heads/* +refs/heads/*:refs/heads/* --prune
```

2.4　本章小结

本章介绍了持续集成最基础的源头部分——代码管理。

首先,介绍了如何搭建和使用代码版本控制工具 GtiLab 来存储、开发和管理项目源码,并且介绍了 GitLab 的权限管理机制。

其次,介绍了如何搭建和使用代码扫描工具 SonarQube 来拉取、扫描、分析与展示项目的源码质量,并且解释了界面上展示的各种扫描指标的含义和级别,扫描的目的是便于在开发项目的同时就及时发现各种问题和隐患。

最后,介绍了如何搭建和使用代码审核工具 Gerrit 来进行代码的人工审核,以及完成 Gerrit 的项目权限配置,并且展示了几种常见的代码冲突的解决办法。

第 3 章 Jenkins 基础知识

3.1 Jenkins

Jenkins 是一种基于 Java 开发的开源工具，也是目前主流的持续集成和持续部署（CI/CD）工具，Jenkins 的一些特点和优势如下。

- 提供多种解决方案。

Jenkins 给开发和测试人员提供不同类型、不同规模的项目的持续集成与持续部署解决方案。

- 易于安装。

因为 Jenkins 是基于 Java 的应用，所以只需要在相应的 Java 环境下即可安装，同时支持多系统安装，包括 Windows、Mac 和 Linux 系统。

- 易于配置。

Jenkins 具有基本基于界面的配置方式，并且提供配置检查和帮助提示，非常易于学习。

- 插件众多。

Jenkins 最大的优点在于可以和成百上千的插件进行集成，Jenkins 之所以功能强大，其实就是因为插件强大，对于你能想到的需求都会有相应的插件。插件使得 Jenkins 具有可扩展性。

- 具有分布式主从结构。

Jenkins 本身是分布式主从结构，可以有多个从节点，主节点可以只用于对服务进行管理，任务运行的负载可以分布到不同的从节点上，并且多个节点可以是不同的系统、不同的独立环境，分布式结构可以支持大规模的任务以及需要多环境支持的项目。

Jenkins 的前身是 Hudson，属于 Sun 公司，后来由于 Sun 公司被 Oracle 收购，Oracle 将 Hudson 商业化。开源的版本从 Hudson 中分离出来，继续走开源的路线，也就是现在的 Jenkins，而且由于开源社区的支持，Jenkins 的迭代和维护速度都非常快，基本上每周都会更新。

Jenkins 目前主推流水线的任务模式，并且开发了全新的流水线界面 Blue Ocean，希望能够更加直观地体现出持续集成和持续部署的整个流水线过程。

无论对测试还是开发来说，Jenkins 都是一个得力的工具，它能帮我们完成很多的重复性工作。如果只是想简单使用，只要对界面进行简单配置，它就可以完成很多人工的重复工作。如果想完成复杂的工作，除了对界面做简单配置之外，也支持通过 Shell、Groovy 等脚本进行复杂和灵活的脚本配置。

3.2 Jenkins 的安装

Jenkins 官网提供的下载包分为两条发布线。一条是 weekly 发布线，基本上每周就会发布一版，包含最新问题的修正和最新功能，提供给用户和插件开发者。另一条是比较稳定的 LTS（Long-Term Support）版本，一般从最近 12 周的发布版中选择比较稳定的版本。这条发布线更改不频繁并且只接受重要的更新和修改。尽管 LTS 版本对于新功能的更新并不及时，但对于一些保守的用户，可以提供更加稳定的功能。

3.2.1 使用 Docker 安装 Jenkins

为了使用 Docker 方式安装 Jenkins 容器，首先需要在机器上安装 Docker，这里简单介绍 Docker 的安装步骤。

Docker 目前分为开源 Docker CE 和商业 Docker EE，并且也有两个发布分支，即 stable 版本和每月发布的 edge 版本。这里使用的是开源 CE 的 stable 版本。

Docker 目前支持的系统也非常全面，包括 Windows、Mac、各种 Linux 系统以及 AWS、微软的 Azure 等。这里列举两个常用的系统——Windows 系统和 Linux 旗下的 CentOS 系统。

1. 在 Windows 系统中安装 Docker

在 Windows 系统中安装 Docker 的条件如下。

- 因为 Docker 主机需要类 Linux 的内核支持，不能直接安装在 Windows 系统上，所以需要安装 Docker Toolbox 和 Oracle Virtual Box 以支持在 Windows 系统上运行 Docker（如果是 64 位的 Windows 10 Pro 版本，并且支持 Microsoft Hyper-V，则无须安装这两个工具）。
- BIOS 中的 Virtualization 需要打开（一般默认都是打开的），这可以通过在"任务管理器"中选择"性能"→"CPU"→"虚拟化：已启动"来查看。
- 需要是 64 位的 Windows 7 以上系统。

Docker Toolbox 的安装内容如下。

- Docker Engine —— Docker 主机，可以执行 Docker 指令。
- Docker Machine —— 用于多平台、多 Docker 主机的集中管理，可以执行 docker-machine 指令。
- Docker Compose —— 一个用来定义和运行复杂容器应用的 Docker 工具，可以执行 docker-compose 指令。

- Kitematic —— 一个简单的 GUI 容器管理应用。
- Oracle VirtualBox —— 支持底层的虚拟化。
- Docker QuickStart Shell —— 可以自动配置 Docker 的指令行环境。

为了在 Windows 系统中安装 Docker Toolbox。首先，要下载 Windows 版本的 DockerToolbox.exe 安装包。然后，按照界面提示一步一步操作，如图 3-1～图 3-4 所示。

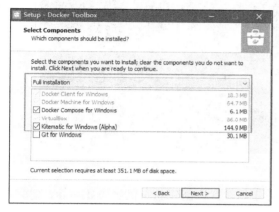

▲图 3-1　Docker Toolbox 安装步骤 1

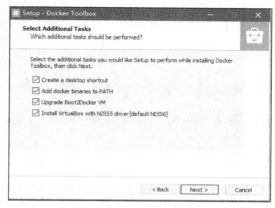

▲图 3-2　Docker Toolbox 安装步骤 2

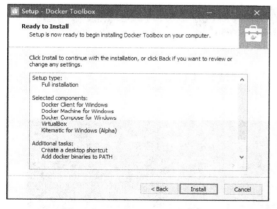

▲图 3-3　Docker Toolbox 安装步骤 3

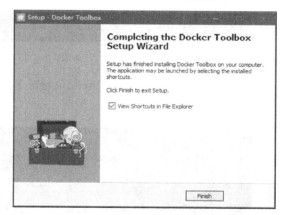

▲图 3-4　Docker Toolbox 安装步骤 4

安装好之后可以查看新安装的应用列表，如果出现图 3-5 所示的 3 个应用，表示完全安装成功。单击 Docker Quickstart Terminal 按钮即可快速启动 Docker。

第一次运行 Docker Quickstart Terminal 时会进行 Docker Toolbox 的一些初始化配置。当完成时，如果有$标志，就表示配置完成，并且可以使用该终端执行指令（如图 3-6 所示）。

▲图 3-5　Docker Toolbox 安装成功

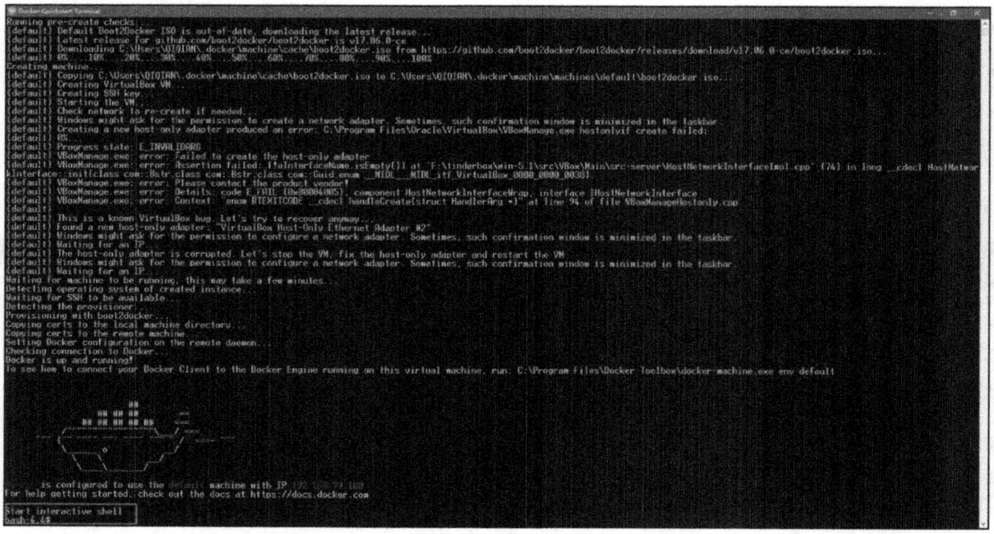

▲图 3-6 终端初始化

如图 3-7 所示，使用命令查看 Docker Engine 主机。默认创建的主机名为 default，建立在 VirtualBox 上。

▲图 3-7 查看 Docker Engine 主机

使用 docker run 指令创建 hello-world 容器进行测试。通过 docker ps 指令查看容器服务（如图 3-8 所示）。

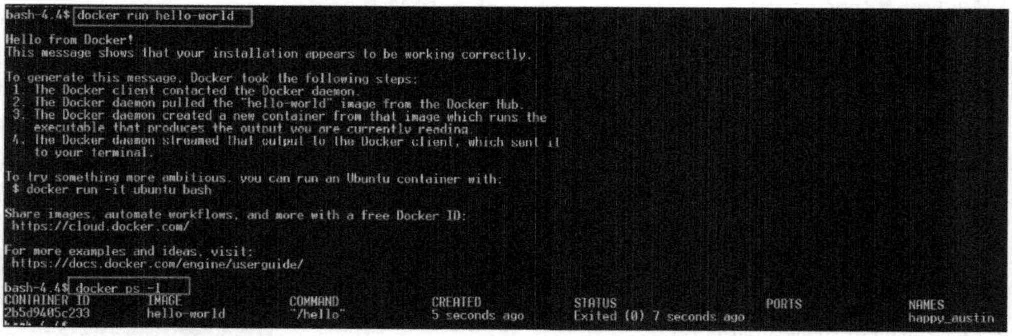

▲图 3-8 创建测试容器

从 Kitematic 登录，然后从管理界面查看容器信息。因为我们使用 Docker Toolbox 和 VirtualBox 进行 Docker Engine 主机与容器的安装，所以使用 Kitematic 登录时选择使用 Use

VirtualBox instead of Native。使用 Docker Hub 账号登录 Kitematic，可以查看该账号下的远端镜像以及 Docker Hub 官方推荐的一些镜像。可以查看本地的容器和镜像信息（如图 3-9 所示）。可以对本地的镜像进行操作。比如配置、查看 Docker Hub 官方介绍，查看日志（见图 3-10），启动镜像，删除镜像等操作。

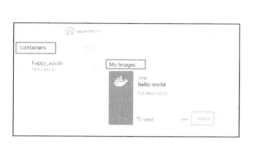

▲图 3-9　在 Kitematic 界面上查看本地容器和镜像

▲图 3-10　在 Kitematic 界面上查看日志

Settings 选项包括 General、Hostname/Ports/、Volumes、Network 和 Advanced 等（如图 3-11 所示）。

▲图 3-11　Settings 选项

2. 在 CentOS 7 中安装 Docker

在 64 位的 CentOS 7 上安装 Docker。

通过以下命令卸载老版本。

```
$ sudo yum remvoe docker docker-commom docker-selinux docker-engine
```

安装方式如下。
- 手动使用 rpm 包安装,后续也是通过手动进行更新,这种方式适用于不通外网的环境。
- 配置 Docker 的 yum 源,从而便于在线进行安装和更新,这也是比较推荐的方式,下面就使用这种方式进行安装。

安装步骤如下。

1)通过 yum 安装一些工具包。代码如下。

```
# yum-utils 提供 yum 的配置管理
# device-mapper-persistent-data 和 lvm 是 devicemapper 存储驱动所需要的
$ sudo yum install -y yum-utils device-mapper-persistent-data lvm
```

2)配置 Docker 的稳定版本仓库。代码如下。

```
$sudo yum-config-manager --add-repo \ https://download.docker 域名/linux/centos/docker-ce.repo
```

3)更新 yum 安装包索引以及安装 Docker CE。代码如下。

```
$ sudo yum makecache fast
$ sudo yum install docker-ce
```

4)启动 Docker 服务。代码如下。

```
$ sudo systemctl start docker
```

3. 为 Docker 安装 Jenkins

通过容器方式启动 Jenkins 服务。

```
# 8080 端口用于通过 HTTP 访问 Jenkins,50000 端口后面用于连接 Agent
# -v 参数把 Jenkins 的 Home 目录挂载到本地,这里是 Windows 系统,在 C 盘的用户目录下创建 DockerHome 目录,用来存储 Docker 容器挂载的内容
$ docker run --name myjenkins -p 8080:8080 -p 50000:50000 -v  /c/Users/QIQIAN
/DockerHome/:/var/jenkins_home jenkins
```

容器的启动日志如下。

```
Running from: /usr/share/jenkins/jenkins.war
webroot: EnvVars.masterEnvVars.get("JENKINS_HOME")
Jul 25, 2017 7:15:11 AM Main deleteWinstoneTempContents
WARNING: Failed to delete the temporary Winstone file /tmp/winstone/jenkins.war
Jul 25, 2017 7:15:11 AM org.eclipse.jetty.util.log.JavaUtilLog info
INFO: Logging initialized @751ms
Jul 25, 2017 7:15:11 AM winstone.Logger logInternal
INFO: Beginning extraction from war file
Jul 25, 2017 7:15:11 AM org.eclipse.jetty.util.log.JavaUtilLog warn
```

```
WARNING: Empty contextPath
Jul 25, 2017 7:15:11 AM org.eclipse.jetty.util.log.JavaUtilLog info
INFO: jetty-9.2.z-SNAPSHOT
Jul 25, 2017 7:15:15 AM org.eclipse.jetty.util.log.JavaUtilLog info
INFO: NO JSP Support for /, did not find org.eclipse.jetty.jsp.JettyJspServlet
Jenkins home directory: /var/jenkins_home found at: EnvVars.masterEnvVars.get
("JENKINS_HOME")
Jul 25, 2017 7:15:17 AM org.eclipse.jetty.util.log.JavaUtilLog info
INFO: Started w.@74ea2410{/,file:/var/jenkins_home/war/,AVAILABLE}{/var/jenkins_home/war}
Jul 25, 2017 7:15:17 AM org.eclipse.jetty.util.log.JavaUtilLog info
INFO: Started ServerConnector@712625fd{HTTP/1.1}{0.0.0.0:8080}
Jul 25, 2017 7:15:17 AM org.eclipse.jetty.util.log.JavaUtilLog info
INFO: Started @6125ms
Jul 25, 2017 7:15:17 AM winstone.Logger logInternal
INFO: Winstone Servlet Engine v2.0 running: controlPort=disabled
Jul 25, 2017 7:15:18 AM jenkins.InitReactorRunner$1 onAttained
INFO: Started initialization
Jul 25, 2017 7:15:18 AM jenkins.InitReactorRunner$1 onAttained
INFO: Listed all plugins
Jul 25, 2017 7:15:21 AM jenkins.InitReactorRunner$1 onAttained
INFO: Prepared all plugins
Jul 25, 2017 7:15:21 AM jenkins.InitReactorRunner$1 onAttained
INFO: Started all plugins
Jul 25, 2017 7:15:21 AM jenkins.InitReactorRunner$1 onAttained
INFO: Augmented all extensions
Jul 25, 2017 7:15:22 AM jenkins.InitReactorRunner$1 onAttained
INFO: Loaded all jobs
Jul 25, 2017 7:15:24 AM jenkins.util.groovy.GroovyHookScript execute
INFO: Executing /var/jenkins_home/init.groovy.d/tcp-slave-agent-port.groovy
Jul 25, 2017 7:15:25 AM jenkins.InitReactorRunner$1 onAttained
INFO: Completed initialization
Jul 25, 2017 7:15:25 AM hudson.model.AsyncPeriodicWork$1 run
INFO: Started Download metadata
Jul 25, 2017 7:15:25 AM hudson.model.AsyncPeriodicWork$1 run
INFO: Finished Download metadata. org.springframework.beans.factory.support.DefaultLi-
stableBeanFactory@66bfccd5: defining beans [filter,legacy]; root of factory hierarchy
Jul 25, 2017 7:15:27 AM jenkins.install.SetupWizard init
INFO:

*************************************************************
*************************************************************
*************************************************************

Jenkins initial setup is required. An admin user has been created and a password
generated.
Please use the following password to proceed to installation:

de5c73f16ff24a56a612c5d40779f57d


This may also be found at: /var/jenkins_home/secrets/initialAdminPassword
```

```
*************************************************************
*************************************************************
*************************************************************

Jul 25, 2017 7:15:35 AM hudson.model.UpdateSite updateData
INFO: Obtained the latest update center data file for UpdateSource default
Jul 25, 2017 7:15:35 AM hudson.WebAppMain$3 run
INFO: Jenkins is fully up and running
--> setting agent port for jnlp
--> setting agent port for jnlp... done
```

接下来,查看容器状态和端口地址信息。因为这里在 Windows 系统上用 docker-machine 作为 Docker 宿主机管理 VirtualBox,所以对外访问的 IP 是分配给这个宿主机的 IP。使用 docker ps 指令查询当前启动的容器服务,使用 docker ps -l 查询所有(包括停止的)容器服务,这里可以看到容器 ID、名称、端口映射、容器镜像等信息。使用 docker port ${Container_ID} 或 ${Container_Name} 查看具体的端口映射。

通过以下命令查看容器服务和占用的端口。

```
$ docker-machine ip
192.168.99.100

$ docker ps
CONTAINER ID        IMAGE               COMMAND                  CREATED
STATUS              PORTS                                        NAMES
3fc8c352c5dd        jenkins             "/bin/tini -- /usr..."   17 minutes ago
Up 17 minutes       0.0.0.0:8080->8080/tcp, 0.0.0.0:50000->50000/tcp   myjenkins
$ docker port myjenkins
50000/tcp -> 0.0.0.0:50000
8080/tcp -> 0.0.0.0:8080
```

接下来,使用 docker inspect ${Container_ID} 或 ${Container_Name} 可以查看容器的具体信息。代码如下。

```
$ docker inspect myjenkins
[
    {
        "Id": "3fc8c352c5dd5e5a82cedd9870d46d0f66cca1a7669ba16c6d2740c1b5d39741",
        "Created": "2017-07-25T07:15:10.757107989Z",
        "Path": "/bin/tini",
        "Args": [
            "--",
            "/usr/local/bin/jenkins.sh"
        ],
        "State": {
            "Status": "running",
            "Running": true,
```

```json
            "Paused": false,
            "Restarting": false,
            "OOMKilled": false,
            "Dead": false,
            "Pid": 9048,
            "ExitCode": 0,
            "Error": "",
            "StartedAt": "2017-07-25T07:15:10.997754105Z",
            "FinishedAt": "0001-01-01T00:00:00Z"
        },
        "Image": "sha256:fb09d5b7ce0acdd38683ef82487eece7b47d615ee177852c87fcf616d755f2a9",
        "ResolvConfPath": "/mnt/sda1/var/lib/docker/containers/3fc8c352c5dd5e5a82cedd9870d46d0f66cca1a7669ba16c6d2740c1b5d39741/resolv.conf",
        "HostnamePath": "/mnt/sda1/var/lib/docker/containers/3fc8c352c5dd5e5a82cedd9870d46d0f66cca1a7669ba16c6d2740c1b5d39741/hostname",
        "HostsPath": "/mnt/sda1/var/lib/docker/containers/3fc8c352c5dd5e5a82cedd9870d46d0f66cca1a7669ba16c6d2740c1b5d39741/hosts",
        "LogPath": "/mnt/sda1/var/lib/docker/containers/3fc8c352c5dd5e5a82cedd9870d46d0f66cca1a7669ba16c6d2740c1b5d39741/3fc8c352c5dd5e5a82cedd9870d46d0f66cca1a7669ba16c6d2740c1b5d39741-json.log",
        "Name": "/myjenkins",
        "RestartCount": 0,
        "Driver": "aufs",
        "MountLabel": "",
        "ProcessLabel": "",
        "AppArmorProfile": "",
        "ExecIDs": null,
        "HostConfig": {
            "Binds": [
                "/c/Users//QIQIAN/DockerHome/:/var/jenkins_home"
            ],
            "ContainerIDFile": "",
            "LogConfig": {
                "Type": "json-file",
                "Config": {}
            },
            "NetworkMode": "default",
            "PortBindings": {
                "50000/tcp": [
                    {
                        "HostIp": "",
                        "HostPort": "50000"
                    }
                ],
                "8080/tcp": [
                    {
                        "HostIp": "",
                        "HostPort": "8080"
                    }
                ]
```

```json
        },
        "RestartPolicy": {
            "Name": "no",
            "MaximumRetryCount": 0
        },
        "AutoRemove": false,
        "VolumeDriver": "",
        "VolumesFrom": null,
        "CapAdd": null,
        "CapDrop": null,
        "Dns": [],
        "DnsOptions": [],
        "DnsSearch": [],
        "ExtraHosts": null,
        "GroupAdd": null,
        "IpcMode": "",
        "Cgroup": "",
        "Links": null,
        "OomScoreAdj": 0,
        "PidMode": "",
        "Privileged": false,
        "PublishAllPorts": false,
        "ReadonlyRootfs": false,
        "SecurityOpt": null,
        "UTSMode": "",
        "UsernsMode": "",
        "ShmSize": 67108864,
        "Runtime": "runc",
        "ConsoleSize": [
            57,
            190
        ],
        "Isolation": "",
        "CpuShares": 0,
        "Memory": 0,
        "NanoCpus": 0,
        "CgroupParent": "",
        "BlkioWeight": 0,
        "BlkioWeightDevice": null,
        "BlkioDeviceReadBps": null,
        "BlkioDeviceWriteBps": null,
        "BlkioDeviceReadIOps": null,
        "BlkioDeviceWriteIOps": null,
        "CpuPeriod": 0,
        "CpuQuota": 0,
        "CpuRealtimePeriod": 0,
        "CpuRealtimeRuntime": 0,
        "CpusetCpus": "",
        "CpusetMems": "",
        "Devices": [],
```

```
        "DeviceCgroupRules": null,
        "DiskQuota": 0,
        "KernelMemory": 0,
        "MemoryReservation": 0,
        "MemorySwap": 0,
        "MemorySwappiness": -1,
        "OomKillDisable": false,
        "PidsLimit": 0,
        "Ulimits": null,
        "CpuCount": 0,
        "CpuPercent": 0,
        "IOMaximumIOps": 0,
        "IOMaximumBandwidth": 0
    },
    "GraphDriver": {
        "Data": null,
        "Name": "aufs"
    },
    "Mounts": [
        {
            "Type": "bind",
            "Source": "/c/Users/QIQIAN/DockerHome",
            "Destination": "/var/jenkins_home",
            "Mode": "",
            "RW": true,
            "Propagation": "rprivate"
        }
    ],
    "Config": {
        "Hostname": "3fc8c352c5dd",
        "Domainname": "",
        "User": "jenkins",
        "AttachStdin": false,
        "AttachStdout": true,
        "AttachStderr": true,
        "ExposedPorts": {
            "50000/tcp": {},
            "8080/tcp": {}
        },
        "Tty": false,
        "OpenStdin": false,
        "StdinOnce": false,
        "Env": [
            "PATH=/usr/local/sbin:/usr/local/bin:/usr/sbin:/usr/bin:/sbin:/bin",
            "LANG=C.UTF-8",
            "JAVA_HOME=/docker-java-home",
            "JAVA_VERSION=8u131",
            "JAVA_DEBIAN_VERSION=8u131-b11-2",
            "CA_CERTIFICATES_JAVA_VERSION=20170531+nmu1",
            "JENKINS_HOME=/var/jenkins_home",
```

```
                "JENKINS_SLAVE_AGENT_PORT=50000",
                "TINI_VERSION=0.14.0",
                "TINI_SHA=6c41ec7d33e857d4779f14d9c74924cab0c7973485d2972419a3b7c7620ff5fd",
                "JENKINS_VERSION=2.60.2",
                "JENKINS_UC=https://updates.jenkins 域名",
                "COPY_REFERENCE_FILE_LOG=/var/jenkins_home/copy_reference_file.log"
            ],
            "Cmd": null,
            "ArgsEscaped": true,
            "Image": "jenkins",
            "Volumes": {
                "/var/jenkins_home": {}
            },
            "WorkingDir": "",
            "Entrypoint": [
                "/bin/tini",
                "--",
                "/usr/local/bin/jenkins.sh"
            ],
            "OnBuild": null,
            "Labels": {}
        },
        "NetworkSettings": {
            "Bridge": "",
            "SandboxID": "57c685c3542166f856cf9879c7e0774f9923afa6602826a54609d088a7c9d996",
            "HairpinMode": false,
            "LinkLocalIPv6Address": "",
            "LinkLocalIPv6PrefixLen": 0,
            "Ports": {
                "50000/tcp": [
                    {
                        "HostIp": "0.0.0.0",
                        "HostPort": "50000"
                    }
                ],
                "8080/tcp": [
                    {
                        "HostIp": "0.0.0.0",
                        "HostPort": "8080"
                    }
                ]
            },
            "SandboxKey": "/var/run/docker/netns/57c685c35421",
            "SecondaryIPAddresses": null,
            "SecondaryIPv6Addresses": null,
            "EndpointID": "85ee2a87048ff134b64e96825ba71a37d7cd3fa291ba24bb2a6b967ece2f59d5",
            "Gateway": "172.17.0.1",
            "GlobalIPv6Address": "",
            "GlobalIPv6PrefixLen": 0,
            "IPAddress": "172.17.0.2",
```

```
                "IPPrefixLen": 16,
                "IPv6Gateway": "",
                "MacAddress": "02:42:ac:11:00:02",
                "Networks": {
                    "bridge": {
                        "IPAMConfig": null,
                        "Links": null,
                        "Aliases": null,
                        "NetworkID": "3c128ff2014aaaa433cac74c4bcd11c36b105bcb7d9231cccc1c
                        119a1c993cf8",
                        "EndpointID": "85ee2a87048ff134b64e96825ba71a37d7cd3fa291ba24bb2a6
                        b967ece2f59d5",
                        "Gateway": "172.17.0.1",
                        "IPAddress": "172.17.0.2",
                        "IPPrefixLen": 16,
                        "IPv6Gateway": "",
                        "GlobalIPv6Address": "",
                        "GlobalIPv6PrefixLen": 0,
                        "MacAddress": "02:42:ac:11:00:02",
                        "DriverOpts": null
                    }
                }
            }
        }
    ]
```

4. 初始化 Jenkins 容器

因为上面的 docker-machine 的宿主机的 IP 是 192.168.99.100，HTTP 端口映射到 8080，所以 Jenkins 的访问地址为 http://192.168.99.100:8080。登录的初始化界面如图 3-12 所示。

下面获取 admin 初始密码。密码存放在目录 /var/jenkins_home/secrets/ initialAdminPassword 中，因为我们对容器做了卷的映射，所以该文件

▲图 3-12　登录的初始化界面

应该在本地目录 /c/Users/ QIQIAN/DockerHome/secrets/initialAdminPassword 中。

通过以下命令获取 Jenkins 服务的初始密码文件，并把这串字符填入界面的 Administrator password 中。

```
$ cat /c/Users/QIQIAN/DockerHome/secrets/initialAdminPassword
de5c73f16ff24a56a612c5d40779f57d
```

下一步是进行 Jenkins 插件的初始化配置。一般有两个选项：一个是安装常见的推荐插件；另一个是安装自定义的插件。新用户可以选择安装推荐的插件（如图 3-13 所示）。

安装插件会消耗一定的时间，因为除了显示的插件列表之外，还会有很多其他依赖插件

需要安装（如图 3-14 所示）。

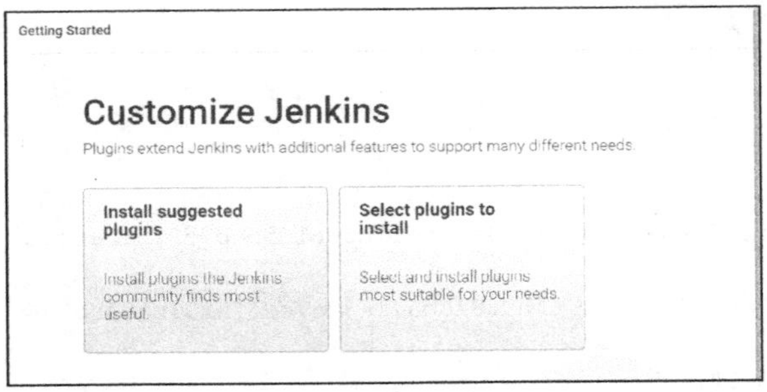

▲图 3-13　安装推荐的插件 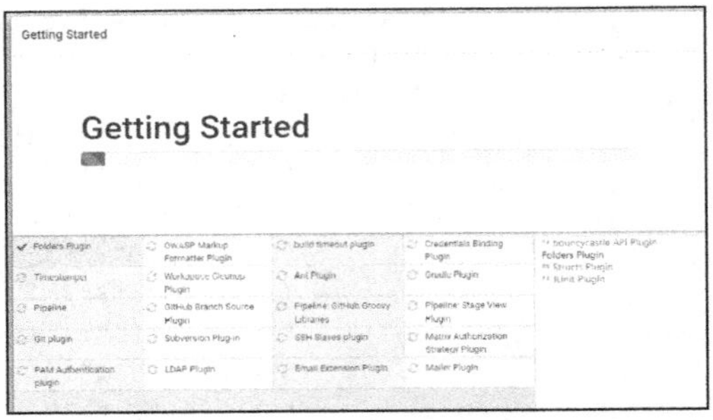　　　　　　　　▲图 3-14　安装依赖插件

插件安装好后，设置真正的 admin 用户名、密码以及邮箱信息等（如图 3-15 所示）。

单击 Save and Finish 按钮，初始化配置完成，就可以开始使用 Jenkins 容器了（如图 3-16 所示）。

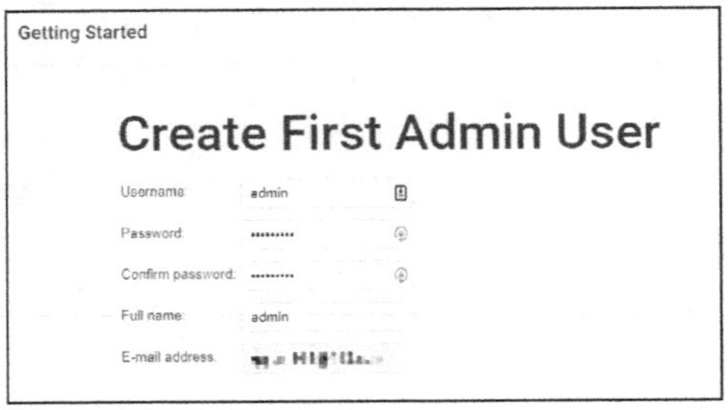

▲图 3-15　设置 admin 用户信息 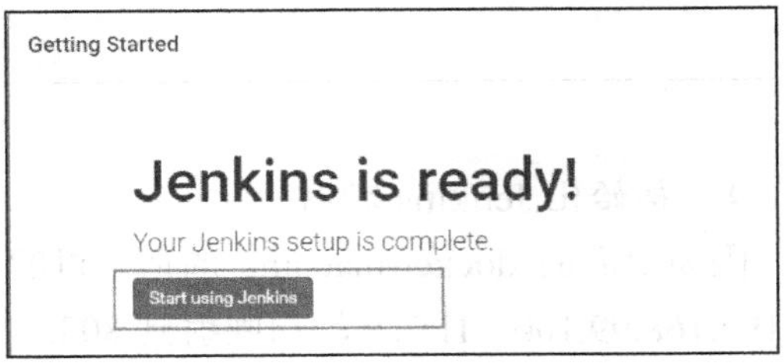　　　　　　▲图 3-16　初始化完成

3.2.2　为 CentOS 虚拟机安装 Jenkins

因为最新的 Jenkins 对 Java 要求很高，所以为虚拟机安装 Jenkins 的条件是：主服务机器和节点机器都必须是 Java 8 及以上版本。如果环境不允许，只能安装 1.612 及之前的版本。

1. 下载 rpm 包并安装

在 Linux 系统下通过 rpm 包安装 Jenkins 服务。代码如下。

```
# 给安装包可执行权限
$ chmod +x jenkins-2.60.2-1.1.noarch.rpm
# 安装 rpm 包，可能需要 sudo 权限
$ sudo rpm -ivh jenkins-2.60.2-1.1.noarch.rpm
warning: jenkins-2.60.2-1.1.noarch.rpm: Header V4 DSA/SHA1 Signature, key ID d50582e6: NOKEY
Preparing...                          ################################# [100%]
Updating / installing...
```

```
  1:jenkins-2.60.2-1.1            ################################# [100%]
```

通过 service 方式启动 Jenkins 服务。代码如下。

```
# 通过 service 方式启动服务以及查看服务状态
$ sudo service jenkins start
Starting jenkins (via systemctl):                          [  OK  ]
$ sudo service jenkins status
jenkins.service - LSB: Jenkins Automation Server
Loaded: loaded (/etc/rc.d/init.d/jenkins; bad; vendor preset: disabled)
Active: active (running) since Tue 2017-07-25 01:23:48 PDT; 11s ago
Docs: man:systemd-sysv-generator(8)
Process: 4081 ExecStart=/etc/rc.d/init.d/jenkins start (code=exited, status=0/SUCCESS)
CGroup: /system.slice/jenkins.service
     └─4105 /etc/alternatives/java -Dcom.sun.akuma.Daemon=daemonized -Djava.awt.headless=
true -...
Jul 25 01:23:47 localhost.localdomain systemd[1]: Starting LSB: Jenkins Automation Server...
Jul 25 01:23:47 localhost.localdomain runuser[4083]: pam_unix(runuser:session): session
opened for...=0)
Jul 25 01:23:48 localhost.localdomain runuser[4083]: pam_unix(runuser:session): session
closed for...ins
Jul 25 01:23:48 localhost.localdomain jenkins[4081]: Starting Jenkins [  OK  ]
Jul 25 01:23:48 localhost.localdomain systemd[1]: Started LSB: Jenkins Automation Server.
Hint: Some lines were ellipsized, use -l to show in full.
```

如果从本地机器无法访问 Jenkins 界面，可以关闭 CentOS 7 的防火墙。代码如下。

```
# 停止防火墙
$ sudo service firewalld stop
# 禁止防火墙开机启动
$ sudo systemctl disable firewalld.service
# 停止 iptables 服务
$ sudo service iptables stop
# 禁止 iptables 开机启动
$ sudo systemctl disable iptables.service
```

这里只是测试环境的方式，在生产环境下建议只打开需要的端口。

Jenkins 在安装的时候，会自动在 Linux 系统中创建 Jenkins 用户，没有初始密码，可以通过以下指令设定 Jenkins 用户的密码。

```
# 输入两遍密码
$ sudo passwd jenkins
Changing password for user jenkins.
New password:
Retype new password:
passwd: all authentication tokens updated successfully.
# 切换到 Jenkins 用户
$ su jenkins
Password:
```

2. rpm 包安装后的一些默认路径

rpm 包安装后的一些默认路径如下。

- 执行文件位于 **/usr/lib/jenkins/jenkins.war** 中。
- 日志位于 **/var/log/jenkins/jenkins.log** 中。
- CentOS 服务启动脚本位于 **/etc/init.d/jenkins** 中。
- Jenkins 配置文件位于 **/etc/sysconfig/jenkins** 中。JENKINS_HOME 目录默认是 **/var/lib/jenkins**；JENKINS_USER 默认是 jenkins，安装时自动创建该用户；JENKINS_PORT 默认是 8080，如有冲突须修改。

Jenkins 初始启动时的 admin 密码文件 **/var/lib/jenkins/secrets/initialAdminPassword** 供初次登录用，登录后，从界面进行修改和更新。

3. 修改 Jenkins 主目录以及访问端口

要停止当前的 Jenkins 服务，命令如下。

```
$ sudo service jenkins stop
```

注意，要备份原来的 JENKINS_HOME 目录下的内容。

修改配置文件 **/etc/sysconfig/jenkins**，从而修改主目录和端口。代码如下。

```
# 可以将 JENKINS_HOME 和 JENKINS_PORT 分别改为需要的目录与端口
$ sudo vim /etc/sysconfig/jenkins
JENKINS_HOME="/var/lib/jenkins"
JENKINS_PORT="8080"
```

通过以下代码给新的 HOME 目录赋予用户和用户组权限。

```
$ sudo chown -R jenkins:jenkins ${NEW_JENKINS_HOME}
```

通过以下代码重启 Jenkins 服务。

```
$ sudo service jenkins start
```

启动与初始化 Jenkins 的步骤和容器的一致。

3.3 Jenkins Home 目录

3.1.1 节主要解释的是在 CentOS 7 中以 rpm 包的方式安装 Jenkins，以及系统的主目录和配置结构。这一节主要介绍 JENKINS-HOME 目录下的子目录结构和用途。

JENKINS_HOME 目录结构

通过以下代码查看 JENKINS_HOME 目录下的一级目录和文件结构。

```
$ tree -L 1 /var/lib/jenkins/
/var/lib/jenkins/
├── config.xml
├── hudson.model.UpdateCenter.xml
├── hudson.plugins.git.GitTool.xml
├── jenkins.CLI.xml
├── nodeMonitors.xml
├── queue.xml.bak
├── secret.key
├── secret.key.not-so-secret
├── jenkins.install.InstallUtil.lastExecVersion
├── jenkins.install.UpgradeWizard.state
├── jobs
├── plugins
├── nodes
├── logs
├── secrets
├── updates
├── user Content
└── users
```

（1）jobs 目录

jobs 目录包含 Jenkins 中每个作业的配置信息和每一次的构建信息，以及每次构建生成的 artifacts 数据。

不论是运行在主节点还是从节点上的作业，所有的任务配置都存储在主节点的 jobs 目录下并进行统一管理。

jobs 目录的基本结构如下。

```
+- [JobName]/     (界面上的每一个任务都对应一个 JOB 目录)
   +- config.xml    (任务的主配置文件)
   +- lastStable/ -> builds/lastStableBuild/   (连接到 builds 目录中最近一次稳定的构建,稳定
                     代表构建成功且单元测试通过)
   +- lastSuccessful/ -> builds/lastSuccessfulBuild/  (链接到 builds 目录中最近一次成功的构建)
   +- modules/    (Maven 的任务构建结果 artifacts 会存储在这里,具体存储的天数或次数可以在任务中配置)
   +- builds/   (一个任务有很多次构建,每一次构建都会有一个构建号)
      +- lastFailedBuild/ -> [LastFailed_BUILD_ID]
      +- lastStableBuild/ -> [LastStable_BUILD_ID]
      +- lastSuccessfulBuild/ -> [LastSuccessful_BUILD_ID]
      +- lastUnstableBuild/ -> [Last_Unstable_BUILD_ID]
      +- [BuildId]/   (每一个构建号对应一个构建目录)
         +- build.xml   (这次构建的详细结果)
```

```
+- log       (这次构建的日志)
+- changelog.xml   (这次构建包含代码提交的 change 信息)
```

（2）nodes 目录

nodes 目录包含 Jenkins 所有绑定的从节点的信息。

```
+- [NodeLabel]/   (每一个界面的标签名创建一个目录)
    +- config.xml    (节点的配置信息)
```

（3）plugins 目录

安装的所有插件都在 plugins 目录下，hpi 是安装文件，bak 是上一个版本的安装备份文件，用于对界面进行版本回退操作。

```
+- [PluginName]/
+- [PluginName].hpi
+- [PluginName].bak
```

（4）其他目录和文件

- config.xml —— Jenkins 的主配置文件。
- *.xml —— 其他一些版本或全局的配置文件。
- logs 目录 —— 存放一些任务日志信息，但不是具体的 Jenkins 服务运行的日志，详细运行日志默认存放在 /var/log/jenkins/ 目录下。
- secrets 目录 —— 存储一些系统和用户的认证或密钥信息。
- updates 目录 —— 存储一些关于系统和插件的更新信息。
- user Content 目录 —— 可以把一些自定义的文件放在这个目录下，然后可以通过 Jenkins Web 界面直接访问和下载这些文件。比如，user Content 目录下有 readme.txt（默认就有）和 myfile.txt 文件，访问 Jenkins URL http://${jenkins_url}/userContent/，就可以看到 user Content 目录下的文件（如图 3-17 所示）。

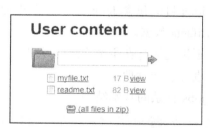

▲图 3-17　JENKINS_HOME 下的 user Content 目录

- users 目录 —— 如果使用的是 Jenkins 自己的用户数据库（不是和 LDAP 集成），那么 users 目录会存储所有的用户信息。

每个用户有一个目录，对应目录下的 config.xml 配置了该用户的权限，初始化之后，应该会有 admin 用户目录。

3.4 Jenkins 的升级以及备份和还原

3.4.1 升级 Jenkins

如果系统可以连通外网，那么可以直接在界面上通过提示进行在线升级。如果无法连通外网，那么需要替换最新的 jar 包，重启服务进行更新。

更新步骤如下。

1）停止当前的 Jenkins 服务，备份原有的 jar 包、配置和数据文件夹。代码如下。

```
$ service jenkins stop
```

2）替换 /usr/lib/jenkins/ 目录下的 jenkins.jar 包（可做备份，以防升级失败回退）。

3）重启 Jenkins 服务。代码如下。

```
# 启动的同时使用 tail -f 查看 /va/log/jenkins/jenkins.log 是否有报错
$ servivce jenkins start
```

3.4.2 备份和还原 Jenkins

1. 手动备份整个 JENKINS_HOME

因为 JENKINS_HOME 包含所有任务的配置和数据，所以它是非常大的，但是如果想对所有的插件和数据都进行备份，可以压缩整个 JENKINS_HOME 并进行备份。

备份的步骤如下。

1）停止 Jenkins 服务。

2）复制 JENKINS_HOME 到备份目录（如果很大，会耗费一些时间）。

3）重启 Jenkins 服务。

还原的步骤如下。

1）停止 Jenkins 服务。

2）把备份的目录替换当前目录（最好把当前目录也备份一下，防止还原失败）。

3）重启 Jenkins 服务。

注意，当对备份的数据进行还原的时候，当前 Jenkins 版本和之前的相差不要太大，系统环境配置（比如 JDK）以及很多第三方插件对 Jenkins 的版本都有要求，差别太大可能会有不兼容的问题。

2. 使用 ThinBackup 插件进行定时备份

安装 ThinBackup 插件。插件的安装会在 3.3 节中详细介绍，这里只介绍该备份插件的配置和使用。

安装好插件后，在 Jekins 界面中选择 Manage Jenkins，在 ThinBackup 界面中 Settings（如图 3-18 和图 3-19 所示）可以进行全局配置。

▲图 3-18　Manage Jenkins 选项

▲图 3-19　Settings 选项

具体的配置如图 3-20 所示。

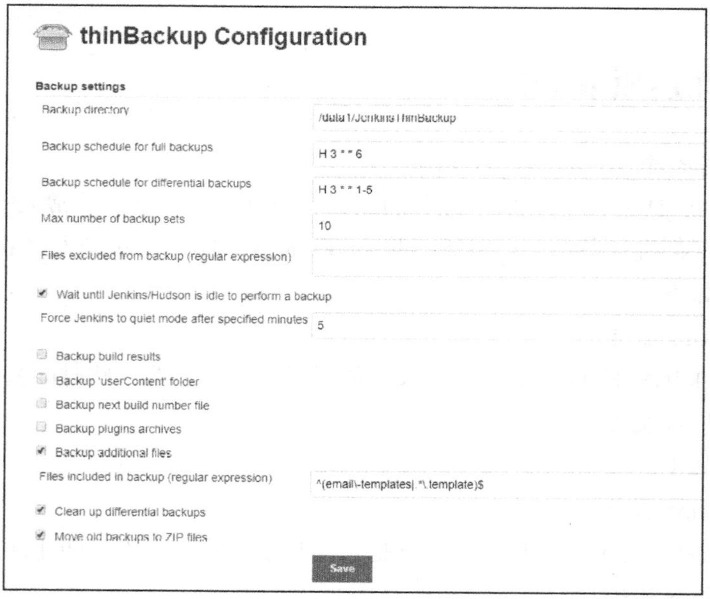

▲图 3-20　thinBackup Configuration 界面

下面介绍图 3-20 所示界面中的一些选项。

- Backup directory —— 备份目录

指定备份目录，Jenkins 需要对备份目录有写的权限，如果没有，需要用 root 执行以下指令。

```
$ sudo chown -R jenkins:jenkins ${BACKUP_DIR}
```

- Backup schedule for full backups —— 完整备份的备份时间表。如果设置完整备份的备份时间表，即使没有任何变化，到了时间点，也会生成一份完整的备份。这里设置为 H 3 * * 6，表示每周六的凌晨 3 点做一次完整备份。
- Backup schedule for differential backups —— 差异备份的备份时间表。如果设置差异备份的备份时间表，就只会备份从上次完整备份到现在发生变化的部分。如果没有任何差异变化，则差异备份不会进行。这里设置为 H 3 * * 1-5，表示周一到周五每天凌晨 3 点检测是否有变化，若有变化则进行差异备份。
- Max number of backup sets —— 最大的备份数量。默认是-1，不限制最大数量，但是为了节约磁盘空间，最好设置所需要的最大备份数量。如果备份数量超过这里的设定，就会对最早的备份进行删除。
- Files excluded from backup —— 不需要备份的文件（支持正则匹配）。如果有些文件不想进行备份，这里可以通过正则匹配方式指定这些文件，所有符合正则匹配的文件不会备份。默认为空，如果正则匹配本身错误，则这里的设定会被忽略。
- Wait until Jenkins/Hudson is idle to perform a backup。默认被选中，并且推荐打开，备份需要安全的环境（没有任务正在进行配置修改和运行），不然运行任务的同时进行备份会导致备份失败。这里表明等待 Jenkins 没有运行任何任务或者空闲的时候才开始执行备份任务。
- Force Jenkins to quiet mode after specified minutes。设置等待一段时间（分钟数）后强制 Jenkins 进入 Quiet Mode，如图 3-21 所示，实际界面显示为"Jenkins is going to shut down. No further builds will be performed."，但 Jenkins 不会真的停止服务，只是进入 Quite Mode，不再执行任何任务。即使触发别的任务，也会在构建队列中等待，直到备份安全完成，才允许运行。

▲图 3-21　Quite Mode

- Backup build results —— 备份构建结果。构建结果也进行备份，这可能会占大量磁盘，所以要考虑是否需要备份。如果决定备份构建结果，建议同时备份构建档案。当然，这会消耗大量的备份时间和存储空间。
- Backup 'userContents' folder。Jenkins 允许通过 URL 方式访问用户放在$JENKINS_HOME/userContent 目录下的文件，如果这部分文件也需要备份，可以选中这个选项。
- Backup next build number file。选中后会备份 next build number file 的信息。

- Backup plugins archives。选中后会备份插件档案。
- Backup additional files。和上面的 Files excluded from backup 相反,对于一些默认不备份的文件,如果想进行备份,这里可以通过正则匹配方式指定这些文件,所有符合正则匹配的额外文件都会进行备份。默认为空,如果正则匹配本身错误,这里的设定会被忽略。例如,^(email\-templates|.*\.template)$会包含 email-templates 目录下所有以 template 结尾的文件。
- Clean up differential backups。选中后会每天定时生成差异备份,每周生成一次完整备份,新的完整备份生成后,会清除和上次完整备份之间生成的差异备份。
- Move old backups to ZIP files。选中后,当生成一个新的完整备份时,之前旧的完整备份会被压缩为 zip 文件,每个 zip 文件代表一次备份结果。

当需要还原的时候,选择 Restore 选项(如图 3-22 所示)。首先选择之前备份的时间点。然后选择是否需要还原 next build number file 和插件(如图 3-23 所示)。

▲图 3-22 Restore 选项

▲图 3-23 进行还原操作

3.5 Jenkins 的分布式构建模式

1. Jenkins 运行模式 —— Master/Slave

Jenkins 支持 Master/Slave 这种分布式运行模式。

将安装 Jenkins 的机器作为 Master 节点,然后用户通过界面配置(或远端启动服务)来添加 Slave 节点。

在用户配置具体任务的时候可以选择 Master 机器本身或者某个 Slave 节点来运行。Jenkins 在实际运行任务的时候,将作业分布到指定的 Master 或 Slave 节点上,使得单个节点安装的 Jenkins 服务器能够管理多个节点,运行大批量的任务,以及为它们提供不同的系统环境和配置。

因为 Slave 节点实际上就是在其他机器上运行的 agent 进程,所以无须再安装完整的 Jenkins 服务,Jenkins 提供了很多方法来启动 Slave 节点上的 agent 进程,但最终实现都是建立起双向的 TCP/IP 通信连接。

2. 通过界面添加 Slave 节点

创建和配置 Jenkins Slave 节点。选择 Manage Jenkins→Manage Nodes→New Node 选项，可以创建全新的 Slave 节点，也可以从已有的 Jenkins 节点复制配置（如图 3-24 所示）。

▲图 3-24　添加 Slave 节点

（1）配置节点的一些基本信息
- Name

节点独一无二的名称，自行命名。
- Description

节点的描述。
- #of executors

在该节点可以并行运行的最大任务

▲图 3-25　Slave 节点基本信息

数量，建议和 CPU 的内核数相等，这里设置的值太高会导致节点负荷过大，在运行多个任务时，任务执行耗时过长。
- Remote root directory

指定 Slave 节点的 workspace 目录，但是一些重要的数据（如任务的配置、构建日志、构件）会保存在 Master 节点上，一些源码和文件会直接放置在运行的 Slave 节点上，因此这里需要指定一个目录。
- Labels

用来表示节点的群组，例如，如果节点都是 Windows 系统的节点，可以提供"WindowsNode"作为标签，在配置任务时可以不用指定具体的节点，而指定对应的群组。
- Usage

节点有两种使用模式。默认是 Use this node as much as possible。在这种模式下，如果任务没有指定具体的运行节点，那么会随机指派一个可用节点。当节点配置为这种模式时，在需要的时候可以被 Jenkins 随机调用。还有一种模式是 Only build jobs with label expressions matching this node。在这种模式下，只有当任务指定使用该节点时，才会使用该节点，可以用于资源受严格控制的场景以及专门用于某些任务。

（2）配置节点的环境变量

为节点配置一些环境变量，这些环境变量可以被节点运行的任何任务使用。一般在系统配置中也会配置一些环境变量，如果这里和系统全局变量同名，就会覆盖系统变量中的值（如图 3-26 所示）。

（3）配置节点的工具执行路径

在系统全局配置中，我们会设定一些工具的执行路径，如果在 Slave 节点上工具的执行路径与全局配置不同，就需要重新选择工具名称，给予新的路径，覆盖全局配置中的默认路径（如图 3-27 所示）。

▲图 3-26　Slave 节点的环境变量

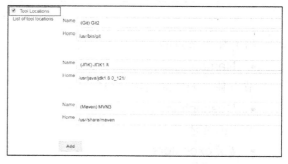

▲图 3-27　Slave 节点的工具路径

3. Master 节点和 Slave 节点的连接方式

根据系统和机器所处的网络环境，选择合适的连接方法。常见的几种连接方式如下。

（1）Launch slave agents via SSH

当通过 SSH 服务进行连接时，Jenkins 有内置的 SSH 客户端实现，可以和远端的 sshd 服务通信连接，并且自动在远端启动一个 Slave agent 进程，无须对 Slave 节点进行任何配置操作，这也是在 UNIX/Linux Slave 节点上优先使用的方法。

这种方法需要 Master 节点有权限访问 Slave 节点（如图 3-28 所示）。

首先，提供节点的连接信息。

- 主机名（或者 IP）
- Host Key Verification Strategy
- Credentials（用户名/密码或者用户名/密钥等方式）

▲图 3-28　以 SSH 方式连接 Slave 节点

然后，设置 Availability（可用性级别）。这个选项控制启动和停止该节点的模式。其中包括以下模式。

- Keep this agent online as much as possible

这里我们选择这种模式，Jenkins 会让该节点尽可能一直在线。如果因为一些网络之类的原因暂时离线，Jenkins 会周期性地尝试重启该节点。

- Take this agent online and offline at specific times

可以设定节点定时启动，并且指定保持在线的时间长短。如果在指定的在线时间段内节点掉线，Jenkins 也会尝试周期性地重启它。不过，如果仍然有任务在执行，即使已经过了在线的时间段，Jenkins 也会等待任务执行完成，再使该节点离线。

- Take this agent online when in demand, and offline when idle

当该节点需要运行任务的时候，Jenkins 会让节点保持在线以运行任务。在某段时间空闲后，Jenkins 会让该节点自动离线。

在以下代码中，查看 Jenkins 页面的 Slave 节点启动日志。可以看出，Jenkins 实际上还是通过在远端启动 agent 服务的方式来和 Master 节点进行通信。只不过 Jenkins 通过 SSH 方式自动连接到远端节点并传送 agent 启动文件 slave.jar，然后在远端通过 Java 方式启动该 jar 包。

```
[04/04/17 14:14:17] [SSH] Opening SSH connection to 10.142.246.5:22.
[04/04/17 14:14:18] [SSH] Authentication successful.
[04/04/17 14:14:18] [SSH] The remote users environment is:
BASH=/usr/bin/bash
...
HOME=/usr/op
HOSTNAME=hub.chinatelecom.cn
...
PWD=/usr/op
SHELL=/bin/bash
USER=op
[04/04/17 14:14:18] [SSH] Checking java version of java
[04/04/17 14:14:18] [SSH] java -version returned 1.8.0_121.
[04/04/17 14:14:18] [SSH] Starting sftp client.
[04/04/17 14:14:18] [SSH] Copying latest slave.jar...
[04/04/17 14:14:18] [SSH] Copied 719,269 bytes.
Expanded the channel window size to 4MB
[04/04/17 14:14:18] [SSH] Starting slave process: cd "/usr/op" && java  -jar slave.jar
<===[JENKINS REMOTING CAPACITY]===>channel started
Slave.jar version: 3.7
This is a Unix agent
Evacuated stdout
Agent successfully connected and online
```

（2）Launch agent via Java Web Start

这种方式的优点是可以连接 UNIX/Linux Slave，也可以连接 Windows Slave。

这种方式不是双向通信，而是 Slave 节点方主动连接 Jenkins Master 节点方，因此对于没有主动访问权限的节点可以使用该方式。

这种方式的缺点是，如果节点因为某些原因离线了，Jenkins 无法主动重启它，那么只能在节点端重新执行主动连接 Jenkins 的操作。

如果通过 JNLP 方式启动 Slave agent，要先确保在全局安全配置中打开 JNLP agent 的 TCP 端口（如图 3-29 所示）。

▲图 3-29　打开 JNLP 的 TCP 端口

如果没有端口限制，这里可以设置为随机 Random；如果环境对端口有严格限制，可以设定一个固定的端口，该固定端口是 Slave 节点需要对 Master 节点开放的 TCP 端口。如果 Master 节点无法访问该端口，则也无法通过该方式添加节点。

在 Node 设置界面中选择 Launch agent via Java Web Start 方式，保存后退出。

Jenkins 的 Node 界面会有相关步骤提示（如图 3-30 所示，有浏览器方式和指令方式，这里使用的是指令方式）。

▲图 3-30　JNLP 连接指令

直接单击链接下载该 slave.jar 文件，放置到远端 Slave 节点的某个目录下。然后在 Slave 节点的 slave.jar 目录下执行 Jenkins 界面上显示的那条指令。

执行以下指令以启动 Slave 进程。

```
java -jar slave.jar -jnlpUrl http://<JenkinsHostName>:8080/computer/<nodeName>/slave-agent.jnlp -secret <some_long_hex_string>
```

通过以下代码查看 Slave 节点输出的内容，如果最后显示 Connected，说明启动成功。

```
[dp@TEST-BDD-068 ~]$ java -jar slave.jar -jnlpUrl http://10.142.78.58:8080/computer/DP-68/slave-a
gent.jnlp -secret 7477b1dadb61702cea9ad6e6732c0a28b02e88dd366a3de37c104219aab36975
4月 05, 2017 9:54:28 上午 hudson.remoting.jnlp.Main createEngine
信息: Setting up slave: DP-68
4月 05, 2017 9:54:28 上午 hudson.remoting.jnlp.Main$CuiListener <init>
信息: Jenkins agent is running in headless mode.
4月 05, 2017 9:54:28 上午 hudson.remoting.jnlp.Main$CuiListener status
信息: Locating server among [http://10.142.78.58:8080/]
4月 05, 2017 9:54:28 上午 org.jenkinsci.remoting.engine.JnlpAgentEndpointResolver resolve
信息: Remoting server accepts the following protocols: [JNLP4-connect, CLI2-connect, JNLP-connect, Ping, CLI-connect, JNLP2-connect]
4月 05, 2017 9:54:28 上午 hudson.remoting.jnlp.Main$CuiListener status
信息: Agent discovery successful
  Agent address: 10.142.78.58
  Agent port:    36700
```

```
        Identity:         4a:f1:c4:81:35:d8:25:c2:fe:e0:a0:78:3b:c5:97:a9
4月 05, 2017 9:54:28 上午 hudson.remoting.jnlp.Main$CuiListener status
信息: Handshaking
4月 05, 2017 9:54:28 上午 hudson.remoting.jnlp.Main$CuiListener status
信息: Connecting to 10.142.78.58:36700
4月 05, 2017 9:54:28 上午 hudson.remoting.jnlp.Main$CuiListener status
信息: Trying protocol: JNLP4-connect
4月 05, 2017 9:54:29 上午 hudson.remoting.jnlp.Main$CuiListener status
信息: Remote identity confirmed: 4a:f1:c4:81:35:d8:25:c2:fe:e0:a0:78:3b:c5:97:a9
4月 05, 2017 9:54:29 上午 hudson.remoting.jnlp.Main$CuiListener status
信息: Connected
```

通过以下代码查看 Slave 节点启动日志。

```
[04/05/17 09:44:04] Launching agent
$ ssh dp@10.142.78.68 "sh ~/start_jenkins_agent.sh"
<===[JENKINS REMOTING CAPACITY]===>channel started
Slave.jar version: 3.7
This is a Unix agent
Evacuated stdout
Agent successfully connected and online
Connection terminated
channel stopped
JNLP agent connected from 10.142.78.68/10.142.78.68
Slave.jar version: 3.7
This is a Unix agent
Agent successfully connected and online
```

（3）Launch agent via execution of command on the master

在 Master 机器上，通过 SSH，远程在 Slave 机器上执行指令来启动 agent 程序。这种方式属于半自动方式，需要把 slave.jar 预先放置于 Slave 节点上，或者通过脚本进行传输操作。

首先，直接执行启动 agent 程序的指令（首先在 Master 节点和 agent 之间配置，通过免密码登录）。

```
$ ssh -v dp@10.142.78.68 "java -jar ~/slave.jar"
```

然后，查看 Jenkins Slave 节点启动日志。

```
[04/05/17 09:32:26] Launching agent
$ ssh dp@10.142.78.68 "java -jar ~/slave.jar"
<===[JENKINS REMOTING CAPACITY]===>channel started
Slave.jar version: 3.7
This is a Unix agent
Evacuated stdout
Agent successfully connected and online
```

也可以在 Slave 节点上写脚本，从 Master 机器远程调用该脚本。创建 Slave 启动脚本

startjenkinsagent.sh。代码如下。

```
#!/bin/sh
exec java -jar ~/slave.jar
```

接下来，查看 Jenkins Slave 节点启动日志。

```
[04/05/17 09:44:04] Launching agent
$ ssh dp@10.142.78.68 "sh ~/start_jenkins_agent.sh"
<===[JENKINS REMOTING CAPACITY]===>channel started
Slave.jar version: 3.7
This is a Unix agent
Evacuated stdout
Agent successfully connected and online
```

3.6 Jenkins 配置

在使用 Jenkins 创建和运行任务前，需要进行配置，包括全局配置、节点配置以及和第三方插件集成所需的配置。

但因为 Jenkins 是基于界面使用的工具，所以安装完成后的所有配置都可以基于界面进行完成和更新。这一节主要介绍 Jenkins 界面的布局，以及如何进行一些基本的配置。

一般来说，只有管理员才有对 Jenkins 进行全局系统配置的权限，可以设置多个管理员。然而，不建议太多人员有权限去修改全局配置。因为一旦全局配置发生改动，导致的错误就会影响使用全局配置的大批量任务。

3.6.1 Jenkins 界面

登录主界面如图 3-31 所示。

1. 左上侧导航栏

首先介绍以下几个基本选项的用途。

- New Item

创建新的任务。

- People

展现所有登录 Jenkins 的注册用户的列表，以及用户最近一次提交时间、最近一次使用的任务（People 界面如图 3-32 所示）。

- Build History

以时间轴的图表方式展现 Jenkins 所有任务的构建历史。

▲图 3-31　Jenkins 登录主界面

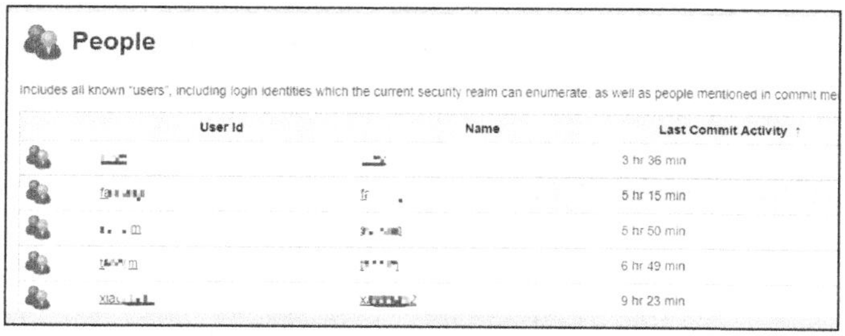

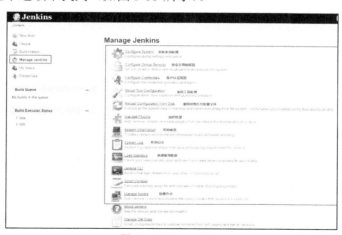

▲图 3-32　People 界面

- Manage Jenkins

这是管理中心，这个选项很重要。Jenkins 的系统配置、权限设定、插件更新以及节点添加配置都可以在这个选项中找到（如图 3-33 所示）。

▲图 3-33　Manage Jenkins

左上侧的导航栏最初的时候比较少，只有系统提供的一些基本功能，后期在添加很多第三方插件后，导航栏会扩展出很多其他的选项（参见图 3-34）。

2. 左下侧任务进度栏

进度栏主要分两部分。

- Build Queue

无论是 Jenkins Master 节点还是 Slave 节点，都会有最大并行任务运行数量，如果超过这个数量，就需要等待之前的任务运行完，因此这里会展示等待执行的任务列表。

- Build Executor Status

构建任务运行状态。如果只有一个 Master 节点，就会展示多行数字，数字表示设置的并行任务数量，Idle 说明当前任务进程空闲。如果有任务要执行，就会为每个进程显示具体的任务名称。

如果有多个子节点，这里会显示每个节点的进程状况（如图 3-35 所示），Master 表示主节点，其他都是后面添加的 Slave 子节点。当然，每个子节点执行任务的进程数也可以在设置中根据机器本身性能进行修改。

▲图 3-34　扩展后的 Jenkins 导航栏

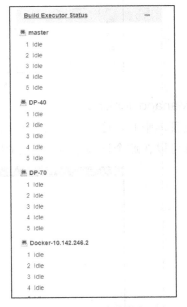

▲图 3-35　Jenkins 任务执行列表

3. 右上侧用户信息栏

左边的搜索框很简单，用于对任务进行快速查询。当 Jenkins 管理上百个以上任务时，通过关键字搜索可以快速找到自己所需要的任务。

右边展示的就是当前登录的用户，单击用户名还可以查看和配置关于当前登录用户的具体信息（如图 3-36 所示）。

- Builds

用于显示当前用户触发的所有构建任务列表以及构建任务的构建号、构建时间和日志（如图 3-37 所示）。

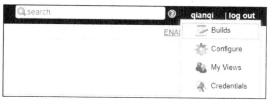

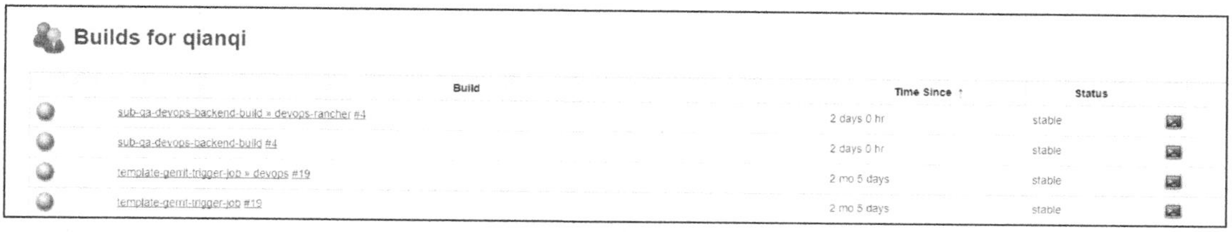

▲图 3-36　Jenkins 用户信息

▲图 3-37　Jenkins 具体用户的相关构建

- Configure

用于配置用户的以下个人信息。

- Full Name 是指用户的界面展示名称，可以随时修改成任何内容，但是无法修改用户登录的 User Id，还需要用最早设定的 User Id 进行登录。图 3-38 显示用户名是 qianqi，但是 User Id 仍然是 admin。

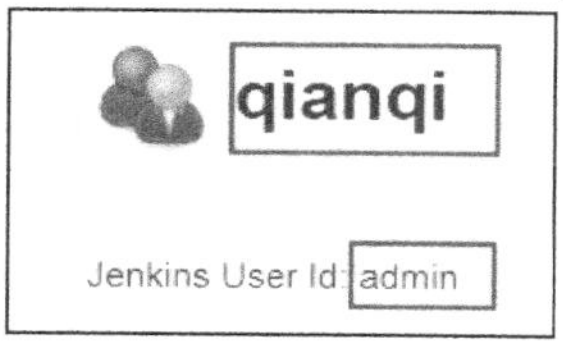

▲图 3-38　Jenkins 用户名和 User Id

▲图 3-39　Jenkins 用户个人信息配置 1

- API Token（见图 3-39）表示调用 Jenkins 的 REST API 时用到的一个令牌，类似于登录密码，而且可以更新和重新生成。
- Credentials 表示当前用户拥有的一些账户凭证信息，凭证信息包括一些远程节点的 SSH 链接、git 的账户信息或密钥信息、第三方系统的账户信息等。
- E-mail 表示当前用户的绑定邮箱。
- Password（见图 3-40）表示用户密码。
- SSH Public Keys 表示账户绑定的 SSH 公钥。

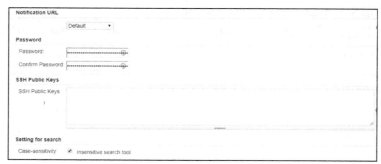

▲图 3-40　Jenkins 用户个人信息配置 2

下面还有两个配置，就是查看当前用户拥有的凭证信息，以及个人的展示配置等。

4. 右下侧任务展示栏

这里是所有任务的主展示界面，包括所有的 View、任务、任务执行情况、构建结果、构建节点等（如图 3-41 所示）。

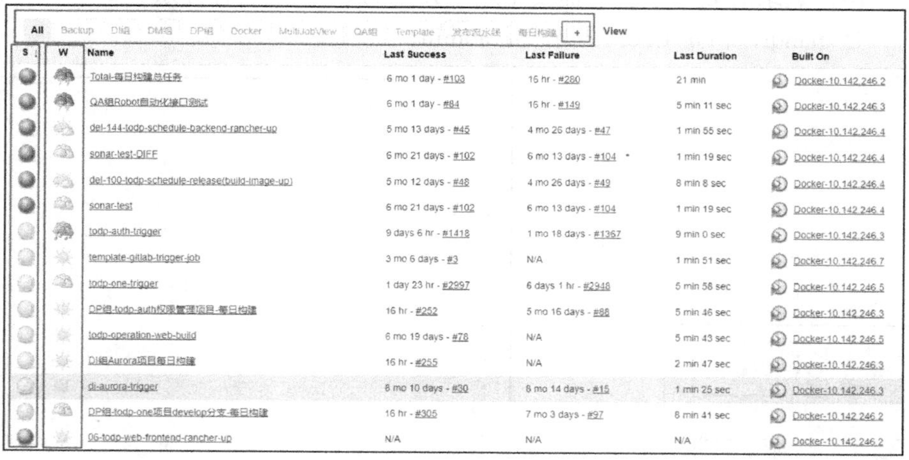

▲图 3-41　Jenkins 任务主展示界面

- View

我们看到最上面有多个标签页，我们称每个标签页为一个 View。标签页并不是新的任务，只是整理和集合的列表，而且根据需求，同一个任务可以同时添加到多个 View 中。当需要增加新的 View 时，单击最右边的那个加号+即可。

- Status

最左边的带有颜色的球形图标展示了当前任务最近一次构建的结果。

其中，红色代表构建失败；黄色代表构建不稳定，比如 Java 项目 Maven 构建时运行的单元测试有报错；灰色代表新任务没有任何构建任务在执行、构建中止、构建任务处于等待状态等情况。

- Weather

Status 右边带有天气云朵图标的那一列，该列用于展示对这个任务近期多次的构建结果进行聚合统计的结果。其中，黄色的太阳表示近期的构建都是成功的；被乌云包围的黄色太阳表示近期的构建中有 20%～40% 失败；乌云表示近期的构建中有 40%～60% 失败；乌云和下雨表示近期的构建中有 60%～80% 失败；乌云和闪电表示近期的构建都失败了（实际场景中可看到颜色）。

单击天气图标，会有具体的提示信息，包含近期构建个数和失败个数、失败的百分比等（如图 3-42 和图 3-43 所示）。

▲图 3-42　Jenkins 天气提示信息 1

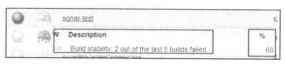

▲图 3-43　Jenkins 天气提示信息 2

- Last Success、Last Failure、Last Duration、Build On

用于展示一些构建信息，分别表示最近一次成功构建是在多久之前、最近一次失败构建是在多久之前、最近一次构建的时长，以及目前这个任务是在哪个节点上运行的。

Jenkins 的界面不算很复杂，而且主界面已经给我们提供了很多可用信息。当只想查看一些概要信息时，无须单击具体的任务链接，从列表中的这些信息就能了解所运行任务近期运行的成功率和统计情况。

3.6.2　Jenkins 系统配置

这里主要介绍一些系统自带的配置选项。随着后期不断安装第三方插件，系统配置也会增加插件对应的全局配置部分，这在后面会介绍。

选择 Jenkins 主界面中的 Manage Jenkins→Configure System 就可以对系统全局进行界面配置（如图 3-44 所示）。

初始安装完 Jenkins 之后，这里会有一些最基本的全局配置。当然，如果我们后期安装第三方插件，会在全局配置界面增加对应的内容，这时候也需要进行配置或修改。这一节首先介绍基本配置部分，关于第三方插件的全局配置，可以参考 3.7 节。

1. 基础配置

基础配置部分如图 3-45 所示，具体内容解释如下。

▲图 3-44　Jenkins 系统全局配置

▲图 3-45　基础配置

（1）Home directory

Jenkins 主节点的主目录。默认情况下，这个目录存储了 Jenkins 主节点上所有的任务、配置以及数据。如果要修改这个目录，对于通过 Linux 安装包安装的 Jenkins，可以参照 3.2 节。如果通过 war 包直接启动，在启动前把 JENKINS_HOME 这个环境变量设置为需要的目录，然后重新启动 war 包即可。

在下面的高级选项中，可以看到两个目录设置。

- Workspace Root Directory

主节点上所有任务对应的工作目录。一般来说，每个任务都会有一个对应的、单独的工作目录，默认在 ${JENKINS_HOME} 的 workspace 目录下，${ITEM_FULLNAME} 指每个任务对应的完整名称。如果某个任务的名称是 test-deploy，那么这个任务默认的工作目录的完整路径是 /var/lib/jenkins/workspace/test-deploy。

如果后期增加了从节点，从节点的工作目录一般在节点所在的机器上，在前面的节点基本信息配置中介绍的 Remote root directory，配置的就是远端从节点的工作目录。

工作目录是执行的任务进行 I/O 交互最多的目录，因此如果有大批量的任务，可以通过修改该配置，将工作目录移到其他的类似 SSD（Solid State Drives，固态硬盘）的速度更快的磁盘上，或者移到挂载空间更大的磁盘上。自定义的目录必须包含 ${ITEM_FULLNAME} 这个变量，因为这里是为所有任务配置的工作目录，需要用该变量来适配不同的任务名称。

注意，只要修改并保存后，这个配置就可以立刻生效。下一次运行任务时，自动创建新的工作目录并保存新的数据，但 Jenkins 不会自动把旧目录的数据迁移到新的目录。因此，如果需要旧的目录和数据，需要手动进行备份和移动。

- Build Record Root Directory

存储构建记录的目录。这个目录包含所有构建号对应的目录，包含每次构建的配置、元数据以及输出日志等信息。

上面的变量${ITEM_FULLNAME}只是单纯对应每个任务的完整名称，这里的配置中的变量${ITEM_ROOTDIR}则对应每个任务所在的完整路径。比如，对于上面的示例任务test-deploy，它的${ITEM_ROOTDIR}路径实际上是${JENKINS_HOME}/jobs/${ITEM_FULLNAME}，即/var/lib/jenkins/jobs/test-deploy。

默认的构建路径就是${JENKINS_HOME}/jobs/${ITEM_FULLNAME}/builds。默认值可以进行修改，不过修改的内容里面必须包含变量${ITEM_FULLNAME}或${ITEM_ROOTDIR}。保存修改的内容后，配置即生效，但是如果需要旧的数据，需要手动备份或迁移。

（2）System Message

用于显示主界面提示消息。这个配置很适合管理员对其他用户进行信息提醒，这里填写的内容保存后，会在 Jenkins 主界面的最上端进行展示（如图 3-46 所示）。

▲图 3-46 System Message

System Message 下面是 3 个和任务运行相关的配置，在前面也有类似的配置。因为主节点除了作为整体的配置管理和界面展示节点外，也可以认为它是运行任务的节点，所以对于在主节点上运行的任务来说，也需要配置以下几个参数。

- of executors

主节点可以并行运行的最大任务数量，建议和 CPU 的内核数相等，这里设置的值太高会导致节点负荷过大，当运行多个任务时，耗时过长。

- Labels

用来表示节点的群组的标签，主节点默认是 Master。

- Usage

节点有两种使用模式。默认是"Use this node as much as possible"。如果 Jenkins 的任务没有指定具体的运行节点，会随机指派一个可用的节点。当节点配置为这种模式的时候，在需要的时候可以被 Jenkins 随机调用。另一种模式是"Only build jobs with label expressions matching this node"。在这种模式下，只有当任务指定使用的标签包含该节点的时候，才会调用该节点，可以用在资源受严格控制的节点上。

- Quite period

等待时间的单位是秒，在该主节点上真正运行构建任务之前，该构建任务会等待一段时间。比如，当开发者提交代码的时候，可能会有多个提交。如果 Jenkins build 立刻执行，就会导致多个提交触发多个任务，所以稍微延迟一段时间，可以把所有的提交都包括在一个构建任务中。

- SCM checkout retry count

代码下拉尝试的次数，默认是 0。

2. 全局属性

这一块是可选配置（如图 3-47 所示），主要分成两块。

- 环境变量

Jenkins 自己本身就提供很多默认全局变量，如${JENKINS_URL}、${BUILD_URL}、${BUILD_NUMBER}等。这里也可以配置一些自定义的全局命令，它们在任何作业中都可以直接使用。

- 工具位置

后面会讲如何配置一些工具软件的 Home 目录并进行目录的配置。之后，在每个节点的配置中，如果不再进行定义，则使用全局的工具配置；如果自行定义过，则覆盖全局配置。虽然 Master 是管理节点，但它本身也是一个可以运行任务的节点，特别是处在单节点模式的时候，所有的任务都是在 Master 节点上运行的，所以这里可以为 Master 节点单独配置工具软件的位置等。

一般安装了对应的插件后，就会有相应的选项。比如，在安装 Git 插件、Maven 插件后，这里可以配置 Git 的路径和 Maven 的主目录等。

3. 时间戳格式

时间戳格式主要用于定义系统的时钟格式和运行时间格式，一般会采用默认格式。如果没有特别需求，可以不用修改（如图 3-48 所示）。

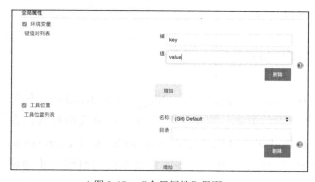

▲图 3-47 "全局属性"界面

▲图 3-48 设置时间戳格式

4. 管理监控配置

管理员登录系统的时候，右上角会有红色的提示标志，一般是系统的监控指标。如果有异常，会展示给管理员。

默认启用所有的配置，如果有些特定告警并不是很重要，可以在这里取消勾选，下次管理员登录后，在界面上就不会再显示了（如图 3-49 所示）。

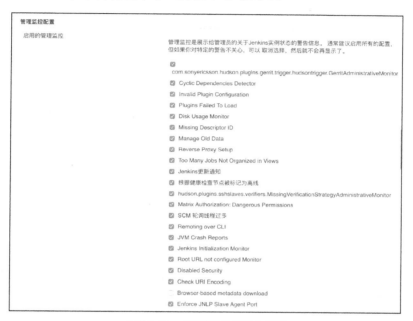

▲图 3-49 "管理监控配置"界面

5. Jenkins Location

Jenkins Location 界面如图 3-50 所示。

- Jenkins URL

指定当前的 Jenkins 的访问地址，用于在邮件中生成访问链接。因为 Jenkins 无法自己探测到自己的 URL，所以这里还是需要进行配置的。

- **系统管理员邮件地址**

Jenkins 将用这个地址发送给项目拥有者。这里可以填写 "foo@acme.org" 或者类似 "Jenkins Daemon foo@acme.org" 这种形式的内容。

6. 配置 SonarQube 服务器

如果 SonarQube 服务器端的匿名访问被禁止了，在 Jenkins 中就必须配置 SonarQube 账号下的 Token。具体步骤如下。

1）登录 SonarQube，选择"我的账号"，在"生成新令牌"文本框中填写自定义名称，如图 3-51 所示。

▲图 3-.50 Jenkins Location 界面　　　　▲图 3-51 获取 SonarQube 的 Token

2）创建后，请立刻复制 Token，注意只会显示一次，如图 3-52 所示。

▲图 3-52 复制 SonarQube 账号下的 Token

3）登录 Jenkins 的系统配置界面，填写 SonarQube 服务器的相关信息，如图 3-53 所示。

▲图 3-53 配置 SonarQube 服务器

3.6.3 Jenkins 全局安全配置

安全配置主要包含 Jenkins 的用户认证方式、访问权限的控制、TCP/SSH 端口的控制、防止跨站点请求伪造等。

Jenkins 在最近的几个大版本中增强了安全方面的控制，设定了很多安全规则，对第三方插件的安全性要求也大大提高。如果更新了 Jenkins 版本，可能会导致很多插件的老版本无法继续使用，因此如果使用的是老版本的 Jenkins，慎重考虑是否需要进行升级。

1. 访问和权限控制

整体配置包括以下 3 个方面（如图 3-54 所示）。

- **启用安全**

系统默认开启安全控制。

- **Disable remember me**

如果设置为开启，当用户登录的时候无法使用记住密码功能。

- **访问控制**

提供详细的访问控制设置。

以下对"访问控制"进行详细说明，用于支持配置。访问控制主要包含两个方面——安全域和授权策略。

▲图 3-54　Jenkins 全局安全配置-访问和权限控制

（1）安全域

安全域主要负责用户管理部分，主要包括用户的创建、认证和第三方系统的集成等。

- **Gitlab Authentication Plugin**

用于和你的 GitLab 账号集成，在登录的时候直接跳转到 GitLab 认证界面进行验证登录。这需要手动配置，具体步骤如下。

1）在 GitLab 的 User Settings → Applications 中设置 Jenkins 的 Redirect URI 为 http://{jenkins_ip}:{jenkins_port}/securityRealm/finishLogin（如图 3-55 所示）。

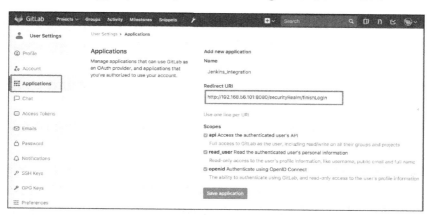

▲图 3-55　设置 Redirect URI

2）GitLab 端会生成 Application Id 和 Secret，这两个参数需要记下来，用于下一步 Jenkins 端的配置（如图 3-56 所示）。

3）在安全域中选择 Gitlab Authentication Plugin 单选按钮，会弹出表单，在其中填写 GitLab 的一些相关信息，如果是 CE 版本的 GitLab，那么 GitLab API URI 和 GitLab Web URI 相同（如图 3-57 所示）。

▲图 3-56　设置 Application Id 和 Secret

▲图 3-57　填写信息

4）再次登录 Jenkins，会跳转到 GitLab 界面并要求授权，授权后，则会成功跳回到 Jenkins（如图 3-58 所示）。

▲图 3-58　进行授权

5）查看当前登录的用户，可以看到 Full Name 是 GitLab 账号中的 Name，User ID 是 GitLab 账号中的用户 ID，邮箱也会同步过来（如图 3-59 所示）。

- **Jenkins 专有用户数据库**

Jenkins 自己的内部数据库存储的用户，一般默认采用这种安全域（如图 3-60 所示）。

勾选"允许用户注册"复选框，可以登录界面进行个人注册（如图 3-61 所示）。注册需要填写用户名、邮箱、密码等（如图 3-62 所示）。

▲图 3-59 查看用户信息

▲图 3-60 勾选"允许用户注册"复选框

▲图 3-61 用户开始注册

▲图 3-62 填写注册信息

- LDAP

和外部的 LDAP 服务集成后，就在外部的 LDAP 系统中统一管理，增加、删除、修改用户信息，这都需要通过 LDAP 服务进行操作。这里要配置服务的地址、端口、root 用户、用户的搜索路径等。

（2）授权策略

这里主要是对已存在的用户赋予不同的权限。

- 任何用户可以做任何事情（没有限制）

不执行任何授权，任何人都能完全控制 Jenkins，这包括没有登录的匿名用户。这种模式对于可信任的环境（比如公司内网）非常有用，一般不建议使用该模式。

- 登录用户可以做任何事

这种授权模式下，每个登录用户都持有对 Jenkins 的全部控制权限。只有匿名用户没有全部控制权限，匿名用户只有查看权限。这种授权模式的好处是强制用户登录后才能执行操作，这样可以随时记录用户都做了什么操作。这种设置也适用于公用的 Jenkins，这种模式下就不能打开"允许用户注册"的功能，只有信任的人才拥有账户。

- **安全矩阵**

安装 Matrix Authroization Strategy Plugin 插件（如图 3-63 所示）。

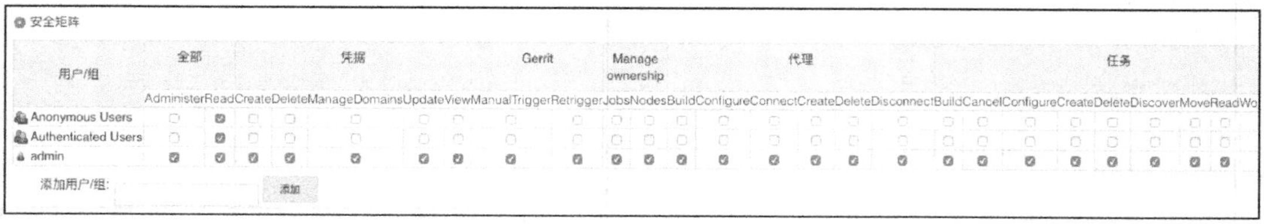

▲图 3-63 "安全矩阵"界面

这种授权模式下，可以通过一个大的表格来配置什么用户可以做什么事，每一列代表一种权限。把鼠标移到权限名称上可以查看更详细的权限说明信息。

每一行代表一个用户或组（通常称为"角色"，取决于安全域）。其中包含特殊用户"anonymous，匿名用户"，代表未登录用户；同样还有"authenticated，授权用户"，代表所有已认证用户（也就是除匿名用户外的所有用户）。可以使用表格下方的输入框来添加新的用户、组、角色到表格中，并且可以单击 ⨯ 图标将其从表格中删除。

- **项目矩阵授权策略**

这也是基于 Matrix Authroization Strategy Plugin 插件来进行管理的（如图 3-64 所示）。

▲图 3-64 "项目矩阵授权策略"界面

这种授权模式是基于上面的"安全矩阵"进行扩展的，这里可以只设定几个权限比较高的用户的整体权限。

如果要把某些普通用户添加到某个或某些具体的项目中，可以使用管理员账号把下面的 ACL（访问控制列表）矩阵附加到每个项目定义中。

在图 3-65 所示界面中，勾选"启用项目安全"复选框，这里同样有个类似的 ACL。当然，这个列表的权限范围只针对该项目。

- **Role-Based Strategy**

基于 Role-based Authorization Strategy Plugin 插件实现。

在绝大多数场景中，上面的项目矩阵授权策略已经能够满足需求。如果还需要非常复杂的用户分类和权限管理，可以安装该插件，之后会在专门的界面中进行用户和项目的权限管理。

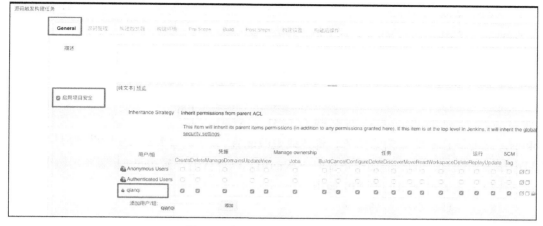

▲图 3-65 勾选"启用项目安全"复选框

2. Markup Formatter

这里用于定义 Jenkins 中文本内容的格式，包括 Jenkins 的 job 描述部分，可以只是纯文本格式，也可以支持安全的 HTML 格式（如图 3-66 所示）。

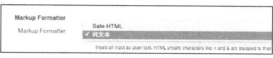

▲图 3-66 Markup Formatter 界面

3. 代理

前面介绍了如何添加 Slave 节点，其中有一种方式是 Launch agent via Java Web Start，这种方式需要使用 JNLP 协议进行连接。所以，在 Jenkins 端需要提供一个 TCP 端口，用于和启动了 JNLP Agent 的节点进行通信。

通常这个端口号是随机选取的，以避免冲突。如果不使用 JNLP 节点代理，推荐禁用 TCP 端口。如果你的计算机有防火墙限定，需要固定端口，这里也可以指定一个固定的端口。

下面的代理协议一般默认选择 TLS 加密的版本（如图 3-67 所示）。

▲图 3-67 设置代理协议

4. CSRF 和 CLI 控制

Jenkins 的最新版本对安全采取了很多措施。除了上面所说的 TCP 端口限制之外，还有对跨站点请求伪造的防止，以及远端 CLI 操作的控制（如图 3-68 所示）。

跨站点请求伪造（CSRF/XSRF）是指冒用他人的身份通过未经授权的第三方在网站执行操作。对于 Jenkins，这能够让某些人删除任务、构建或更改配置。

▲图 3-68　CSRF 和 CLI 控制

当启用这个功能时，Jenkins 会检查临时生成的值，以及任何导致 Jenkins 服务器改变的请求。这包括任何形式的提交和远程 API 调用。

5. 其他一些安全方面的配置

其他安全方面的配置如图 3-69 所示。

▲图 3-69　其他安全方面的配置

- 使用浏览器下载元数据

如果 Jenkins 服务器本身没法连接外网，浏览器可以通过配置代理的方式进行访问，因此在这里勾选"使用浏览器下载元数据"复选框。

- Hidden security warnings

在更新中心，会有与安全相关的警告。如果想忽略某些安全告警，勾选 Hidden security warning 复选框就可以在这里把对应的安全警告去除，从而使更新中心不再显示警告了。

- SSH Server

Jenkins 本身可以作为 SSH 服务器运行 Jenkins CLI 指令，一些第三方插件也会调用 SSH 服务器以执行一些操作。如果需要打开，可以单击"随机选取"单选按钮或者"指定端口"单选按钮。如果没有需要，建议选择"禁用"单选按钮。

3.6.4　Jenkins 全局工具配置

全局工具配置主要用于对一些常用工具的名称、版本、路径、配置文件进行设定。

随着第三方插件的增加，这里也会增加不同的工具模块的配置。如果 Master 和 Slave 节点没有覆盖这里的工具路径配置，就会默认使用这里的配置。

下面讨论比较常见的工具配置。

1. Maven Configuration

Maven Configuration 主要用于 Maven 的主配置文件 settings.xml 的设定。settings.xml 包含仓库镜像、本地镜像、认证信息等。

一般默认的路径有两种。

- Global Maven Settings —— ${M2_HOME}/conf/settings.xml。
- User Maven Settings —— ${user.home}/.m2/settings.xml。

如果两个文件都存在，会对内容进行合并，优先应用当前用户目录下 settings.xml 中的设定。Default settings provider 有 3 种设置[①]（如图 3-70 所示）。

- Use default maven settings

如果选择该选项，会使用 Maven 默认的目录，具体位置如上。

- Setting file in filesystem

这里可以写相对路径，也可以写绝对路径，并且支持使用 Jenkins 自带的变量或者设定的全局变量。如果使用相对路径，则是相对于项目的 WORKSPACE 的路径，比如，这里的 ${WORKSPACE}/mavenfile/settings.xml 也可以直接写成 mavenfile/settings.xml（如图 3-71 所示）。

▲图 3-70 设置 Default settings provider

▲图 3-71 设置文件路径

- provided settings.xml

这表示从 Jenkins 自带的文件系统中选取对应的文件，如果选择列表为空，需要先向文件系统中添加对应的 settings.xml 文件。

添加 settings.xml 文件的步骤如下。

1）选择 Managed files→Add a new Config，单击 Global Maven settings.xml 单选按钮如图 3-72 所示。根据所需的两种 Maven 配置文件，选择其中一种，Jenkins 会自动生成唯一的 ID。

---

① 对于 Default global settings provider，也有 3 种设置方式，对应选项的含义与 Default settings provider 的类似。

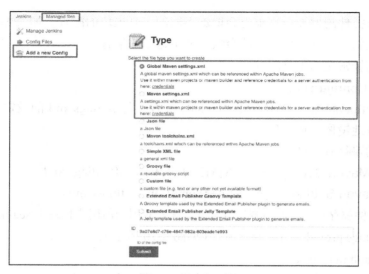

▲图 3-72 添加新配置

2）单击 Submit 按钮后进入配置界面，这里会自动生成 Content，可以自行修改内容，或者直接把内容覆盖掉。在 Server Credentials 部分，如果配置中的服务器需要认证，就需要配置用于认证的凭据，ServerId 即 settings.xml 中的 server id（如图 3-73 所示）。

▲图 3-73 设置 Server Credentials

3）配置好以后会在 Config File Management 界面中看到配置好的文件列表（如图 3-74 所示）。

4）再返回 Maven Configuration 界面，此时在 Provided Settings 下拉列表中即可选择刚刚配置好的 settings.xml 文件（如图 3-75 所示）。

▲图 3-74　Config File Management 界面

▲图 3-75　查看配置文件

2. Maven

Maven 主要用于配置 Maven 的主目录，可以添加多个，用 Name 来区分。如果系统中已经安装 Maven，这里直接填写 MAVEN_HOME，Jenkins 会在 Master 节点上进行检查，查看该目录是否有效。

如果系统还没有安装 Maven，可以勾选"自动安装"复选框，然后从下面的安装选项中选择"从 Apache 安装"，之后就可以选择需要的版本了（如图 3-76 所示）。

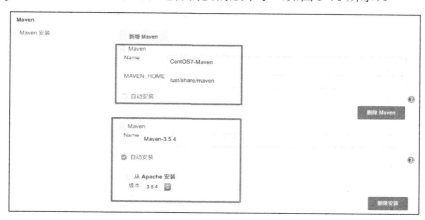

▲图 3-76　Jenkins 全局工具配置-Maven

3. JDK

类似于上面的 Maven 配置，如果已经安装过 JDK，这里需要配置 JDK 的 JAVA_HOME。如果没有安装过 JDK，需要勾上"自动安装"复选框，然后选择 JDK 的版本号，并且同意 JDK 的许可协议（如图 3-77 所示）。

4. Git

Git 的配置也是很重要的。因为大多数的任务都要获取 Git 仓库中的代码，所以这里需要配置 Git 的执行路径，可以在 Master 机器上执行"which git"以获取该执行路径（如图 3-78 所示）。

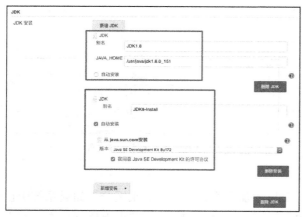

▲图 3-77　配置 JDK

▲图 3-78　配置 Git

3.6.5　Jenkins CLI

Jenkins 提供的内置命令行允许用户通过脚本的方式访问和操作 Jenkins。

Jenkins CLI 可以通过两种方式来实现。

- SSH 方式
- 下载 CLI 客户端（jar 包）的方式

1. SSH 方式

（1）配置访问权限

前面介绍了 SSH Server 这个选项的端口默认是禁用的，如果需要通过 SSH 方式来实现 CLI，可以启用该选项，建议使用"随机端口"（如图 3-79 所示）。

▲图 3-79　打开 SSH 服务器的端口

通过以下代码获取 SSH 服务器的随机端口。

```
$ curl -Lv http://192.168.56.101:8080/login 2>&1 | grep 'X-SSH-Endpoint'
< X-SSH-Endpoint: 192.168.56.101:34433
```

如果需要在本地 SSH 中登录 Jenkins 并执行指令，还需要把本地的 SSH Public Key 复制到管理员的账户设置中。

首先，获取本地 SSH Public Key，如果 ~/.ssh/id_rsa.pub 文件不存在，执行如下指令。

```
$ ssh-keygen -t rsa
# 一路按回车键即可
```

然后，把 id_rsa.pub 的内容复制到管理员的个人账户设置中的 "SSH Public Keys" 中（如图 3-80 所示）。

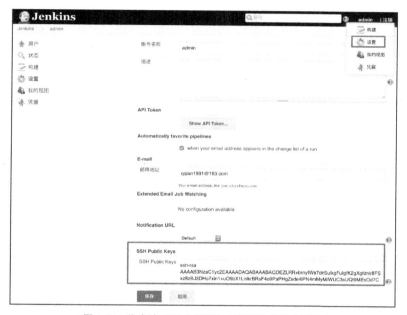

▲图 3-80　将本地 SSH 公钥添加到管理员的账户设置中

（2）执行帮助指令

通过执行 ssh -l ${user} -p ${randomPort} ${JenkinsIP} help 指令查看 SSH 权限是否配置成功。代码如下。

```
$ ssh -l admin -p 34433 192.168.56.101 help
The authenticity of host '[192.168.56.101]:34433 ([192.168.56.101]:34433)' can't be established.
RSA key fingerprint is SHA256:w6OkQtNITlICzDSR3aq0Ru45s8LihfPUZkrXmzqjk4k.
Are you sure you want to continue connecting (yes/no)? yes
Warning: Permanently added '[192.168.56.101]:34433' (RSA) to the list of known hosts.
```

可以从提示中看到非常多的操作，包括对界面、任务、构建凭据、管道以及 Jenkins 服务本身的各种操作。

要查看当前用户的信息，可以用 who-am-i 指令代码如下。

```
$ ssh -l admin -p 34433 192.168.56.101 who-am-i
Authenticated as: admin
Authorities:
  authenticated
```

对于有些复杂的操作，若要查看具体的参数和说明，可以使用 help ${command}。比如，通过下面的 build 构建子命令，可以查看具体指令传入的参数和使用说明。

```
$ ssh -l admin -p 34433 192.168.56.101 help build
java -jar jenkins-cli.jar build JOB [-c] [-f] [-p] [-r N] [-s] [-v] [-w]
Starts a build, and optionally waits for a completion.
Aside from general scripting use, this command can be
used to invoke another job from within a build of one job.
With the -s option, this command changes the exit code based on
the outcome of the build (exit code 0 indicates a success)
and interrupting the command will interrupt the job.
With the -f option, this command changes the exit code based on
the outcome of the build (exit code 0 indicates a success)
however, unlike -s, interrupting the command will not interrupt
the job (exit code 125 indicates the command was interrupted).
With the -c option, a build will only run if there has been
an SCM change.
 JOB : Name of the job to build
 -c  : Check for SCM changes before starting the build, and if there's no
       change, exit without doing a build
 -f  : Follow the build progress. Like -s only interrupts are not passed
       through to the build.
 -p  : Specify the build parameters in the key=value format.
 -s  : Wait until the completion/abortion of the command. Interrupts are passed
       through to the build.
 -v  : Prints out the console output of the build. Use with -s
 -w  : Wait until the start of the command
```

2. 下载 CLI 客户端的方式

下载 CLI 客户端其实就是从远端下载一个 jar 包，并且通过 HTTP 协议进行通信，因此在 Jenkins 端并不需要额外打开其他端口的访问权限。

（1）下载客户端

CLI 客户端可以直接通过 Jenkins Master 来下载。下载的路径格式是 http://${Jenkins_Url}/jnlpJars/jenkins-cli.jar，直接在浏览器中输入此 URL，浏览器就会进行下载。

从不同版本 Jenkins 下载的 jar 包，可能会存在兼容性问题，因此更换 Jenkins 版本后，建议重新下载对应的 jenkis-cli.jar 包。

执行以下 help 指令，查看 jar 包是否可以正常运行。

```
$ java -jar jenkins-cli.jar -s http://192.168.56.101:8080 help
  add-job-to-view
```

```
    Adds jobs to view.
  build
    ...
```

此时执行以下 who-am-i 指令，查看当前用户信息和权限，可以看到执行不带任何认证参数，默认是匿名用户。

```
$ java -jar jenkins-cli.jar -s http://192.168.56.101:8080 who-am-i
Authenticated as: anonymous
Authorities:
```

下面介绍 HTTP 连接方式，它可以用于进行用户权限认证。

（2）HTTP 连接模式

因为 HTTP 是默认模式，所以不填 -http 也可以。

用户权限是通过 -auth 参数引入的，具体的指令格式如下。

```
java -jar jenkins-cli.jar -s ${jenkins_url} -http -auth ${username}:${apitoken} command ...
```

其中，API Token 需要从 Jenkins 的用户个人配置中获取（如图 3-81 所示）。

▲图 3-81　获取 Jenkins 用户的 API Token

在指令中加入用户名和用户的令牌，就会使用该用户的权限去执行各种指令。

```
$ java -jar jenkins-cli.jar -s http://192.168.56.101:8080 -http -auth admin:97e98924353
cebf31ce42b883857609e who-am-i
Authenticated as: admin
Authorities:
  authenticated
```

3.7　Jenkins 插件的配置和使用

3.7.1　强大的插件功能

插件是 Jenkins 最强大的功能，相对于其他的 CI 工具，正是因为各种官方和第三方插件的支持，Jenkins 才可以满足很多公司以及个人的不同需求。

Jenkins 的插件库提供了上千种插件，使得 Jenkins 可以和代码仓库、构建工具、云平台、分析工具、发布工具等进行集成。

下面介绍如何搜索插件。

目前的插件管理中心在 Jenkins 官方网站上。登录该网站，通过关键字搜索所需插件，通过单击查看插件的概要介绍。

登录插件管理中心，可以看到一个类似于搜索的界面。输入关键字，从下拉框中选择排序方式和目录即可进行搜索（如图 3-82 所示）。

搜索结果会以卡片形式显示出所有相关的插件，如图 3-83 所示。

▲图 3-82　搜索插件

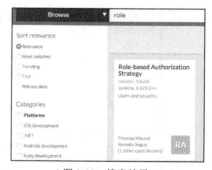

▲图 3-83　搜索结果

单击选中的插件，会跳转到插件的主界面（如图 3-84 所示），在这个主界面中，可以看到如下内容。

- 插件最新更新时间。
- 插件使用人数趋势图（从该指标可以看出该插件使用的热度）。
- 插件的依赖关系。
- 插件的更新日志。

- 插件的使用手册等。
- 有的插件还会附上介绍插件功能的 GitHub 或作者的网站主页面。

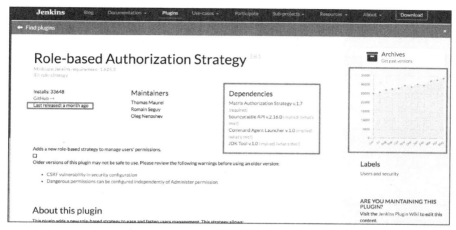

▲图 3-84　插件的主界面

3.7.2　安装和更新插件

Jenkins 支持以多种方式安装插件，这些安装方式适用于不同的场景。
- 使用界面的方式自动下载安装，这是常规做法。
- 调用 Jenkins CLI 的 install-plugin 命令行来安装插件。
- 如果没有网络，可以下载插件的 hpi 文件，在 Jenkins 的 Web 界面中进行安装。

1．自动安装和更新插件

（1）通过界面自动安装和更新插件

Jenkins 的插件也会像 Java 和 Python 的库一样会有很多相互的依赖关系，如果从 Jenkins 界面的更新中心进行安装和更新，这些依赖的插件也会自动下载和安装。具体步骤如下。

1）使用管理员账号登录 Jenkins，选择"系统管理"→"管理插件"，打开"管理插件"界面，单击"可选插件"标签页。利用右上方的搜索框搜索所需的插件，大部分新安装的插件都是直接安装就可以生效的，因此单击下面的"直接安装"按钮（如图 3-85 所示）。

2）自动跳到"更新中心"界面，这里会显示插件更新的步骤和状态。由于没有打开 Jenkins 的界面自动刷新功能，因此需要隔一定时间手动刷新页面，在刷新一两次以后，可以看到界面会显示插件安装"完成"。其中可以看到一个准备步骤是"检查网络连接"（如图 3-86 所示）。

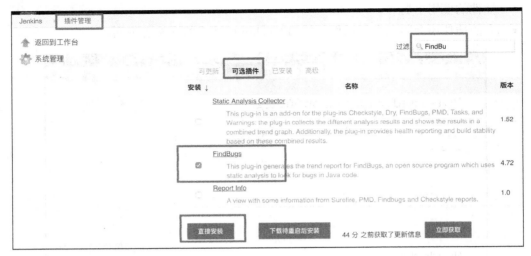

▲图 3-85 直接安装插件

3）返回"插件管理"界面，单击"已安装"标签，可以看到该插件已经安装好（如图 3-87 所示）。

▲图 3-86 准备过程中的"检查网络连接"

▲图 3-87 查看已安装插件

4）在 Jenkins 的"插件管理"界面上定期检查是否有插件需要更新，将它们展现在"可更新"标签页中。这里可以选择几个需要更新的插件，或者通过最下方的"全选""全不选"选项来整体选择。选择完毕后单击"下载待重启后安装"按钮（如图 3-88 所示），就会跳转到"更新中心"界面，开始连接网络并下载插件。更新插件需要重启 Jenkins 服务，因为只有在下一次重启的时候，才会安装新版本的插件。

5）在"更新中心"界面中，也可以勾选"安装完成后重启 Jenkins（空闲时）"复选框，这样插件下载完就会自动重启 Jenkins 服务。"空闲时"表示一种安全的重启方式，如果当前有任务在运行，Jenkins 会等待任务都运行完，再进行重启操作（如图 3-89 所示）。

▲图 3-88　设置插件更新时间

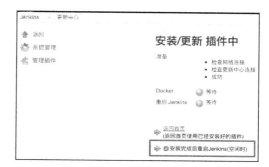
▲图 3-89　设置重启方式

（2）通过 Jenkins CLI 安装和更新插件

前面简单介绍了 Jenkins CLI 应如何配置，这些知识正好可以应用在安装和更新插件上。

通过运行 ssh -l admin -p 34433 192.168.56.101 help 指令，可以查询到如下两个指令和插件是相关的。

```
$ ssh -l admin -p 34433 192.168.56.101 help
list-plugins
    Outputs a list of installed plugins.
  install-plugin
    Installs a plugin either from a file, an URL, or from update center.
```

顾名思义，list-plugins 将列出系统目前安装的所有插件，包括插件名称以及版本号。代码如下。

```
$ ssh -l admin -p 34433 192.168.56.101 list-plugins
windows-slaves              Windows Slaves Plugin              1.3.1
cloudbees-folder            Folders Plugin                     6.5.1
bouncycastle-api            bouncycastle API Plugin            2.16.3
docker-commons              Docker Commons Plugin              1.13
structs                     Structs Plugin                     1.14
display-url-api             Display URL API                    2.2.0
...
...
```

install-plugin 用于安装和更新插件，通过 ssh -l admin -p 34433 192.168.56.101 help install-plugins 可查询该指令需要的参数。代码如下。

```
$ ssh -l admin -p 34433 192.168.56.101 help install-plugin
java -jar jenkins-cli.jar install-plugin SOURCE ... [-deploy] [-name VAL] [-restart]
Installs a plugin either from a file, an URL, or from update center.
  SOURCE     : If this points to a local file ('-remoting' mode only), that file
               will be installed. If this is an URL, Jenkins downloads the URL
               and installs that as a plugin. If it is the string '=', the file
               will be read from standard input of the command, and '-name' must
```

```
                          be specified. Otherwise the name is assumed to be the short name
                          of the plugin in the existing update center (like 'findbugs'), and
                          the plugin will be installed from the update center.
         -deploy        : Deploy plugins right away without postponing them until the reboot.
         -name VAL      : If specified, the plugin will be installed as this short name
                          (whereas normally the name is inferred from the source name
                          automatically).
         -restart       : Restart Jenkins upon successful installation.
```

SOURCE 部分可以是远端的 URL，也可以只填写插件在更新中心的名称。通过以下命令安装指定的插件。

```
$ ssh -l admin -p 34433 192.168.56.101 install-plugin https://updates.jenkins域名/download/
plugins/uno-choice/2.1/uno-choice.hpi
Installing a plugin from https://updates.jenkins域名/download/plugins/uno-choice/2.1/
uno-choice.hpi

$ ssh -l admin -p 34433 192.168.56.101 install-plugin findbugs
Installing findbugs from update center
```

更新插件使用的指令和安装插件一样，只是在安装好以后，需要安全重启 Jenkins，版本升级后才能生效。代码如下。

```
$ ssh -l admin -p 34433 192.168.56.101 install-plugin gradle
Installing gradle from update center
$ ssh -l admin -p 34433 192.168.56.101 safe-restart
```

要一键更新所有的插件，可以使用如下脚本。

```
UPDATE_LIST=$( ssh -l admin -p 34433 192.168.56.101 list-plugins | grep -e ')$' | awk
'{ print $1 }' );
if [ ! -z "${UPDATE_LIST}" ]; then
    echo Updating Jenkins Plugins: ${UPDATE_LIST};
    ssh -l admin -p 34433 192.168.56.101 install-plugin ${UPDATE_LIST};
    ssh -l admin -p 34433 192.168.56.101 safe-restart;
fi
```

当然，使用 java -jar jenkins-cli.jar 的方式也是一样的，只是改成通过 HTTP 认证的方式来执行。

```
$ java -jar jenkins-cli.jar -s http://192.168.56.101:8080  -auth admin:97e98924353cebf3
1ce42b883857609e list-plugins
$ java -jar jenkins-cli.jar -s http://192.168.56.101:8080  -auth admin:97e98924353cebf3
1ce42b883857609e install-plugin gradle
Installing gradle from update center
```

也可以批量更新脚本。代码如下。

```
UPDATE_LIST=$( java -jar jenkins-cli.jar -s http://192.168.56.101:8080  -auth admin:
97e98924353cebf31ce42b883857609e list-plugins | grep -e ')$' | awk '{ print $1 }' );
if [ ! -z "${UPDATE_LIST}" ]; then
    echo Updating Jenkins Plugins: ${UPDATE_LIST};
    java -jar jenkins-cli.jar -s http://192.168.56.101:8080  -auth admin:97e98924353ceb
    f31ce42b883857609e install-plugin ${UPDATE_LIST};
    java -jar jenkins-cli.jar -s http://192.168.56.101:8080  -auth admin:97e98924353ceb
    f31ce42b883857609e safe-restart;
fi
```

不论安装还是更新，插件都会安装或更新它所依赖的其他插件，因此 CLI 也是一种不需要界面的插件管理方式。

2. 手动安装和更新插件

在不通外网又不想使用 CLI 的方式来安装和更新插件的情况下，Jenkins 也支持手动下载插件文件，然后通过界面上传 hpi 文件来安装和更新 Jenkins 插件。

1）登录插件中心（参见 Jenkins 官网），下载需要的插件以及对应的版本（Jenkins 插件都采用 hpi 文件格式）。

2）选择"系统管理"→"插件管理"→"高级"，单击"上传插件"和"选取文件"按钮（如图 3-90 所示）。

3）在弹出的界面中，选择本地下载下来的 hpi 文件，单击"确认"按钮后，可以看到该文件显示在"文件"文本框中（如图 3-91 所示）。

▲图 3-90 上传插件

▲图 3-91 选取文件

4）单击"上传"按钮，自动跳转到插件更新中心，等待一会儿，重新刷新该界面，发现安装失败，单击"详细"链接查看报错日志（如图 3-92 所示）。

5）因为插件之间有互相依赖的关系，所以通过这种方式安装插件会比较麻烦。比如，因为 artifactory 插件依赖 ivy 插件，所以我们必须首先下载和手动安装 ivy 插件，然后安装 artifactory 插件（如图 3-93 所示）。

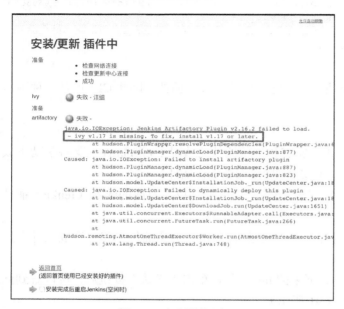

▲图 3-92　查看报错日志

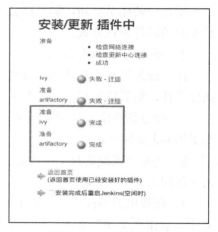

▲图 3-93　设置安装顺序

3.8　本章小结

本章介绍了主流的持续集成工具 Jenkins 的基本知识。通过本章，我们可以学到如下内容。

第一，根据不同的系统和环境，选择适合自己的方式来安装和配置 Jenkins 与 Jenkins 节点，以及对 Jenkins 进行升级和备份。

第二，在使用 Jenkins 开始正式工作之前，对 Jenkins 进行全局、权限和安全等方面的配置。

第三，安装所需的 Jenkins 插件，并通过 Jenkins 提供的指令来执行相应的操作。

所谓"磨刀不误砍柴工"，当我们将这些基础环境耐心配置好后，就可以开始创建我们的持续集成和持续部署任务了。

第 4 章　持续集成实战

第 1 章提到了云化，提到了用 DevOps 来实现私有云的管理（云平台的概念要更广，云平台的范围要包括 DevOps，DevOps 要包括 CI&CD），在本章中我们将利用开源生态工具来实现 CI&CD。

本章主要讲解 Jenkins 的常用任务配置和插件配置，我们会创建一些示例任务，把一个较复杂的任务分解成很多小的步骤，一步一步去完成。

首先，创建一个标签页，用于存放本章的示例任务。创建标签页是为了在 Jenkins 主界面上更直观地对任务类型进行分类和查找。单击"+"按钮来创建新的标签页（如图 4-1 所示）。

▲图 4-1　创建新的标签页

然后，配置新建的标签页，填写标签页的名称（如图 4-2 所示）。

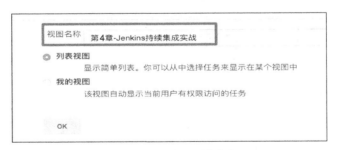

▲图 4-2　设置标签页的名称

接下来，配置该标签页中展示的列。

若无特别要求，可以直接使用默认配置。如果需要展示更多的列信息，可以单击"添加列"下拉框来选择所需要的列（如图 4-3 所示）。

▲图 4-3 配置列

4.1 源码下拉和管理

4.1.1 创建任务

在刚刚创建的标签页的下面单击"创建一个新的任务"链接（如图 4-4 所示）。

填写任务名称，选择任务的类型，并且勾选"添加到当前视图"复选框，单击 OK 按钮，这样就创建了一个新的任务。这里的类型选择"构建一个自由风格的软件项目"，这是最简单的类型，其他的类型会在后面介绍（如图 4-5 所示）。

创建后自动跳转到任务的编辑界面，在这里可以先单击"保存"按钮退出编辑界面，回到之前的标签界面，可以看到该任务已经展示在标签列表中了（如图 4-6 所示）。

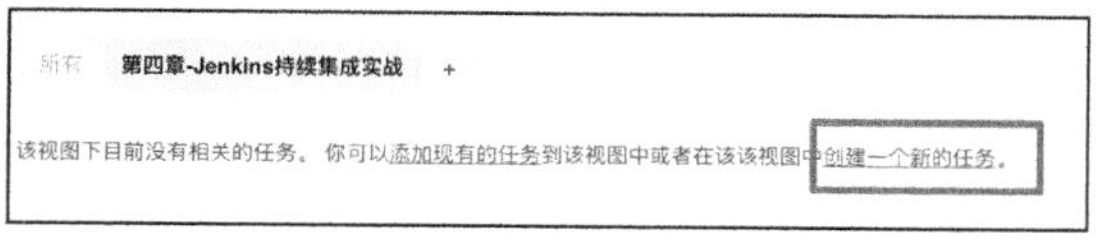

第 4 章　持续集成实战

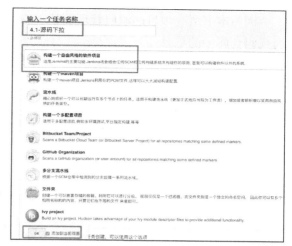

▲图 4-4　为标签页创建一个新的任务　　　　▲图 4-5　选择任务的类型

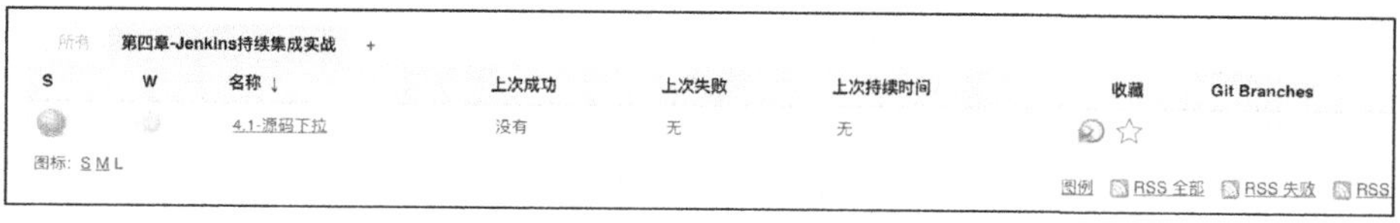

▲图 4-6　查看任务

4.1.2　Git 源码管理

源码管理下的 Git 功能是由 Jenkins Git Plugin 插件提供的。

单击刚刚创建的任务，单击左边导航栏中的"配置"选项，进入任务的编辑界面（如图 4-7 所示）。

在编辑界面的最上方会有一些标签页，单击标签页会跳转到对应的部分。这里对配置进行了分类，这一节主要讲的就是"源码管理"这一部分，这也是持续集成和代码管理对接的一个重要部分（如图 4-8 所示）。

▲图 4-7　对任务进行配置

▲图 4-8　查看源码管理

因为本书所有项目的源码管理都基于 Git 仓库，所以这里会使用之前搭建好的 GitLab 私有代码仓库中的项目。

使用 qianqi 账号登录 GitLab 仓库，选择项目"jforum3"。这是一个使用 Maven 构建的 Java 项目。

在项目的上方，会有项目的复制地址，无论是 GitHub 还是私有的 GitLab，一般都支持两种模式——SSH 模式和 HTTP 模式，如图 4-9 所示。

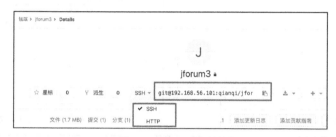

▲图 4-9　GitLab 项目界面

在 HTTP 模式下，当获取代码的时候采用用户名及密码的方式进行验证，但是每次下拉提交代码都需要重新输入密码。在 SSH 模式下则把下拉代码所在机器的 SSH 公钥添加到用户账号设置中，下次拉取、提交代码的时候，都会自动通过验证。

4.1.3　凭据

上面提到 Git 仓库可以通过用户名/密码或公钥的方式来进行验证，如果用 Jenkins 对代码库进行操作，就需要给 Jenkins 提供相关的密码或密钥信息，这样它才能访问对应的项目代码。Jenkins 有一个专门用来管理各种密码、密钥、私密文件、证书的模块，叫作 Credentials。

首先，需要把运行任务的节点（主节点）所在机器的公钥添加到 GitLab 的 qianqi 账号设置中。通过以下代码登录主节点。

```
$ ls -al ~/.ssh/
total 8
drwx------. 2 root root   29 Jun 25 23:10 .
dr-xr-x---. 8 root root 4096 Jul 15 03:22 ..
-rw-------. 1 root root  807 Jul 21 14:16 authorized_keys
# 如果没有公钥文件，就使用 ssh-keygen 创建，输入指令后按 Enter 键即可
$ ssh-keygen
Generating public/private rsa key pair.
Enter file in which to save the key (/root/.ssh/id_rsa):
Enter passphrase (empty for no passphrase):
Enter same passphrase again:
```

```
Your identification has been saved in /root/.ssh/id_rsa.
Your public key has been saved in /root/.ssh/id_rsa.pub.
The key fingerprint is:
SHA256:E7gvGjS2yxV5tOfeTf/AFiKLBDICvMC0x5iL+1Yqa5U root@jenkins.qianqi
The key's randomart image is:
+----[RSA 2048]----+
|=.               |
|.+=   .          |
|.+ooo o o        |
|..o. o = o       |
|..  = + S o . .  |
| . E.o = = o o . |
|.  .oo o o o   = |
|.oo. = . . . + o |
|o+. +    . . . +|
+----[SHA256]-----+
# 再次回到~/.ssh目录下，可以看到id_rsa私钥文件和id_rsa.pub公钥文件
$ ls -al ~/.ssh/
total 16
drwx------. 2 root root   61 Jul 21 21:36 .
dr-xr-x---. 8 root root 4096 Jul 15 03:22 ..
-rw-------. 1 root root  807 Jul 21 14:16 authorized_keys
-rw-------. 1 root root 1675 Jul 21 21:36 id_rsa
-rw-r--r--. 1 root root  401 Jul 21 21:36 id_rsa.pub
# 获取id_ras.pub文件内容
$ cat ~/.ssh/id_rsa.pub
ssh-rsa AAAAB3NzaC1yc2EAAAADAQABAAABAQDXvhi6LL+yHPZoBmM035Fh8/LjMQQiigaAUKJtBUhCmN953tA
ENXwPTvqqsVzfYuqq1NM4WENSPQXw0es3tKkgmjRiS2Y68zaDJ8EIptsfibNWHM3U7SZjV/OR+6EPO7OLWQoEb3/
sfydNvSJEJGJVPK3UAf9PHttuSVJCHvQbMzA9pK7egfvlO2AQweYWJNMRbc9aTaQIzIIo3FhjZr9KPXUQLhrxfH
qfKwys61DULj/jFkZBzyYwh3zAr/rj2Jd9eE2jOPVajmZth8/tlFnwMBAY600PypbGqzOo15cNPXc3MokYeST98
3KeYoK7o8JtTPvEmFWRQK8tNaSewG5J root@jenkins.qianqi
```

登录 GitLab，对 qianqi 账号进行设置。在界面右上角单击用户名，在下拉列表中有 Settings 选项，单击该选项进入用户配置界面（如图 4-10 所示）。

单击左边导航栏中的 SSH Keys 选项，然后在右边添加刚刚从 Jenkins 主节点获取到的 SSH 公钥，Title 部分可以自定义（如图 4-11 所示）。

在为 GitLab 账号添加公钥后，就使用 root 用户登录 Jenkins 主节点的 Linux 系统。然后，基于 SSH 模式拉取代码，就无须再输入密码。

具体代码如下。

```
$ git clone git@192.168.56.101:qianqi/jforum3.git
Cloning into 'jforum3'...
The authenticity of host '192.168.56.101 (192.168.56.101)' can't be established.
ECDSA key fingerprint is SHA256:Zv3JJ4BGQgxoi/U+MlVJKwErdRIIxogiCWL2T1X+z54.
ECDSA key fingerprint is MD5:27:ab:28:3f:0a:c9:3f:2e:f9:94:ee:23:16:5f:c8:bf.
Are you sure you want to continue connecting (yes/no)? yes
Warning: Permanently added '192.168.56.101' (ECDSA) to the list of known hosts.
```

```
remote: Counting objects: 1050, done.
remote: Compressing objects: 100% (772/772), done.
remote: Total 1050 (delta 247), reused 1050 (delta 247)
Receiving objects: 100% (1050/1050), 1.67 MiB | 0 bytes/s, done.
Resolving deltas: 100% (247/247), done.
```

▲图 4-10　登录 GitLab 进行用户配置　　　　▲图 4-11　为当前 GitLab 用户添加 SSH 公钥

如果需要在任务的源码管理中配置拉取该 Git 项目的源码，那么需要在 Jenkins 上配置对应的 Git 凭据，凭据的内容为用户名和私钥。

首先，需要打开 Jenkins 项目配置界面，进行凭据的添加。参照图 4-7，选择"第 4 章 -Jenkins 持续集成实战"→"4.1-源码下拉"→"配置"。在"源码管理"选项卡中，在 Git 部分的 Credentials 右边有一个 Add 下拉框，这就是为 Git 仓库添加凭据的地方（如图 4-12 所示）。然后，会弹出一个用于添加凭据的表单框（如图 4-13 所示）。

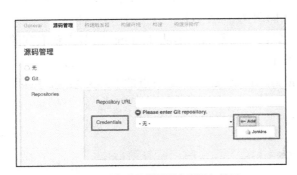 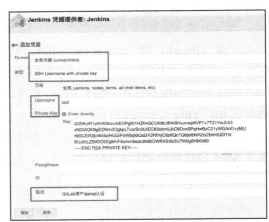

▲图 4-12　为项目的源码仓库添加凭证　　　　▲图 4-13　填写凭证的相关信息

接下来，设置以下选项。

- 类型：这里选 SSH Username with private key。

- Username：密钥对应的 Linux 系统用户，这里使用 root 用户。
- Private Key：~/.ssh/id_rsa 文件的内容，粘贴进去即可。
- 描述：这是自定义的内容，填一些读起来好理解的内容即可。

单击"添加"按钮后会回到"源码管理"界面，这里在 Credentials 部分填写刚刚配置好的"GitLab 用户 qianqi 认证"这个凭据，然后在 Repoistory URL 中填写项目的 SSH 模式 URL，如果没有红色的报错提示，说明验证成功（如图 4-14 所示）。

▲图 4-14　设置凭证和存储 URL

保存任务，立即构建，看看是否能够成功。

- "立即构建"在任务界面左边的导航栏中。如果项目没有参数需要输入，会显示为"立即构建"，单击该选项则会立刻运行任务。
- 生效后，可以观察下面的"Build History"部分（见图 4-15）。每一次的构建号和状态都会显示在这里。如果正处在构建中，则会显示一个进度条；如果构建失败，颜色为红色；如果构建结果中有测试失败之类的信息，会显示为黄色，表示不稳定的构建；如果构建的内容都通过了，则会显示为蓝色。

单击这次成功的构建，可以进入构建界面，查看这次构建的详细日志。在左边的导航栏中单击"控制台输出"选项（如图 4-16 所示），可以查看输出日志。

▲图 4-15　查看 Build History

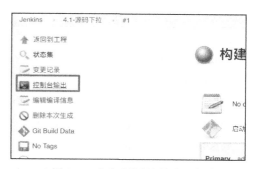

▲图 4-16　单击"控制台输出"选项

输出日志是非常有用的，一般用于任务配置的 debug 或报错信息的获取（如图 4-17 所示）。

▲图 4-17 输出日志

4.1.4 分支管理

在 Branches to build 部分，填写需要下拉的分支，这里可以使用默认值、设置为空或者写上具体的分支名，或者使用通配符、正则表达式来表示某个范围（如图 4-18 所示）。

如果在这里设置了多个分支或者一个范围，Jenkins 会检测每个分支中新的提交代码。另外，在执行构建的时候，

▲图 4-18 配置源码管理的分支

如果检测到的分支有新的提交，那么会对每个新提交的分支执行一次构建任务。

下面列举常见的几种分支写法。

- 空 —— 所有的分支都会被检测代码提交并且进行构建。
- \<branchName\> —— 直接写分支名，如 master、develop，默认会使用 refs/heads/\<branchName\>。
- refs 路径 —— 如 refs/heads/\<branchName\>、refs/heads/features1/master 等。
- \<remoteRepoName\>/\<branchName\> —— 如 origin/master。
- refs/tags/\<tagName\> —— 指定某个具体的标签，如 refs/tags/release-1.2。
- \<commitId\> —— 具体的某个提交的 id 号，如 7b38e15d2584bfd99f41690c9c300df145dff847、7b38e15d 等。
- ${ENV_VARIABLE} —— 这里也支持使用环境变量。比如，当通过 GitLab 提交触发的时候，分支就是通过 webhook 传入变量获得的。当然，环境变量要存在并且内

容符合这里的规则。
- 通配符 —— 在通配符中，*表示任何内容，**不仅表示任何内容，还包含"/"这个路径字符。比如，origin/branches*可以匹配 origin/branches-foo，但是不匹配 origin/branches/foo，但是 origin/branches**既可以匹配 origin/branches-foo，也可以匹配 origin/branches/ foo。
- 正则表达式 —— 正则表达式需要以 ":" （冒号）开头，以表明是正则表达式，正则的规则就是我们通常使用的正则规则。下面有一些例子。
    - :^(?!(origin/prefix)).* —— 这用于过滤掉以某个字符开头的分支，诸如 origin/prefix/、origin/prefix-adb 这种表达式就不符合要求，会被过滤掉。
    - :origin/release-\d{8} —— 这里要求 release-后面的数字要有 8 个，少一个或多一个都不行。
    - :^(?!origin/master$| origin/develop$).* —— 这里排除了两个具体的分支 origin/master 和 origin/develop，因为$符号表示匹配到输入字符串的结尾位置。

4.1.5 Git 源码管理的附加操作

在"源码管理"选项卡的最下面，有 Additional Behaviours 选项，单击右边的 Add 下拉列表框，可以看到有非常多的条目，这使 Jenkins 的 Git 源码管理除了下拉源码之外，还有非常强大的附加功能（如图 4-19 所示）。这里列举几个常用的附加操作选项。

1. Check out to a sub-directory 选项

所有任务的工作目录都在它们所运行的节点上，Master 节点一般默认是 /var/lib/jenkins/workspace 目录，Slave 节点都是在 Slave 节点的配置中指定的，每个目录都在 workspace 下自动创建一个以项目名命名的目录。比如 "/var/lib/jenkins/workspace/4.1-源码下拉"，这就是项目的$WORKSPACE 路径。

▲图 4-19 Git 源码管理的附加操作

如果不做任何配置，那么代码会默认拉取到项目的$WORKSPACE 下，但是通过这个附加操作，可以把项目代码拉取到下面的一个子目录中。这里填写的是一条相对于${WORKSPACE}的路径，比如填写 test，那么代码就会被拉取到 "/var/lib/jenkins/

workspace/4.1-源码下拉/test"目录下（test 目录会自动创建）。

2. Check out to specific local branch 选项

正常情况下，我们第一次把代码拉取到 workspace 以后，在这里填写的分支是*/master，但是登录到 Jenkins 后台目录，查看后发现，实际上以当前的 commit id 来标记 HEAD 位置，如以下代码所示。

```
$ git status
# 在 7b38e15 处分离出的 HEAD
nothing to commit, working directory clean
```

如果我们希望在本地也有一个对应的分支，就可以通过该附加项进行配置。添加该附加操作后，如果为空，那么本地的分支是和远端名称对应的，比如，本地的分支就是 master 分支，如以下代码所示。

```
$ git status
# 在 master 分支上
nothing to commit, working directory clean

$ git branch -a
* master
  remotes/origin/master
```

当然，也可以指定一个自定义的分支名称，比如，如果填写为 my-branch，那么就会在本地创建一个 my-branch 分支，如以下代码所示。

```
$ git status
# 在 my-branch 分支上
nothing to commit, working directory clean
$ git branch -a
* my-branch
  remotes/origin/master
```

3. Clean before checkout 选项

这是一个十分常用的操作选项，一般我们下拉代码后，还会对当前的工作目录做很多其他的操作或者执行一些脚本。这可能会修改自身的代码或者生成一个额外的文件，因此在下一次下拉代码之前，我们可以通过添加该附加操作，把当前的工作目录清理干净。比如，删除一些额外的文件目录，还原修改的文件。总之，使得目录保持和上次下拉时一样的状态即可，这样下一次构建就不会受上一次构建生成的额外文件的影响。

4. Prune stale remote-tracking branches 选项

该附加选项实际上执行 Git 指令 git remote prune，用于清除无效的远程追踪分支。比如，在用功能分支开发时，我们会在本地创建远程追踪分支，如 origin/feature-1。但是如果在远端代码仓库中删除该远端分支,本地的远程追踪分支并不会被删除,因此需要使用该指令来删除本地已经失效的远程追踪分支。

5. Wipe out repository & force clone 选项

相对于 Clean before checkout,该附加选项更高效,它相当于把之前下拉的本地代码都删除,重新进行一次代码的拉取。所以,之前生成的一些分支标签信息也都会被删除,会保持和远端的仓库状态一样。

6. Create a tag for every build 选项

每一次构建,都在本地创建一个标签,标签的命名形式是 jenkins-${JOB_NAME}-${BUILD_NUMBER},如以下代码所示。

```
$ git tag -l
jenkins-4.1-源码下拉-1
jenkins-4.1-源码下拉-2
jenkins-4.1-源码下拉-3
```

当然,如果设置了 Wipe out repository 或 Prune stale remote-tracking branches,那么之前构建的标签都会被清理掉,只会留下最新构建的标签。

4.1.6 拉取多个 Git 仓库

如果项目在多个 Git 仓库中,要把它们都拉取到一个工作目录,就需要安装 Multiple SCMs 这个插件。安装完以后,我们会在源码管理部分看到新增了一个选项,叫作 Multiple SCMs,从中也可以选择代码仓库的类型,这里同样选择 Git(如图 4-20 所示)。

▲图 4-20 选择 Git

这里添加两个 Git 选项。当然,如果要支持在一个工作目录中包含两个仓库的内容,还需要借助附加操作中的 Check out to a sub-directory 选项,配置如图 4-21 所示。

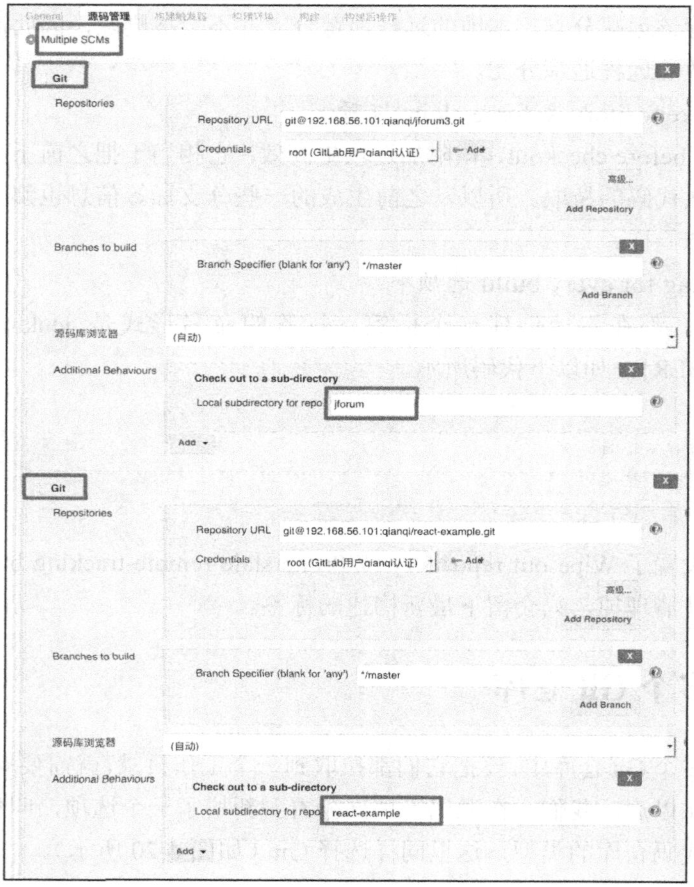

▲图 4-21　具体配置

这样在执行构建任务后，会在工作目录下创建两个目录"jforum"和"react-example"，里面分别放了两个仓库的代码内容。通过以下代码查看这两个目录。

```
$ ls -al /var/lib/jenkins/workspace/4.1-源码下拉
drwxr-xr-x. 7 jenkins jenkins 224 Jul 22 23:04 jforum
drwxr-xr-x. 6 jenkins jenkins 255 Jul 22 23:04 react-example
```

4.2　Maven 源码构建

4.2.1　构建一个 Maven 项目

首先，需要确认 Jenkins 安装了 Maven Integration 插件。

对于使用 Maven 构建的项目，在创建任务的时候，我们会以"构建一个 Maven 项目"的风格来创建一个新的任务（如图 4-22 所示）。

Maven 风格的任务和"4.1-源码下拉"任务的区别在于多了如下几个部分。

1. "构建触发器"模块

在"构建触发器"模块，第一行多了 Build whenever a SNAPSHOT dependency is built 复选框（如图 4-23 所示）。

▲图 4-22　构建一个 Maven 项目

▲图 4-23　构建触发器不同部分

这个选项默认是勾选的，Jenkins 会自动检查该项目的 pom.xml 文件中定义的依赖。如果这些依赖的包有了新的构建且生成了新的 jar 包，就会触发该任务自动执行新的构建。

下面还有一个选项，如果也勾选这个选项，就表示上游这些依赖包的构建失败了或者是不稳定的构建，不会触发当前任务执行新的构建。

2. Pre Steps 模块

此外，还多出了 Pre Steps 模块，下拉后会有很多的选择。比如，设置环境变量、执行各种类型的脚本等（下拉后的选择会根据所安装的插件有所增加）。这里提供了在执行 Maven 构建前可以做的一些准备操作，如果没有，也可以不用设置（如图 4-24 所示）。

3. Build 模块

这里是配置 Maven 构建的主要地方（如图 4-25 所示），单击"高级"按钮会有更多的配置选项，这会在下面详细介绍。

▲图 4-24　Pre Steps 模块

▲图 4-25　Build 模块

当然，如果需要使用 Maven 的构建功能，需要为 Jenkins 的 Master 节点或 Slave 节点配置 Maven 的相关路径，相关内容已经在第 3 章中有过详细介绍。

4. Post Steps 模块

这也是新增的一个模块，用于配置构建完成后执行的操作步骤。这里会默认设定一个执行条件，只有满足对应的条件，才会执行设定的那些步骤。默认是 Run regardless of build result，这里一般会选择 Run only if build succeeds or is unstable（如图 4-26 所示）。因为如果构建都失败了，在大多数场景下，就没必要执行后续步骤了。

▲图 4-26　Post Steps 模块

4.2.2　配置 Build 模块

1. 基本配置和运行

图 4-27 显示了最基本的 Build 配置。

- Root POM

最上层 pom.xml 文件的路径，这里是相对于${WORKSPACE}的路径。如果不做设置，默认是在工作目录的根目录下。如果不是默认路径，比如，在${WORKSPACE}/my-project/pom.xml 下，这里写上 my-project/pom.xml 即可。

- Goals and options

这里就是 mvn 指令后面的部分，如 clean package，也可以带参数。比如，要跳过单元测试，就使用 clean package -DskipTests 等。

- MAVEN_OPTS

在启动 Maven 时指定需要的 JVM 选项。

构建完成后，我们会在 Build History 界面（如图 4-28 所示）中看到这次构建显示为黄色的图标，代表这次构建不稳定，打包成功但是存在单元测试失败的情况。

单击构建号可以查看具体的构建信息（如图 4-29 所示）。

- Git 的 commit id 和分支。
- 单元测试的结果。
- Maven 构建的模块（当前只有一个模块）。

单击 Test Result 链接可以查看具体的单元测试的结果，包括单元测试总数、失败的单元测试、跳过的单元测试，以及展示失败的测试用例（如图 4-30 所示）。

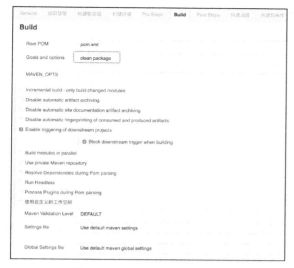

▲图 4-27　最基本的 Maven Build 配置

▲图 4-28　不稳定的 Maven 构建

▲图 4-29　Maven 构建的信息

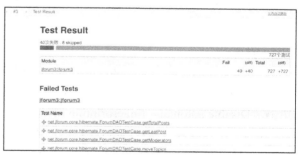

▲图 4-30　Maven 构建的单元测试结果

单击 Module Builds 下模块的链接，会跳转到 Maven 构建包的界面（如图 4-31 所示）。

如果右击并复制文件的地址，可以看到每个构建号都会保存自己的构建包，这些文件实际位于 Jenkins 的 jobs 目录下，Master 节点默认在/var/lib/jenkins/jobs/${JOB_NAME}目录下。如果构建号越来越多，生成的这些发布包和文件也会占用越来越多的空间，所以可以在任务中配置保存的构建和构建包的数目。

在 General 选项卡中，勾选"丢弃旧的构建"复选框。然后单击"高级"按钮，策略分两种类型——构建数目和构建包数目。如果设定保留固定的构建数目，那么之前旧的构建都会被删除。但是如果只设定构建包数目，那么构建本身的基本信息（包括日志、操作历史和报告）还会保留（如图 4-32 所示）。

配置可以分为限制天数和限制数量两种，根据需求去配置即可。

▲图 4-31　展示 Maven 构建文件　　　　▲图 4-32　设定 Maven 构建数目和发布包个数

2. 其他高级设置

- Incremental build - only build changed modules

如果勾选该选项，Jenkins 在构建的时候，只会构建那些代码发生变化的模块，以及依赖这些模块的模块。

- Disable automatic artifact archiving

如果勾选该选项，那么 Jenkins 就不会生成构建打包的文件了，比如 pom、war、jar 包之类的文件。

- Disable automatic site documentation artifact archiving

如果勾选该选项，Jenkins 不会自动为 mvn site 指令生成文件。

- Disable automatic fingerprinting of consumed and produced artifacts

Maven 构建中会拉取其他的依赖包，所有依赖的第三方 jar 包都会被记录下来，它们称为指纹（如图 4-33 和图 4-34 所示），可以用来追踪每一次构建所使用依赖包的内容。当然，这个记录过程也会耗费时间和计算资源，所以如果不需要，可以关闭。

- Enable triggering of downstream projects

运行时触发下游的项目执行构建任务。

- Build modules in parallel

当一个项目有很多独立的模块时，构建会耗费很长的时间，勾选此选项，可以并发

▲图 4-33　查看 Maven 构建的指纹 1

地构建模块,从而提高构建的速度。

- Use private Maven repository

默认的本地 Maven 仓库是"~/.m2/repository"或由"settings.xml"文件中的配置指定。所有的 Maven 项目构建都会共享这个本地的 Maven 仓库和缓存文件,但是有时候并行的 Maven 构建过程会出问题,因为同时在使用一个共有的 Maven 仓库。

▲图 4-34　查看 Maven 构建的指纹 2

如果勾选 Use private Maven repository 选项,该项目就会有一个独立的 Maven 仓库,位于$WORKS PACE/.repository 中。当然,代价是消耗更多的磁盘空间。

- 使用自定义的工作空间

Jenkins 会给每个任务创建一个默认的工作空间${JENKINS_HOME}/workspace/${JOB_NAME},其中 JENKINS_HOME 是在全局配置或节点配置中设定的。但是有时候我们希望不去覆盖或改动原来默认的工作空间,为了做一些别的测试构建任务,需要指定自己设定的工作目录,此时就可以勾选该选项。这里可以写直接路径,也可以写相对路径,相对路径是相对于${JENKINS_HOME}而言的(如图 4-35 所示)。

▲图 4-35　使用自定义的工作空间

4.3　集成 SonarQube 进行代码扫描

4.3.1　对 Sonar 和 Jenkins 进行集成

第 2 章详细介绍了如何安装和配置 SonarQube 服务器。

这一节主要讲述 Jenkins 如何和 SonarQube 集成，从而对我们构建的代码进行静态扫描和代码质量检测。

1. 启动 SonarQube 服务器

由于 SonarQube 不支持使用 root 用户启动，因此这里需要切换到 sonar 用户来启动 SonarQube 服务器。代码如下。

```
$ su sonar

$ service sonar status
SonarQube is not running.

$ service sonar start
Starting SonarQube...
Started SonarQube.

$ service sonar status
SonarQube is running (2301).
```

如果启动不了，可能是因为之前使用 root 用户启动时生成的一些临时目录，导致 sonar 用户权限不够，此时需要清理掉这些临时目录。清理完成后，再使用 sonar 用户启动这个服务器。代码如下。

```
# 使用 root 用户
$ rm -rf /usr/share/sonarqube-6.7.1/logs
$ rm -rf /usr/share/sonarqube-6.7.1/temp
# 重新启动
$ su sonar
$ service sonar start
```

SonarQube 服务器启动后，通过以下代码打开 SonarQube 服务器的界面。

```
http://${ipaddress}:9000
```

2. 在 Jenkins 中全局配置 SonarQube 服务器

一个 Jenkins 可以和多个 SonarQube 服务器集成，配置在 Jenkins 的全局系统配置中，然后在每个具体的任务中，可以指定由哪个 SonarQube 服务器对代码进行扫描。

选择 Jenkins"系统管理"→"系统设置"，打开"系统设置"界面。勾选 Enable injection of SonarQube server configuration as build environment variables 复选框。该选项使得 SonarQube 的一些配置参数，可以传入 Jenkins 中作为环境变量直接使用。

单击 Add SonarQube 按钮，添加一个新的服务（如图 4-36 所示）。

- Name —— 可以自定义。
- Server URL —— 填写 SonarQube 服务器的 URL（IP 或域名加端口）。

▲图 4-36　全局配置

当以前老版本的 SonarQube 服务器和 Jenkins 集成时，可以使用用户名和密码验证，基于安全性考虑，最新的版本只支持认证令牌的方式。如果 SonarQube 服务器配置为匿名用户无法访问，那么这里的认证选项是必需的。

我们需要登录 SonarQube 服务器以获取当前用户的令牌，如图 4-37 和图 4-38 所示。

▲图 4-37　生成新令牌

▲图 4-38　创建新令牌

选择"我的账号"→"安全"→在"生成新令牌"文本框中自定义名称，单击"生成"按钮。

注意，生成的令牌 ID 只会显示一次，所以如果有需要，可以进行备份。

4.3.2　为 Maven 任务配置 Sonar 扫描

1. 复制任务

之前我们分别使用了自由风格和 Maven 项目的任务类型，但有时候我们需要复制一个任务的配置，只是简单做一些配置项的修改和增加。在创建任务的时候，可以不选择任务的风格，而是在最下方选择复制一个已经存在的任务，如图 4-39 所示。

单击 OK 按钮以后会自动跳转到配置界面，可以看到已经配置的部分和 4.2 节中任务的配置一模一样。下面我们要基于 4.2 节中任务的配置增加 Sonar 代码扫描的内容。

2. 任务配置

（1）注入 SonarQube 环境变量

在"构建环境"部分，勾选 Prepare SonarQube Scanner environment 复选框，如图 4-40 所示。

▲图 4-39　复制一个已经存在的任务

▲图 4-40　配置构建环境

一旦勾选该复选框，如下 SonarQube 环境变量就可以直接获取，并且在 Maven、Ant、Gradle 指令配置中可以使用以下选项。

- SONAR_HOST_URL
- SONAR_AUTH_TOKEN
- SONAR_EXTRA_PROPS
- SONAR_MAVEN_GOAL

（2）为 Maven 构建配置 Sonar 扫描

在 Goals and options 中填写图 4-41 所示内容，即可进行最基本的 Sonar 扫描配置。

如果出现 java.lang.OutOfMemoryError 报错，在下面高级配置中的 MAVEN_OPTS 中增加参数 -Xmx512m 进行优化（如图 4-42 所示）。

▲图 4-41　配置目标和选项

▲图 4-42　调整 Maven 构建参数

3. 进行任务构建

单击"立即构建"进行任务的构建。一般需要等待一会儿，除了会执行 Maven 的下载依赖包，构建打包，还会在本地进行扫描，扫描完成后把扫描结果上传到 SonarQube 服务器端。

在任务界面展示 SonarQube 结果。可以看到配置了 Sonar 扫描的任务，在任务展示界面，会有 SonarQube 相关的链接和扫描结果，单击相关的链接可以直接跳转到 SonarQube 界面，查看详细的扫描结果（如图 4-43 所示）。

Quality Gate 是扫描结果的展示，Sonar 扫描任务都会有一个质量门限。如果扫描出来的 Bug、漏洞和单元测试等结果没有超过这个质量门限指定的标准，比如个数级别，那么这次扫描是成功的。

如果需要自定义质量门限，可以登录 Sonar 界面进行配置。

在 Sonar 界面上展示详细结果。可以看到一些关键指标，包含 Bug、漏洞、坏味道、单元测试数、代码的一些基础信息，还有版本信息等（如图 4-44 所示）。

▲图 4-43　查看 Sonar 扫描结果 1

▲图 4-44　查看 Sonar 扫描结果 2

4. 覆盖率扫描

上面基本配置的扫描结果中，单元测试覆盖率是 0%，并不是说项目真的覆盖率这么低，而且我们需要在 Maven 指令行中进行配置，借助其他的 Maven 插件，才能获取到代码的单元测试覆盖率。

使用 JaCoCo 对 Java 项目进行代码单元测试覆盖率的扫描，在 Build 模块的 Goals and options 中增加 org.jacoco:jacoco-maven-plugin:prepare-agent 参数（如图 4-45 所示）。

再次单击 "立即构建" 按钮，等待 SonarQube 上的项目扫描结果进行更新，此时再次刷新覆盖率，数据就不再是 0 了（如图 4-46 所示）。

▲图 4-45　增加 Sonar 单元测试覆盖率扫描

▲图 4-46　Sonar 单元测试覆盖率扫描结果 1

单击 "覆盖率" 进入详细代码展示界面，可以看到如下信息（如图 4-47 所示）。

- 总览 —— 这里会对代码行、分支的覆盖率分别做统计。
- 文件统计 —— 右边会有所有 Java 文件的代码覆盖率统计的详细数目。

注意，如果单元测试中有失败的，那么对覆盖率的统计会失败。所以，如果单元测试中有失败的，我们需要在 Build 模块的 Goals and options 中加上 -Dmaven.test.failure.ignore=false 参数来忽略失败的单元参数（如图 4-48 所示）。

▲图 4-47 Sonar 单元测试覆盖率扫描结果 2　　　　▲图 4-48 忽略失败的测试用例

5. 多分支扫描

如果按照上面的配置对项目进行代码扫描，那么在 SonarQube 服务器端默认通过一个项目进行展示，不会根据分支进行区分。每一次新的扫描，会对上一次扫描的结果进行更新。如果要查看扫描历史记录，可以在"活动"界面查看（如图 4-49 所示）。

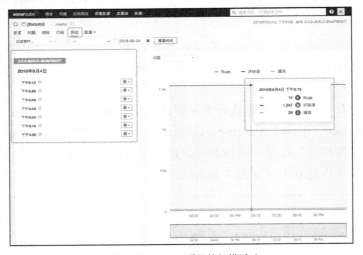

▲图 4-49 Sonar 项目的扫描活动

但是现在很多项目都采用基于 Git 仓库的多分支开发模式。在不同的分支上进行模块功能的开发，就会有对不同分支扫描的需求。虽然 SonarQube 的收费版本对该需求提供更好的支持，但是免费版本也可以通过配置参数的方式，简单地进行不同分支的扫描。

因为 Jenkins 的 Git 插件会提供${GIT_BRANCH}变量来表示当前构建所使用的分支，所以我们只需要在 Build 模块的 Goals and options 中增加-Dsonar.branch=${GIT_BRANCH}参数即可（如图 4-50 所示）。

分两次把上面 Git 配置中的分支改为 develop 和 feature-test，分别执行构建，再登录

SonarQube 界面，就会看到不会再更新初始的那个任务，而是创建两个新的项目，而且项目的名称是根据${project_name} ${GIT_BRANCH}来命名的（如图4-51所示）。

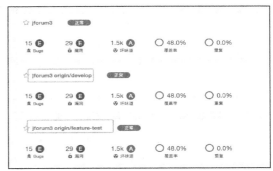

▲图 4-50　项目的多分支扫描　　　　　　　▲图 4-51　创建多个 Sonar 项目

4.4　触发设定

Jenkins 任务创建好之后，默认通过手工的方式触发构建。当然，也可以通过调用 API 的方式触发构建，但是在大多数场景下，我们希望通过某种方式自动执行任务相应的内容。Jenkins 任务有一个模块，叫作"构建触发器"，提供了多种类型的触发机制，包括内部任务之间的触发、外部第三方系统的触发或定时任务的触发等。

下面会针对 Jenkins 任务提供的几种方式进行详细讲解。

4.4.1　定时构建

定时构建适合于每日构建或每周构建的任务，类似于 Linux 系统上的 crontab 定时任务，可以通过设定具体的时间点和时间段来执行指定的任务。

构建任务的内容填写在下面的"日程表"中，而且下方还会提示上次运行和下次运行的时间点，用于验证配置是否正确（如图 4-52 所示）。

定时构建的语法是 * * * * *。

▲图 4-52　定时构建

- 第 1 个 * 表示分钟，取值范围是 0~59。例如，5 * * * * 表示每个小时的第 5 分钟会构建一次；H/15 * * * * 或 */15 * * * * 表示每隔 15 分钟构建一次。
- 第 2 个 * 表示小时，取值范围是 0~23。例如，H 8 * * * 表示每天 8 点构建一次；H 8-18/2

* * *表示每天 8 点～18 点隔两小时构建一次；H 8,12,22 * * *每天 8 点、12 点、22 点分别构建一次。
- 第 3 个*表示一个月的第几天，取值范围是 1～31。H 8 4 * *表示在每个月第 4 天的 8 点构建一次。
- 第 4 个*表示第几个月，取值范围是 1～12。H 8 4 3 *表示在每年 3 月的第 4 天的 8 点构建一次。
- 第 5 个*表示一周中的第几天，取值范围是 0～7，其中 0 和 7 代表的都是周日。比如，H 8-18/2 * * 1-5 表示周一到周五每天的 8 点～18 点隔两小时构建一次。

对于设定的时间，默认时区和 Jenkins 一致，也可以指定具体的时区，只要在 cron job 设定上加上 "TZ=设置的时区" 即可，比如下面的写法。

```
TZ=Asia/Shanghai
H 8 * * *
```

4.4.2 远程构建

1. 以用户认证方式调用远程构建

远程调用实际上调用 Jenkins 的远程 API 来触发任务构建，如果我们什么都不做设定，只需要把用户的权限赋予调用接口，即可触发任务的执行。

当然，用户需要有触发任务构建的权限，用户的认证令牌可以在用户设置界面看到（如图 4-53 所示）。

API 需要使用 POST 方式调用，URL 格式如下。

- 如果是不带参数的任务，命令如下。

```
http://{IP}:{PORT}/buildByToken/build?job={JobName}&token={UserToken}
```

- 如果是带参数的任务，命令如下。

```
http://{IP}:{PORT}/buildByToken/buildWithParameters?job={JobName}&token={UserToken}&{Param1}={Param1Value}
```

2. 以任务认证方式调用远程构建

如果用户的令牌暴露了，会有一定的安全隐患，尤其是在接口对其他用户的项目有访问权限时，所以不推荐使用这种方式。如果我们只想把某个具体任务的构建权限暴露给接口端，可以只给一个项目对应的令牌，所以在"构建触发器"模块就有一个"触发远程构建"复选框，如图 4-54 所示。

Jenkins 原生支持触发远程构建，需要先登录 Jenkins，然后才能在同一个浏览器端调用该构建触发的接口，但是如果我们需要在脚本中或者在终端执行触发，那么要通过安装插件来提供支持。

▲图 4-53 获取用户认证令牌

▲图 4-54 "触发远程构建"复选框

Build Authorization Token Root 插件的下载地址为 Jenkins 网站，安装可参照 3.7 节的内容来进行。

插件安装好后，便可以通过调用 API 的方式来远程触发构建。API 依旧以 POST 方式调用，URL 和上面一样，只是将 token 部分的值从用户令牌换成了任务令牌。

- 如果是不带参数的任务，命令如下。

```
http://{IP}:{PORT}/buildByToken/build?job={JobName}&token={JobToken}
```

- 如果是带参数的任务，命令如下。

```
http://{IP}:{PORT}/buildByToken/buildWithParameters?job={JobName}&token={JobToken}&
{Param1}={Param1Value}
```

4.4.3 GitLab 触发构建

GitLab 是目前主流的代码仓库管理工具，很多公司都会使用。它也有 Pipeline 模块，用来实现 CI 的功能，但是 Jenkins 有更加强大和复杂的功能，所以 GitLab 和 Jenkins 之间的集成是很常见的需求。GitLab 通过 Webhook 配置来实现以下功能：当 GitLab 对应的分支有代码提交或合并请求时，自动触发执行对应的 Jenkins 任务。

首先，确保 GitLab 是 8.4 版本以上。然后，在 Jenkins 端安装相关的 GitLab 插件（插件安装请参照 3.7 节）。

GitLab Plugin 插件下载地址为 Jenkins 官方网站。Gitlab Hook Plugin 插件下载地址为 Jenkins 官方网站。

1. Jenkins 安全配置

在最新的 Jenkins 版本中（本书使用的是 2.121 版本），通过 Webhook 触发的安全配置更为严格。如果要使用 GitLab 的 Webhook 触发对应的任务，需要提前在 Jenkins 的全局安全配置中取消勾选"防止跨站点请求伪造"复选框（如图 4-55 所示）。

2. Jenkins 任务配置

首先，配置 Git 分支。分支可以在下面触发器的 GitLab 触发部分进行配置，所以在 Git 源码管理部分，分支为空即可（如图 4-56 所示），即默认任何有代码变动的分支都会拉取。

▲图 4-55 取消勾选"防止跨站点请求伪造"复选框

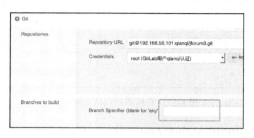

▲图 4-56 Git 源码管理配置

然后，配置"构建触发"器。在"构建触发器"下勾选 Build when a change is pushed to GitLab 复选框（如图 4-57 所示）。

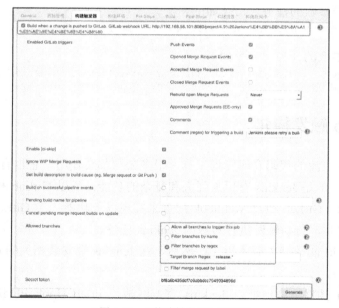

▲图 4-57 "构建触发器"的配置

注意以下选项。

- GitLab Webhook URL

这里设置为 http://192.168.56.101:8080/project/4.9%20Jenkins%E4%BB%BB%E5%8A%A1%E5%AE%9E%E4%BE%8B%E4%B8%80%E4%B8%80%E4%B8%80%E4%B8%80%E4%B8%80%E4%B8%80%E4%B8%80%E4%B8%80%E4%B8%80%E4%B8%80%E4%B8%80%E4%B8%80%E4%B8%80（在后面的 GitLab 配置中会用到）。

- Enable GitLab triggers

默认打开代码提交，创建新的合并请求，让合并请求通过（企业版支持），添加注释等，也可以根据实际需求增加或减少。

- Allowed branches

这里可以控制哪些分支的变更会触发该任务，支持所有分支/具体分支名称以及灵活的正则匹配方式。

- Secret token

单击右下方的 Generate 按钮，会生成一个令牌（在后面的 GitLab 配置中会用到）。

3. GitLab 的 Webhook 配置

选择 Project→Settings→Integrations（8.x 版本可能略有不同），如图 4-58 所示。注意以下选项：

- URL —— 这里设置为 http://${Jenkins_Host 或 Jenkins_Ip}:${Jenkins_Port}/project/${Jenkins_JobName}（即刚才 Jenkins 任务配置下的 Webhook URL）。
- Secret Token —— 刚才 Jenkins 任务配置下的 Secret Token。
- Trigger —— 触发条件，使用默认条件即可。

4. 测试 GitLab Webhook

可以直接通过 GitLab 界面提供的 Test 功能测试配置是否成功。不过这里需要注意，虽然测试不会真的提交代码，但是会真的触发对应的 Jenkins 任务。

单击 Test 按钮，可以模拟下拉框的所有操作（参见图 4-59）。如果配置成功，会在界面最上方显示"Hook executed successfully: HTTP 200"（如图 4-60 所示）。

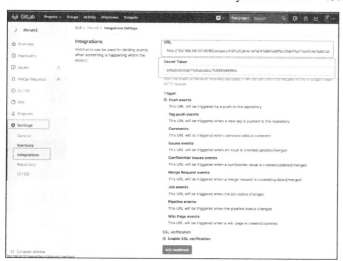

▲图 4-58　配置 Webhook

▲图 4-59　测试 GitLab Webhook

登录 Jenkins 任务界面，查看该任务是否真的远程触发。如果安装了 Build Trigger Badge

插件，可以在每个勾建的右边看到被触发的原因。比如，这次"#8"就是被远程 GitLab 主机的 Master 分支提交触发的任务（参见图 4-61）。

▲图 4-60　测试 GitLab Webhook 的结果

▲图 4-61　查看构建历史

单击 GitLab Webhook 的 Edit 按钮，拉到最下方，可以看到该 Webhook URL 的所有触发记录，单击右边的 View details 按钮还可以看到触发的详情（如图 4-62 所示）。

▲图 4-62　GitLab Webhook 触发记录

4.4.4　Gerrit 触发构建

在有些代码的版本管理中，会在中间加一层 Gerrit 用于做代码审核。如果开发人员无权和 GitLab 直接关联，那么需要让代码审核系统 Gerrit 与 Jenkins 做集成和触发方面的交互。

Jenkins 和 Gerrit 集成后，Jenkins 在 Gerrit 端的角色任务是，对每一次提交的代码进行 CI 自动验证，一般用来运行构建、单元测试以及自动化测试等。如果 Jenkins 任务构建运行成功，就会给这次提交的 Verified 标记加 1，并且在人工审核加 2 后，代码才能真正入库（参见图 4-63）。

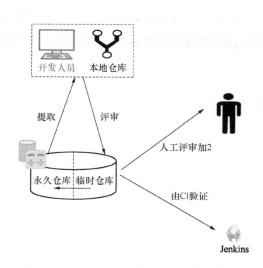

▲图 4-63　Gerrit 集成 Jenkins 做验证

1. Gerrit 上的配置

Gerrit 需要安装 events-log 插件用于支持和 Jenkins 的集成交互。

一般从源码编译生成插件的 jar 包会比较麻烦，Gerrit 有个官方的构建插件的 Jenkins 平台。比如，这里的 Gerrit 版本是 2.15，因此 events-log 插件的 jar 包可以从 gerritforge 官网上最新的成功构建中下载。

（1）创建 Jenkins 用户并且添加 Jenkins 公钥

通过以下代码为 Gerrit 创建一个专门的 Jenkins 用户。

```
[CXZT]$ htpasswd -m /home/gerrit/gerrit.password jenkins
New password:
Re-type new password:
Adding password for user jenkins
```

把 Jenkins 用户添加到 Gerrit 系统默认的 Non-Interactive Group 中（如图 4-64 所示）。选择 People→List Groups→Non-Interactive Users。在输入框中输入 Jenkins，下拉框会自动跳出对应的用户，选中即可（如图 4-65 所示）。

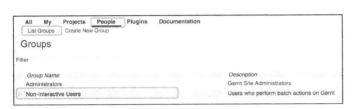

▲图 4-64 将 Jenkins 用户添加到 Gerrit 的特定组中

▲图 4-65 选择用户

登录 Jenkins 服务器后台，通过以下代码获取 Jenkins 用户的公钥。

```
[CXZT]$ cat /var/lib/jenkins/.ssh/jenkins.pub
ssh-rsa AAAAB3NzaC1yc2EAAAADAQABAAABAQC7P4blRSzYGTi01Rxg+SNqxH2kreqS/iabkZCoTgMyrihq1Xl
Eq5qCvOxhOsBB+DnCxffk1jZscrSgPlnPN+dbPRvU87yXNy1pWuiRVvhcNnRTVVR0z5zbhuNTdho3540qpGkv5c
U1jimt2I6DAfpFNgBJOMofUVRW390LebeYpXlm6pYOXqwo7uirJOr+AohecVbxUSZXINGM1DuglOSkqH+VMG51M
TIcVe80LcNwWK4N3++TIgerePoHzHr63JHV4AIRIzKGKKzvLZZfuP0sVhf7DdLzEnaAosuK5ItXK7RWoQKTrGuf
3h8CInKgmowJB54PzFCbgNmaGX9Fbrlp root@jenkins.qianqi
```

把公钥文件内容粘贴到 Gerrit 上 Jenkins 用户的 SSH Public Keys 设置中（如图 4-66 所示）。

▲图 4-66 为 Gerrit 上 Jenkins 用户添加 Jenkins 后台服务的公钥

（2）给 Gerrit All-Projects 添加 Verified 权限选项

通过以下代码修改 admin 账户。

```
$ git clone ssh://admin@192.168.56.101:29418/All-Projects && scp -p -P 29418 admin@192.
168.56.101:hooks/commit-msg All-Projects/.git/hooks/
$ cd All-Projects/

# 配置本地提交的用户名和邮件地址(和 admin 用户一致)
git config --global user.email "qqian1991@163.com"
git config --global user.name "admin"

$ vim project.config
# 在末尾添加如下内容
[label "Verified"]
        function = MaxWithBlock
        value = -1 Fails
        value = 0 No score
        value = +1 Verified


# 提交到 Gerrit 仓库
$ git add project.config
$ git commit -a -m "updated permissions"
$ git push origin HEAD:refs/meta/config
```

检查图 4-67 所示界面，发现增加了 Label Verified 选项。

（3）All-Projects Access 配置

既然有了 Label Verified 选项，那么需要在 Access 选项卡中为不同的 refs 添加 Stream Events 权限。

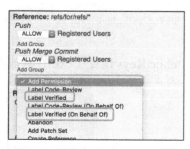

▲图 4-67　检查 Label Verified 权限选项

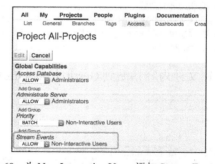

▲图 4-68　为 Non-Interactive Users 添加 Stream Events 权限

选择 Global Capabilities 下面的 Stream Events，为 Non-Interactive Users 添加 Stream Events 权限（如图 4-68 所示）。为 Non-Interactive Users 添加 Label Verified 权限（如图 4-69 所示）。

2. Jenkins 全局配置

需要安装 Gerrit 触发的插件 Gerrit Trigger 来支持该功能。安装了 Gerrit 插件后，在系统管理界面上会有一个专门的 Gerrit Trigger 图标用于添加和配置 Gerrit 服务器（如图 4-70 所示）。

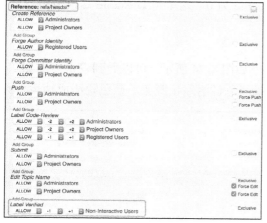

▲图 4-69　为 Non-Interactive Users 添加 Label Verified 权限

▲图 4-70　Gerrit Trigger 图标

选择 Jenkins→系统管理→Gerrit Trigger，添加一个新的 Gerrit 服务器（如图 4-71 所示）。

（1）基本连接配置

配置好相关基本信息后，使用右下角的 Test Connection 按钮可以测试是否连接成功。Gerri 基本连接配置包括以下信息（参见图 4-72）。

- Name —— 自定义。
- Hostname —— 写 Gerrit 服务器的主机名或 IP。
- Frontend URL —— 页面访问的链接和端口。

▲图 4-71　添加一个 Gerrit 服务器

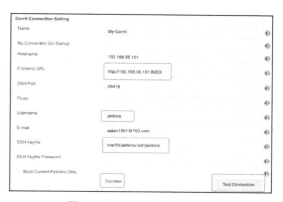

▲图 4-72　配置 Gerrit 服务器的连接

- SSH Port —— 默认是 29418。
- Username 和 E-mail —— 之前在 Gerrit 上创建的 Jenkins 用户的信息。
- SSH Keyfile —— 之前提到的 Jenkins 服务器上 Jenkins 用户的密钥文件。

（2）配置验证规则

默认是 Successful 为 1，Failed 为 -1，Unstable 为 0，这里将 Unstable 修改为 -1，认为没通过的单元测试也算失败（参见图 4-73）。

（3）重启 Gerrit Trigger 服务器

保存上面的连接配置后，回到上一个界面，如图 4-74 所示，可以看到表格中添加了一个 Gerrit 服务器，单击 Status 下面的球图标，变成红色说明停止服务，蓝色说明成功运行。

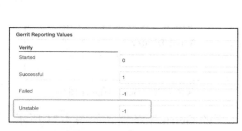

▲图 4-73　配置验证规则

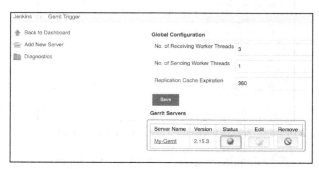

▲图 4-74　启动配置好的 Gerrit 服务器

3. Jenkins 任务触发器配置

上面所有的配置是两个服务器端的全局配置，真正用到的场景是在具体任务的触发器中，每次 Gerrit 有代码要提交时，都会触发该任务进行自动构建。这一般用于运行构建、单元测试和自动化测试，以验证这次提交是否成功，并且将验证结果返回 Gerrit 的具体变更上以进行标记。如果验证失败，这次提交需要修改后重新提交。如图 4-75 所示，配置 Gerrit SSH 访问凭证。

（1）源码管理

- URL 使用 SSH 的方式，Credentials 配置为 Gerrit 的 Jenkins 用户以及对应的密钥文件（全局配置中用到的 /var/lib/jenkins/.ssh/jenkins 文件），如图 4-76 所示。

▲图 4-75　配置 Gerrit SSH 访问凭证

- 把 Refspec 设置成$GERRIT_REFSPEC。
- 在 Branches to build 部分填写$GERRIT_BRANCH。
- 在 Additional Behaviours 部分添加 Strategy for choosing what to build，这里把 Choosing Strategy 设置为 Gerrit Trigger（参见图 4-76）。

（2）构建触发器

确保安装了 Gerrit Trigger 插件后，在"构建触发器"模块中会有一个 Gerrit event 选项，勾选后，会出现可供填写的表单，图 4-77 是一个配置样例。

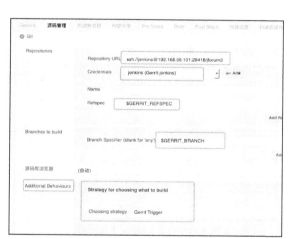

▲图 4-76　Jenkins 的 Gerrit 源码管理配置

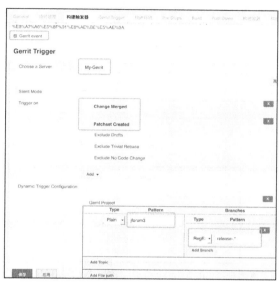

▲图 4-77　Jenkins 的 Gerrit 触发器配置

注意以下选项。

- Choose a Server

从下拉列表选择一个，选择之前在全局配置中设置的 Gerrit 服务器 "My-Gerrit"。

- Trigger on

这里可以选择触发条件，我们选择的是 Patchset Created（代码提交）和 Change Merged（代码合并）两种，还有其他很多种类型可供选择。

- Gerrit Project

可以直接写全某个 Gerrit 项目的名称（下拉选择），也可以用正则模糊表示多个项目。

- Branches

可以写明一个具体分支，也可以用模糊匹配或正则表示多个分支，这里 RegExp 类型的 release-.*表示以 release-开头的分支都会被监控。

4.4.5 其他工程构建后触发

这种类型的触发类似于设定一个上游任务，上游任务的每次执行都会导致这种触发。当然，也可以设定一些简单的触发条件（参见图 4-78）。

- 只有构建稳定时触发。

构建任务必须是成功的，所有的测试案例也必须通过。

- 即使构建不稳定也会触发。

构建结果必须是成功的，某些单元测试的失败也会导致构建不稳定。

- 即使构建失败也会触发。

不论构建结果是什么，都会触发。

另外，在这两个工程的界面上，都可以查看下级项目，如图 4-79 所示。

▲图 4-78　配置 Jenkins 的"其他工程构建后触发"

▲图 4-79　查看 Jenkins 下级项目

4.5　邮件提醒

邮件提醒在持续集成和持续部署中是非常重要的功能，无论构建成功或失败，都需要通过邮件来提醒做相关的开发和测试。这里我们使用第三方邮件提醒插件 Email-ext Plugin，相对于原生的邮件提醒，它支持更强大的邮件模板和触发条件。

Email-ext Plugin 可以从 JenkinsWiki 官网获取。

4.5.1　Jenkins 全局配置

要使用邮件提醒服务，首先需要为当前的 Jenkins 服务提供邮件服务器，一般公司都有自己内部的 SMTP 服务，所以选择 Jenkins→"系统管理"→"系统设置"→Extended E-mail Notification，配置有效的 SMTP 服务（参见图 4-80）。

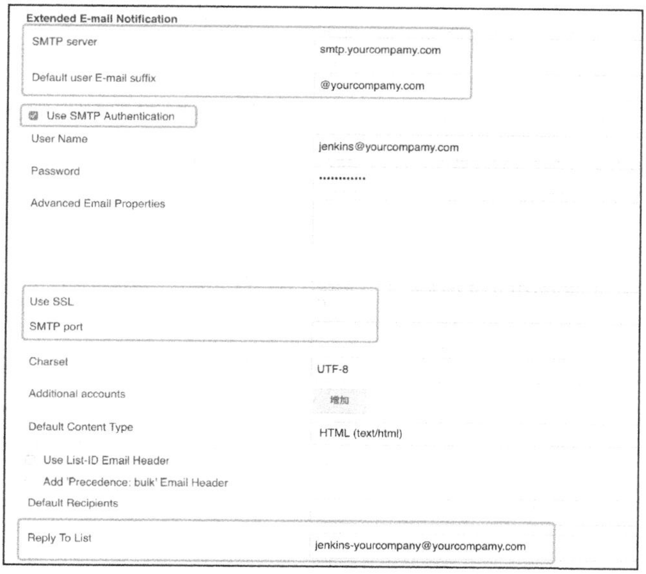

▲图 4-80　Jenkins 全局配置

主要配置选项介绍如下。

- SMTP server ── 填写公司内部实际的 SMTP 服务地址。
- Default user E-mail suffix ── 邮件的后缀域名。
- Use SMTP Authentication ── 表示是否需要验证，如果需要，则勾选，并填上用户名和密码。
- Use SSL ── 表示是否使用 SSL 认证，如果需要，则勾选。
- SMTP port ── 如果不填，则使用默认值 25，SSL 则使用端口 465。
- Reply To List ── 默认回复的邮件地址。

4.5.2　在 Jenkins 任务中配置邮件提醒

1. 配置邮件提醒

要添加邮件提醒，选择"构建后操作"→"增加构建后操作步骤"→Editable Email Notification（参见图 4-81）。

对表单进行配置，具体配置如下（参见图 4-82）。

- Project From

收到的邮件上展示的发件人地址（不一定是真实的地址），如果不设置，会使用当前项目

▲图 4-81　添加邮件提醒

管理者的邮箱。

- Project Recipient List

收件人地址，用逗号分隔，也可以传入环境变量或构建参数。如果不想直接作为收件方，而是抄送或密送，可以在地址前添加 cc 和 bcc，如 cc:someone@example.com、bcc:bob@example.com。

- Content-Type

邮件内容的格式，这里选取 HTML，因为我们使用的邮件模板需要 HTML 样式来支持。

- Default Subject

这里用来设定发送邮件的标题（如果设置具体的触发条件，可以覆盖这里的设定）。

- Default Content

这里用来设定发送邮件的内容（如果设置具体的触发条件，可以覆盖这里的设定），这里使用了邮件模板 demo.template。

- Attach Build Log

这里将构建日志作为附件随邮件发送。

2. 邮件触发条件

接下来，添加触发条件，默认是任务失败了会发送邮件提醒，这里对于测试失败的不稳定构建也进行邮件通知（参见图 4-83）。

▲图 4-82　邮件提醒配置 1

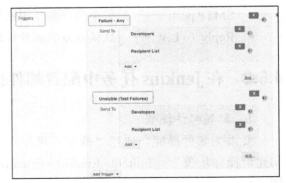

▲图 4-83　邮件提醒配置 2

对于失败或不稳定的构建，都会发送邮件。

- Developers

发送邮件给触发此次构建的代码提交者。

- Recipient List

上面 Project Recipient List 中指定的接收人列表，在每个触发的 Recipient List 中也可以重新覆盖设定。

4.5.3 邮件模板配置

1. 创建邮件模板

在后台手动创建邮件模板。在 Jenkins 的${JENKINS_HOME}/email-templates 目录下（主目录默认是/var/lib/jenkins）创建后缀是 template 的文件，并且添加对应的模板内容。

2. 适用于 Maven 构建的 Java 项目的模板

上面的 "Default Content" 部分使用了邮件模板 demo.template，该模板适用于用 Maven 构建的 Java 项目，包含 Git 提交、单元测试、SonarQube 扫描结果等。

在后台目录下创建邮件模板文件。在 Jenkins 的${JENKINS_HOME}/email-templates 目录下（目录默认是/var/lib/jenkins）创建一个 demo.template 文件。

文件完整内容如下。

```html
<!DOCTYPE html>
<HEAD>
  <TITLE>Build report</TITLE>
  <STYLE type="text/css">
    BODY, TABLE, TD, TH, P {
      font-family:Verdana,Helvetica,sans serif;
      font-size:11px;
      color:black;
    }
    .size1 { font-size: 130%; color: <%= build.result.toString() == 'FAILURE' ? "#FF3333": "black" %>; }
    h2 { color:black; }
    TR.bg1 { bgcolor="#F3F3F3" }
    TD.bg1 { color:white; background-color:#0000C0; font-size:130% }
    .test_passed { color:#66CC00; }
    .test_failed { color:red; }
    TD.console { font-family:Courier New; }
    TD.item { color:blue }
    TH { color:blue }
    .change-add { color: #272; }
    .change-delete { color: #722; }
    .change-edit { color: #247; }
    .grayed { color: #AAA; }
    .error { color: #A33; }
    pre.console {
      color: red;
      font-family: "Lucida Console", "Courier New";
```

```
            padding: 5px;
            line-height: 15px;
            background-color: #EEE;
            border: 1px solid #DDD;
        }
    </STYLE>
</HEAD>

<BODY>
<!-- GENERAL INFO -->
<TABLE border="1">
    <TR>
        <TD align="left"><IMG SRC="${rooturl}static/e59dfe28/images/32x32/<%= build.result.toString() == 'SUCCESS' ? "blue.gif" : build.result.toString() == 'FAILURE' ? 'red.gif': 'yellow.gif' %>" /></IMG></TD>
        <TD align="left"><B style="font-size: 150%; color: <%= build.result.toString() == 'FAILURE' ? "#FF3333" : "black" %>;">BUILD ${build.result}</B></TD>
    </TR>
    <TR><TD class="item"><B class="size1">JenkinsJob: </B></TD><TD><B class="size1">${project.name} </B></TD></TR>
    <TR><TD class="item"><B class="size1">构建编号: </B></TD><TD><B class="size1">${build.number} </B></TD></TR>
    <TR><TD class="item"><B class="size1">使用Git 分支: </B></TD><TD><B class="size1">$ {build.environment['GIT_BRANCH']}</B></TD></TR>
    <TR><TD class="item"><B class="size1">构建地址:</B></TD><TD><A href="${rooturl}${build.url}"><B class="size1">${rooturl}${build.url}</B></A></TD></TR>
    <TR><TD class="item"><B class="size1">构建日志:</B></TD><TD><A href="${rooturl}${build.url} console"><B class="size1">${rooturl}${build.url}console</B></A></TD></TR>
    <TR><TD class="item"><B class="size1">构建日期: </B></TD><TD><B class="size1">${it.timestampString}</B></TD></TR>
    <TR><TD class="item"><B class="size1">构建时长: </B></TD><TD><B class="size1">${build.durationString}</B></TD></TR>
    <TR><TD class="item"><B class="size1">触发原因: </B></TD><TD><B class="size1"><% build.causes.each() { cause -> %> ${cause.shortDescription} <%   } %></B></TD></TR>
</TABLE>
<BR/>
<BR/>

<!-- GIT COMMIT INFOR -->
<TABLE width="100%">
    <TR><TD class="bg1"><B>自动触发任务的代码提交内容</B></TD></TR>
</TABLE>

<%
def changeSet = build.changeSet
if (changeSet != null) {
  hadChanges = false
%>

<TABLE cellspacing="0" cellpadding="4" border="1" align="left">
```

```
    <THEAD>
      <TR class="bg1">
        <TH><B style="font-size: 120%;">提交人</B></TH>
        <TH><B style="font-size: 120%;">提交标题</B></TH>
        <TH><B style="font-size: 120%;">修改内容</B></TH>
        <TH><B style="font-size: 120%;">提交ID</B></TH>
      </TR>
    </THEAD>
    <TBODY>
<%
  changeSet.each { cs ->
    hadChanges = true
    aUser = cs.author
%>
    <TR>
      <TD><B style="font-size: 120%;"><A href="http://10.142.78.36/pages/viewpage.action?pageId=2396359">${cs.committer}</A><A href="Mailto:${cs.committerEmail}">(${cs.committerEmail})</A></B></TD>
      <TD style="font-size: 120%;">${cs.comment}</TD>
      <TD>
<%
  cs.affectedFiles.each {
%>
        <LI class="change-${it.editType.name}"><b>${it.editType.name}</b>:${it.path}</LI>
<%
  }
%>
      </TD>
      <TD style="font-size: 120%;"><A href="http://10.142.78.33:8080/DataPlatform/todp-one/commit/${cs.id}">${cs.id}</A></TD>
    </TR>
<%
  }
  if (!hadChanges) {
%>
    <TR>
      <TD colspan="4" align="center"><B>无代码变更</B></TD>
    </TR>
<%
  }
%>
  </TBODY>
</TABLE>
<BR/>
<BR/>
<%
}
%>
```

```
<!-- Sonar Scanner Result -->
<%
if (build.environment['Sonar_Project_Key']) {
  Sonar_Base_Url = "${build.environment['SONAR_HOST_URL']}"
  Api_Url = "api/qualitygates/project_status"
  projectKey = "projectKey=${build.environment['Sonar_Project_Key']}"
  Entire_Url = "${Sonar_Base_Url}/${Api_Url}?${projectKey}"
  Sonar_Result = Entire_Url.toURL().text

  if (Sonar_Result.contains('"projectStatus":{"status":"OK"')) {
      Sonar_Status = "Pass"
    } else if (Sonar_Result.contains('"projectStatus":{"status":"ERROR"')) {
        Sonar_Status = "Fail"
    } else {
        Sonar_Status = "Fail"
    }
%>
<TABLE width="100%">
  <TR><TD class="bg1"><B>Sonar 代码扫描</B></TD></TR>
</TABLE>

<%
  if(Sonar_Status=="Pass") {
%>
<P><B style="font-size: 130%;"><font color="#66CC00">Sonar 扫描通过</font></B></P>
<P>
<B style="font-size: 130%;"><font color="#66CC00">该项目最新扫描结果链接：</font></B>
<A href="${build.environment['SONAR_HOST_URL']}/dashboard/index/${build.environment
['Sonar_Project_Key']}"><B>${build.environment['SONAR_HOST_URL']}/dashboard/index/
${build.environment['Sonar_Project_Key']}</B></A>
</P>
<%
  } else {
%>
<P><B style="font-size: 130%;"><font color="#FF3333">Sonar 扫描失败，详情查看如下链接：</font>
</B></P>
<P>
<B style="font-size: 130%;"><font color="#FF3333">该项目最新扫描结果链接：</font></B>
<A href="${build.environment['SONAR_HOST_URL']}/dashboard/index/${build.environment
['Sonar_Project_Key']}"><B>${build.environment['SONAR_HOST_URL']}/dashboard/index/
${build.environment['Sonar_Project_Key']}</B></A>
</P>
<BR/>
<BR/>
<%
  }
}
%>
```

```
<!-- UNIT TEST RESULT Summary -->
<%
def testResult = build.testResultAction
if (testResult) {
  if (testResult.failCount) {
    lastBuildSuccessRate = String.format("%.2f", (testResult.totalCount - testResult.failCount) * 100f / testResult.totalCount)
    lastBuildSuccessCount = testResult.totalCount - testResult.failCount - testResult.skipCount
  }
  else {
    lastBuildSuccessRate = 100f;
    lastBuildSuccessCount = testResult.totalCount - testResult.skipCount
  }

  startedPassing = []
  startedFailing = []
  failing = []

  previousFailedTestCases = new HashSet()
  currentFailedTestCase = new HashSet()

  if (build.previousBuild?.testResultAction) {
    build.previousBuild.testResultAction.failedTests.each {
      previousFailedTestCases << it.simpleName + "." + it.safeName
    }
  }

  testResult.failedTests.each { tr ->
      packageName = tr.packageName
      className = tr.simpleName
      testName = tr.safeName
      displayName = className + "." + testName

      currentFailedTestCase << displayName
      url = "${rooturl}${build.url}testReport/$packageName/$className/$testName"
      if (tr.age == 1) {
        startedFailing << [displayName: displayName, url: url, age: 1]
      }
      else {
        failing << [displayName: displayName, url: url, age: tr.age]
      }
  }

  startedPassing = previousFailedTestCases - currentFailedTestCase
  startedFailing = startedFailing.sort {it.displayName}
  failing = failing.sort {it.displayName}
  startedPassing = startedPassing.sort()
}
%>
```

```
<%
if (testResult) {
%>
<TABLE width="100%">
  <TR><TD class="bg1"><B>单元测试结果</B></TD></TR>
</TABLE>

<TABLE id="unittest-summary-table" border="1">
  <THEAD>
    <TR bgcolor="#F3F3F3">
      <TH style="font-size: 130%;">概述</TH>
      <TH style="font-size: 130%;">总计</TH>
      <TH style="font-size: 130%;">失败</TH>
      <TH style="font-size: 130%;">跳过</TH>
      <TH style="font-size: 130%;">通过</TH>
      <TH style="font-size: 130%;">通过率%</TH>
    </TR>
  </THEAD>
  <TBODY>
    <TR>
    <TH align="left" style="font-size: 130%;">所有用例</TH>
      <TD><B style="font-size: 130%;">${testResult.totalCount}</B></TD>
<%
  if (testResult.failCount) {
%>
      <TD class="test_failed"><B style="font-size: 130%;">${testResult.failCount}</B></TD>
<%
  } else {
%>
      <TD><B style="font-size: 130%;">0</B></TD>
<%
  }
%>
<%
  if (testResult.skipCount) {
%>
      <TD><B style="font-size: 130%;">${testResult.skipCount}</B></TD>
<%
  } else {
%>
      <TD><B style="font-size: 130%;">0</B></TD>
<%
  }
%>
      <TD class="test_passed"><B style="font-size: 130%;">${lastBuildSuccessCount}</B></TD>
      <TD style="color: <%= lastBuildSuccessRate == 100 ? "#66CC00" : "#FF3333" %>">
<B style="font-size: 130%;">${lastBuildSuccessRate}%</B></TD>
    </TR>
    <TR>
```

```
            <TD colspan=6 align="center" style="font-size: 130%;"><a href="${rooturl}${build.url}testReport">>单击查看详细报告</a></TD>
        </TR>
    </TBODY>
</BODY>
<BR/>
<BR/>

<%
} else {
%>
<TABLE width="100%">
    <TR><TD class="bg1"><B>单元测试结果</B></TD></TR>
</TABLE>
<P><B>模块无单元测试用例</B><P>
<BR/>
<BR/>
<%
}
%>


<!-- UNIT TEST RESULT Details -->
<%
def junitResultList = it.JUnitTestResult
try {
 def cucumberTestResultAction = it.getAction("org.jenkinsci.plugins.cucumber.jsontestsupport.CucumberTestResultAction")
 junitResultList.add(cucumberTestResultAction.getResult())
} catch(e) {
        //cucumberTestResultAction not exist in this build
}
if (junitResultList.size() > 0) {
%>
<TABLE width="100%" border=1>
    <THEAD>
        <TR bgcolor="#F3F3F3">
            <TH>Package 名称</TH>
            <TH>失败</TH>
            <TH>成功</TH>
            <TH>跳过</TH>
            <TH>共计</TH>
            <TH>失败的用例</TH>
        </TR>
    </THEAD>
<%
  junitResultList.each { junitResult ->
    junitResult.getChildren().each { packageResult ->
%>
  <TBODY>
    <TR>
```

```
        <TD><B>${packageResult.getName()}</B></TD>
        <TD class="test_failed"><B>${packageResult.getFailCount()}</B></TD>
        <TD class="test_passed"><B>${packageResult.getPassCount()}</B></TD>
        <TD>${packageResult.getSkipCount()}</TD>
        <TD>${packageResult.getPassCount()+packageResult.getFailCount()+packageResult.
getSkipCount()}</TD>
        <TD>
<%
        packageResult.getFailedTests().each{ failed_test ->
%>
          <LI class="test_failed"><B>Failed: ${failed_test.getFullName()}</B></LI>
<%
        }
%>
        </TD>
      </TR>
    </TBODY>
<%
      }
    }
%>
</TABLE>
<BR/>
<BR/>
<%
}
%>


<!-- MAVEN ARTIFACTS -->
<%
try {
  def mbuilds = build.moduleBuilds
  if(mbuilds != null) {
%>
<TABLE width="100%">
  <TR><TD class="bg1"><B>构建的 ARTIFACTS</B></TD></TR>
</TABLE>

<TABLE width="100%" border=1>
  <THEAD>
    <TR bgcolor="#F3F3F3">
      <TH>名称</TH>
      <TH>构建内容</TH>
    </TR>
  </THEAD>
<%
    try {
      mbuilds.each() { m ->
%>
```

```
      <TBODY>
        <TR>
          <TD><B>${m.key.displayName}</B></TD>
<%
          m.value.each() { mvnbld ->
            def artifactz = mvnbld.artifacts
            if(artifactz != null && artifactz.size() > 0) {
%>
          <TD>
<%
              artifactz.each() { f ->
%>
            <LI><a href="${rooturl}${mvnbld.url}artifact/${f}">${f}</a></LI>
<%
              }
%>
          </TD>
        </TR>
<%
            }
          }
        }
      } catch(e) {
        // do anything
      }
%>
      </TBODY>
    </TABLE>
<%
    }
} catch(e) {
  // do anything
}
%>
<BR/>
<BR/>

<!-- CONSOLE OUTPUT -->
<%
if(build.result==hudson.model.Result.FAILURE) {
%>
<TABLE width="100%">
  <TR><TD class="bg1"><B>错误日志输出</B></TD></TR>
</TABLE>

<P><B style="font-size: 130%;">详细日志请单击查看: </B><A href="${rooturl}${build.url}console"> <B>${rooturl}${build.url}console</B></A></P>

<%
  log = build.getLog(100).join("\n")
```

```
    warningsResultActions = build.actions.findAll { it.class.simpleName ==
"WarningsResultAction" }
    if (warningsResultActions.size() > 0) {
%>
<h2>Build errors</h2>
  <ul>
<%
    warningsResultActions.each {
      newWarnings = it.result.newWarnings
      if (newWarnings.size() > 0) {
        newWarnings.each {
          if (it.priority.toString() == "HIGH") {
%>
    <li class="error">In <b>${it.fileName}</b> at line ${it.primaryLineNumber}:
${it.message}</li>
<%
          }
        }
      }
    }
%>
  </ul>
<%
  }
%>
 <pre class="console">${log}</pre>
<%
}
%>

</BODY>
```

运行当前 Jenkins 任务，并且通过模板测试查看邮件展示结果。

在任务界面左上角中选择 Email Template Testing，填写脚本模板名称，选择构建号，单击 Go 即可查看邮件展现结果。

默认模板邮件样式如下。

- 构建的基本信息 —— 任务名称/构建号/分支/ URL/时长等。
- CHANGES —— 本次构建的代码提交。
- Test Results —— 单元测试结果（并且可以单击链接以查看详细的报告）。
- Build ARTIFACTS —— Maven 的构件。
- Jenkins 的构建报错日志（如果失败的话）。

运行成功构建的邮件，结果如图 4-84 所示。

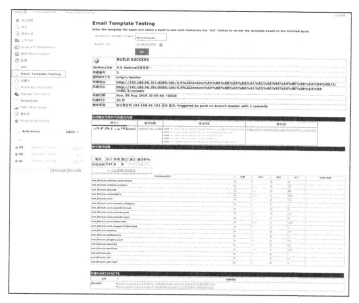

▲图 4-84　邮件模板成功构建的结果

运行构建失败的邮件，结果如图 4-85 所示。

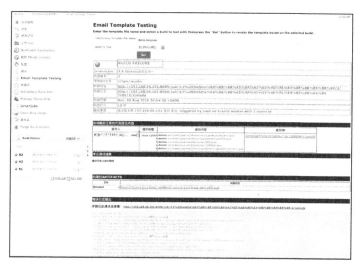

▲图 4-85　邮件模板构建失败的结果

4.6　任务参数化配置

如果要让不同的环境、不同的配置在一个 Jenkins 任务中实现，那么可参数化配置是非常重要的。Jenkins 本身就支持一些简单的参数化配置。当然，也有众多的第三方插件提供强大的功能，让我们能够非常灵活地通过各种文本、变量、上游传入或脚本支持各种复杂多样的参数化配置。本节就介绍 Jenkins 本身的几种参数化类型以及常用第三方插件的参数化配置。

参数化配置一般可通过单击 General→"参数化构建过程"→"添加参数"进行设置（如图 4-86 所示）。

▲图 4-86 Jenkins 任务参数化配置

4.6.1 Jenkins 自带常用参数

1. 字符参数

字符参数是最基本的参数，一般用于给字符串变量赋值，并且可以赋予默认值，可以在下面的任何配置或脚本中通过$使用（参见图 4-87）。

2. 布尔值参数

布尔值参数是设定 true 或 false 的参数，所以默认值也只有两个。如果勾选，默认值是 true；如果不勾选，默认值是 false（参见图 4-88）。

▲图 4-87 Jenkins 字符参数

▲图 4-88 Jenkins 布尔值参数

3. 选项参数

选项参数属于下拉框选择类型，一般只有设定好的几种选择。在选择框中，一般一行代表一个选择（参见图 4-89）。

4. 密码参数

在填入表示密码的参数时，会以星号的方式进行隐藏，但是在脚本输出的时候，仍以明文方式，所以从安全角度考虑，不推荐使用（参见图 4-90）。

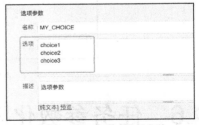

▲图 4-89 Jenkins 选项参数

5. 凭据参数

相对于上面的密码参数类型，这种凭据参数更加安全，这是 Credential Plugins 提供的功能。一般 Credential Plugins 是一个必装的插件，所以也可以认为这是一个自带的参数。为了配置凭据参数，需要选择参数类型。如果所有类型都支持，则选择 Any；如果勾选必填选项，那么这个参数就必须设定，不能为空。默认值可以设定为一个已经配置好的凭证（参见图 4-91）。

▲图 4-90　Jenkins 密码参数　　　　　　▲图 4-91　Jenkins 凭证参数

当然，从安全性角度考虑，该参数不会暴露任何凭据的实际用户名、密码、密钥等信息，而是只会暴露这个凭证的 UUID 值。一般 UUID 会在一些插件配置或 Pipeline 脚本中用到。

配置好上述参数后，保存配置，单击任务界面左边导航菜单中的 Build with Parameters 按钮，可以看到参数设定界面（参见图 4-92）。

为了查看所有参数输出的内容，在 Jenkins 的执行 shell 脚本中逐一输出这些参数变量，控制台输出如图 4-93 所示，可以看到密码参数输出的是明文，但是凭证参数输出的只是一个 UUID。

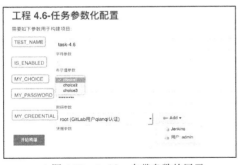

▲图 4-92　Jenkins 自带参数的展示　　　▲图 4-93　Jenkins 自带参数的 shell 脚本输出结果

4.6.2　Node 参数

如果我们没有给任务配置运行节点，Jenkins 会随意指派一个可用的节点，不过不同的节点环境配置不同，有些任务需要在指定的环境中运行任务，所以我们需要为这些任务限制运行的节点。

在任务配置界面上，选择 General，勾选"限制项目的运行节点"选项可以配置我们需要的节点。勾选该选项后，可以看到一个"标签表达式"输入框，在这里可

▲图 4-94　限制项目的运行节点

以填写具体的节点名称，也可以填写一个标签名。前面介绍过，多个节点可以配置同一个标签，相当于通过标签来分组，标签匹配到多个节点，Jenkins 会根据节点的负载情况从标签节点组中任意选择一个。在图 4-94 中可以看到，我们填写的标签名为"dev-node"，目前系统上有 1 个节点与之匹配。

但是上面这种方式，需要通过配置界面提前指定。很多时候，选择节点需要动态地通过参数来指定，每次构建的时候，可以通过参数选择每次需要的节点或节点组。这里通过 Node and Label parameter 这个插件可以实现节点或节点组的选择，并且可以指定顺序执行还是并发执行等。

Node and Label parameter 插件可以从 Jenkins 官网下载。

这个插件的配置有个独特的地方，就是支持多选，如图 4-95 和图 4-96 所示。但是多选并没有通过多选框的方式，所以很多人会以为 Default nodes 和 Possible nodes 是单选项，但是可以通过 Shift 或 Ctrl 键来进行多选。

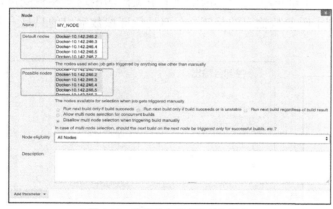

▲图 4-95　选择单个节点和多个节点

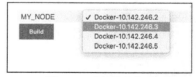

▲图 4-96　选择单个节点

- Default nodes

默认运行的节点（可多选）。

- Possible nodes

可以选择的节点（可多选），一般 Possible nodes 的范围应该包括 Default nodes 在内。

- Disallow multi node selection when triggering build manually

不允许在多节点上运行任务，如果勾选该选项，那么在界面中选择的时候，会是一个下拉框的形式。

- Run next build only if build succeeds

如果选择了多个节点并且在每个节点上顺序执行任务，那么只有当前面一次构建成功时才会执行下一次构建。

- Run next build only if build succeeds or is unstable

如果选择了多个节点并且在每个节点上顺序执行任务，那么只有当前面一次构建成功或不稳定时才会执行下一次构建。

- Run next build regardless of build result

如果选择了多个节点并且在每个节点上顺序执行任务，不管前一次执行结果如何，都会执行下一次构建。

- Allow multi node selection for concurrent builds

如果选中多个节点，运行构建的同时将在选中的多个节点上并发运行。

如果选中上面 4 个选项之一，那么节点选择是一个多选框（参见图 4-97）。

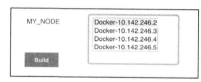

▲图 4-97　选择多个节点

但是如果选中 Allow multi node selection for concurrent builds，会发现下面会有报错信息（参见图 4-98），这是因为如果要支持并发构建，需要打开并发任务选项。

在任务的 General 模块中有"在必要的时候并发构建"选项，勾选它即可（参见图 4-99）。

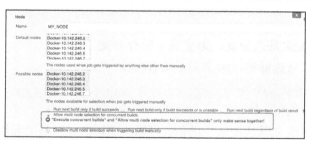

▲图 4-98　报错信息　　　　　　　　　　▲图 4-99　打开并发构建的开关

4.6.3　Git 参数

除了 GitLab 和 Gerrit 触发的时候会传入分支参数之外，Jenkins 也支持传入分支参数或标签，这个参数需要安装 Git Parameter 插件。

Git Parameter 插件可以从 Jenkins 官网下载。另外，该插件需要依赖于 Jenkins 源码管理的 Git 配置，因为本身插件无法配置访问代码仓库的权限，需要通过源码管理中的 Git 配置来获取源码、分支等信息。不过这里的分支可以配置成变量，变量可以通过 Git 参数传入（参见图 4-100）。

接着就可以配置具体的 Git 参数了，如图 4-101 所示。

▲图 4-100　Git 源码配置

▲图 4-101　Git 参数配置

- Name ——参数变量的名称。
- Parameter Type ——这里可以选择单独的分支或标签，也可以分支和标签都选中。当然，也可以选择 Revision（某个具体的 commit id）。
- Branch ——只有当上面的 Parameter Type 选择为 Revision 时这个选项才能生效，即只会显示指定分支的 Revision。
- Branch Filter ——通过正则匹配来筛选分支，为空表示所有分支。
- Tag Filter ——通过正则匹配来筛选标签，为空表示所有标签。
- Sort Mode ——排序模式（正序或反序）。
- Default Value ——默认的分支或标签名。
- Selected Value ——参数选择界面上默认被选中的值，可以不选，也可以是上面设置的 Default Value，还可以是第一个值。
- Use repository ——使用的代码仓库，这个仓库必须在下面的 Git 源码管理中配置好，不然无法访问。
- Quick Filter ——表示是否使用搜索框进行搜索。
- List Size ——选择框中显示的选项数目，默认是 5，可以调大。如果设置为 0，会变成下拉框的形式。

最终的显示界面如图 4-102 所示。

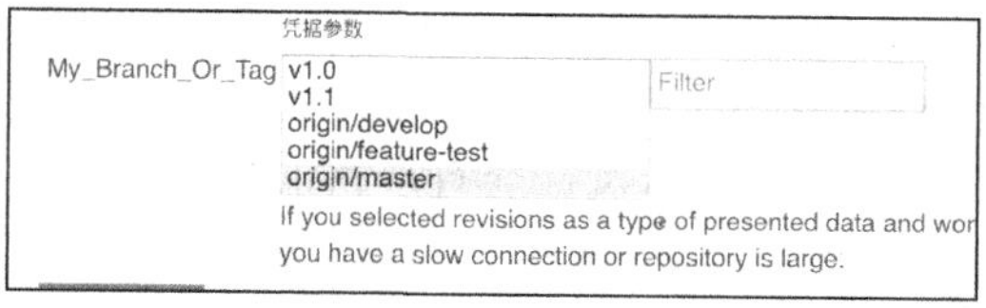

▲图 4-102　Git 参数选择界面

4.6.4　动态选择参数

如果要满足更复杂的动态和交互式参数化需求，比如，根据另一个变量动态变化的参数，根据脚本生成的参数等，可以动态更新参数，可以通过下拉框、复选框、单选按钮或 HTML 展示参数。

首先，需要安装 Active Choices Parameter 插件，可以从 Jenkins 官网下载。安装此插件后，"添加参数"部分会增加以下 3 种类型的插件参数（参见图 4-103）。

- Active Choices Parameter
- Active Choices Reactive Parameter
- Active Choices Reactive Reference Parameter

动态选择参数可以使用以下几种方式生成参数的值。

- 通过脚本动态生成（使用 Groovy 或 Scriptler 脚本）。
- 根据其他参数的值动态更新。
- 多值（可以有多个值）。
- 动态的 HTML 展示。

以下对这 3 种类型的动态参数进行简要介绍。

1. Active Choices Parameter

Active Choices 类型的参数通过 Groovy 脚本来实现参数化选择，图 4-104 是一个最简单的例子。

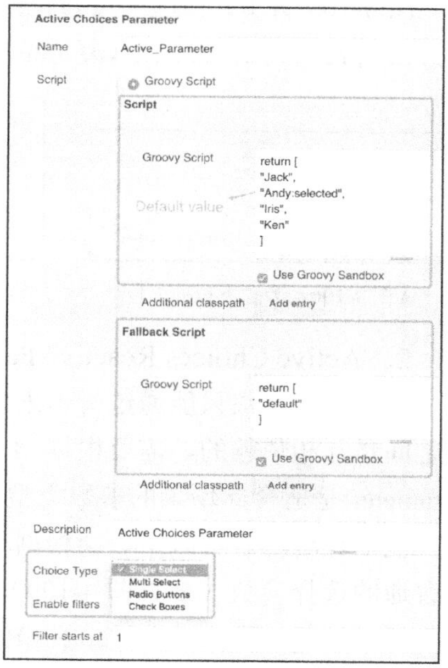

- Name

表示参数的名称。

- Groovy Script

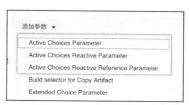

▲图 4-103　三种动态选择参数

▲图 4-104　Active Choices Parameter

这里是填写参数脚本的地方，可以通过 Groovy 语法来写，最后必须通过 return 返回一个数组。如果要设定默认选项，在某个返回的选项后添加":selected"即可。

- Use Groovy Sandbox

Jenkins 基于安全上的考虑，对脚本执行会有严格的权限控制。如果选中该选项，那么只会在功能有限的沙箱中运行这个 Groovy 脚本。如果未选中，又不是 Jenkins 管理员，则需要等待管理员批准脚本才能执行。

- Fallback Script

这是一个后备脚本，如果出现主脚本失败报错，或者返回的格式不对等情况，在这里可以设定一个固定值并返回，以防 Jenkins 任务因为脚本错误而无法运行。

- Choice Type

从中可以选择单选下拉框、多选下拉框、复选框或单选按钮列表，如果是多选参数，返回的是一个用","分隔的字符串。如果同时选择"Jack"和"Andy"，那么最终返回的内容是 Active_Parameter="Jack, Andy"。

- Enable filters

打开搜索框，在选项多的时候比较有用。

- Choice Type

不同的 Choice Type 展示的界面不同，单选下拉列表框如图 4-105 所示，多选下拉列表框如图 4-106 所示，单选按钮列表如图 4-107 所示，复选框列表如图 4-108 所示。

▲图 4-105　单选下拉列表框

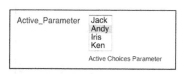

▲图 4-106　多选下拉列表框

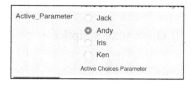

▲图 4-107　单选按钮列表

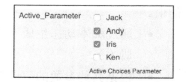

▲图 4-108　复选框列表

2. Active Choices Reactive Parameter

上面那种参数只能通过脚本来生成，而且脚本中无法引用其他的参数。但是有时候，参数之间是互相依赖的，需要根据 A 参数来确定 B 参数的值，所以 Active Choices Reactive Parameter 是适合此场景的参数类型。

在多环境部署场景下，会根据环境配置的不同选择部署路径，这里用于环境配置的是一个普通的选择参数（参见图 4-109），有"test""dev""staging"三种环境。

然后创建一个 Active Choices Reactive 类型的参数（参见图 4-110）。

▲图 4-109 环境选择参数

▲图 4-110 创建 Active Choice Reactive 类型的参数

- Referenced parameters

这个配置是这个参数与上一个参数的最大区别,这里配置的是其他已经存在的参数名称,这里的路径要依赖于不同的环境,因此需要填上 Build_Config 这个参数。当然,如果需要依赖多个参数,用逗号隔开即可。

- Groovy Script

引用的参数在脚本中可以直接使用,可以通过 if 判断语句,返回不同的值。该例子中只返回一个单选值,这里也可以返回一个多值数组,这样界面上就会提供多选内容,完整的代码如下。

```
if (Build_Config.equals("test")) {
    return ["/usr/share/test"]
} else if (Build_Config.equals("dev")) {
    return ["/usr/share/dev"]
} else {
    return ["/usr/share/staging"]
}
```

参数 UI 可参见图 4-111 和图 4-112,可以看到如果为 Build_Config 选择不同的值,Deployment_Path 的内容会对应显示不同的值。

▲图 4-111 设置环境参数和部署路径

▲图 4-112 部署路径的变化

3. Active Choices Reactive Reference Parameter

相对于前面两种参数，这种参数更像是界面上动态的描述，或者给一个参数一段动态描述内容。下面举一个简单的例子（参见图 4-113）。

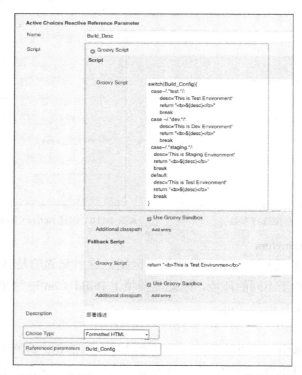

▲图 4-113　创建 Active Choice Reactive Reference 类型的参数

- Groovy Script

这里使用 Groovy 的 switch、case 语法进行分支选择，该描述性的内容会根据 Build_Config 这个构建环境参数的变化而变化，完整代码如下：

```
switch(Build_Config){
  case~/.*test.*/:
    desc='This is Test Environment'
    return "<b>${desc}</b>"
    break
  case ~/.*dev.*/:
    desc='This is Dev Environment'
    return "<b>${desc}</b>"
    break
  case~/.*staging.*/:
    desc='This is Staging Environment'
    return "<b>${desc}</b>"
```

```
        break
    default:
      desc='This is Test Environment'
      return "<b>${desc}</b>"
      break
}
```

- Choice Type

这里用的是 Formatted HTML 格式，即返回的 HTML 格式会按照语法样式展现出来，这里也可以选择 test 或 list 等其他格式。

最终的参数选择界面如图 4-114 和图 4-115 所示，在 Build_Config 部分选择不同的值，这部分的描述内容也会实时更新。

▲图 4-114　设置环境参数和部署描述

▲图 4-115　部署描述的变化

4.7　上下游任务设定

Jenkins 可以配置很多用途的任务，包括构建、多环境的部署、自动化测试以及一些收尾工作或报告通知等，但是有时候我们并不需要在每一次构建的每个阶段都去执行全部任务，而是根据上一阶段的触发结果、参数选择等条件来决定是否执行下一个步骤。

1. 触发上游任务

构建触发器模块有一个选项，叫作"其他工程构建后触发"（参见图 4-116），在这里可以设置上游任务的名称，以及上游任务的结果是什么情况才会触发当前任务执行。

设定好以后，每当上游任务（upstream-job）运行并且运行结果显示成功时，就会触发当前的任务运行构建。

2. 触发下游任务

下游任务的触发在"构建设置"→Trigger Parameterized build on other projects 选项中进行设定，要使用该功能，需要提前安装 Parameterized Trigger 插件。该插件可以通过 Jenkins 官网获取。

该插件用于触发其他项目进行构建，并且可以将当前项目的所有参数都传入下游构建任务中，除了当前构建的参数之外，还提供其他的参数化配置。比如，从当前构建中读取文件中的参值或者自定义一些参数，还可以指定下游任务和当前构建运行在同一个节点，或者借助 Node and Label parameter 插件指定下游任务运行在某个节点或某个节点组上。

这里的例子中设置了下游任务触发方式，并且引入了几种常用的参数类型（参见图 4-117）。

▲图 4-116 设定上游任务触发方式

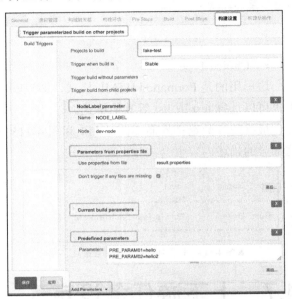
▲图 4-117 设定下游任务触发方式

- Projects to build

表示下游任务的名称。

- Trigger when build is

只有在当前构建的结果符合该条件时才会触发下游任务，默认是 Stable。

- NodeLabel parameter

指定下游任务在什么节点或节点组上运行（该功能需要 Node and Label parameter 插件支持）。

- Parameters from properties file

从配置文件中读取参数，文件中的每一行都需要采用 key=value 的格式，而且一行代码一个参数，这里是相对于工作目录的间接路径。

- Current build parameters

把当前构建任务的所有参数都传入下游构建任务。

- Predefiened parameters

直接定义的参数，这里也需要每行都采用 key=value 的格式，一行代表一个参数。

下游任务如果要使用这些参数，必须在参数构建部分添加这些参数（参见图 4-118），这些参数的值会自动从上游任务传入。

作为测试，我们在下游任务中通过执行 shell 脚本的方式，输出这些参数。从控制台输出可以看出，该任务由上游工程"4.7-上下游任务设定"触发执行，并且这些参数的值都可以成功获取到，如图 4-119 所示。

▲图 4-118 下游任务的配置构建参数

▲图 4-119 下游任务的控制台输出

4.8 执行条件设定

一个标准的自由风格的任务都会有"构建"和"构建后操作"两部分，并且默认是空的（参见图 4-120），需要单击"增加构建步骤"下拉列表框来选择所需的构建步骤。

这个下拉列表框有非常多的选项（参见图 4-121）。当然，"构建"和"构建后操作"会有一些不同，而且下拉选项会根据当前 Jenkins 安装的第三方插件而有所不同。

▲图 4-120 "构建"和"构建后操作"

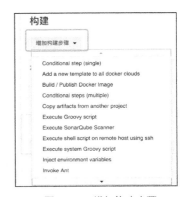

▲图 4-121 增加构建步骤

我们可以添加多个构建步骤，这样在任务执行的时候，每个构建步骤都会执行。当然，有些构建步骤会提供对执行条件的控制，比如要满足某些条件，才会执行该步骤。但是这需要构建步骤本身提供该功能，有些构建步骤则没有设定执行条件或者设定比较复杂，所以需要在构建的最外层对所有的构建步骤进行执行条件的设定和控制。

如果需要更加全面地设定执行条件，需要安装 Conditional BuildStep 插件，该插件可以从 Jenkins 官网获取。

4.8.1　设置 Conditional step（single）

安装好插件以后，单击"增加构建步骤"下拉框，可以看到增加了"Conditional step（single）"这个选项，单击该选项以后，会出现一个表单（参见图 4-122）。

该构建步骤一共有三大块——Run、On evaluation failure 和 Builder 需要进行配置。每一块下面都会分别进行具体介绍。

1. Run

执行条件的设定，有非常多的类型支持（参见图 4-123）。

▲图 4-122　Conditional step（single）选项

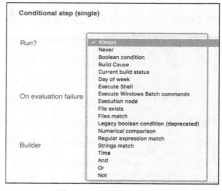

▲图 4-123　执行条件的设定 1

在插件界面上会有详细的介绍，这里介绍几种常用的。

- Always

表示永远都执行。

- Never

表示永远都不执行。

- Boolean condition

参见图 4-124，Token 的内容如果满足 1、Y、YES、T、TRUE、ON、RUN 这几个值中的一个，就会执行（注意，这里区分大小写）。

- Current build status

参见图 4-125，这里会设定 Worst status 和 Best status。如果执行到该步骤时当前状态优于或等于 Worst status 并且劣于或等于 Best status，那就执行，相当于要满足这个区间要求才行。

▲图 4-124　执行条件的设定 2

▲图 4-125　执行条件的设定 3

- Execute Shell

这里可以通过一段 Shell 脚本的返回值来判断是否执行构建步骤。返回的值如果是 0，则执行；如果不是 0，则不执行。

- Execution node

根据当前构建任务执行时所在的节点是否相同，判断是否执行，这里可以单选，也可以多选。

- File exists

参见图 4-126，判断文件是否存在，存在则执行，不存在就不执行，Base directory 默认是工作目录。

- Files match

同时满足图 4-127 所示的包含和不包含关系，才认为满足条件。

匹配规则使用的是 Ant Patterns，如果有多个条件，使用逗号分隔。

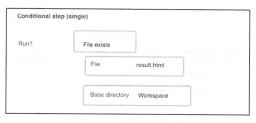

▲图 4-126　执行条件的设定 4

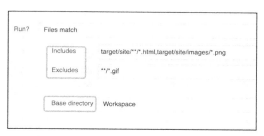

▲图 4-127　执行条件的设定 5

- Regular expression match

正则匹配（如图 4-128 所示）也是常用的一种条件判定方式，而且一般 Label 都是参数或环境变量，用于进行匹配判定。

我们在构建参数时，将 PARAM1 设定为"test2"，然后查看构建日志，看到条件满足后输出"enabling perform for step [执行 shell]"（参见图 4-129）。

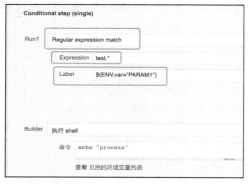

▲图 4-128　执行条件的设定 6

▲图 4-129　执行条件的设定 7

- Strings match

判断两个字符串是否相等，也可以从参数或环境变量传入值（参见图 4-130）。在这里可以通过配置 Case insensitive 来指定是否区分大小写。

- And、Or、Not

与、或、否这 3 种关系的组合。

如图 4-131～图 4-133 所示，条件可以用与、或、否 3 种关系来进行组合，选择这 3 种关系后，相当于在上面又加了一层组合，下层还需要重新选择判定条件。

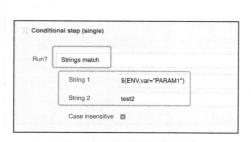

▲图 4-130　执行条件的设定 8

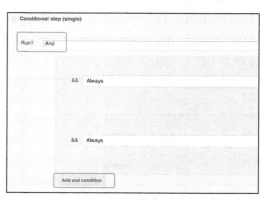

▲图 4-131　执行条件的设定 9

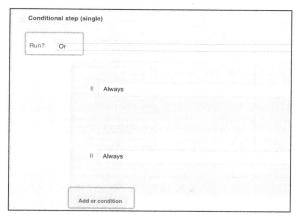

▲图 4-132　执行条件的设定 10

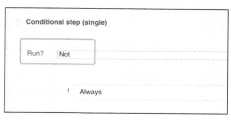

▲图 4-133　执行条件的设定 11

2. On evaluation failure

单击 Run 下方的"高级"按钮，会展开另外一个选项 On evaluation failure。上面介绍的 Run 部分如果判定成功，就会执行下方的"构建"里面的构建步骤；如果失败，下一步会执行什么操作，是由这部分决定的。一般默认是 Fail the build，但是有时候我们并不想让这次构建失败，继续执行其他操作。比如，跳过该构建步骤，继续后面的步骤之类，因此这里还提供了其他几种类型（参见图 4-134）。

- Fail the build

直接认为这次 Jenkins 构建失败。

- Mark the build unstable

直接认为这次 Jenkins 构建不稳定。

- Run and mark the build unstable

继续运行下面的构建步骤，但是认为这次 Jenkins 构建不稳定。

- Run

继续运行下面的构建步骤。

- Don't run

不运行下面的构建步骤，但是继续运行这次 Jenkins 构建的其他内容。

3. 构建

这一部分即常规的"构建"和"构建后操作"下拉内容，只是需要根据上面的 Run 和 On evaluation failure 部分来决定是否运行，但是这里只能选择一种。如果需要选择多种类型的构建步骤，可以使用 Conditional steps（multiple），如图 4-135 所示。

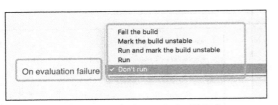
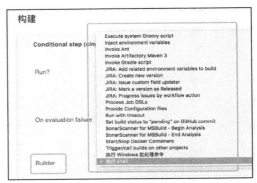

▲图 4-134　条件判定失败后的操作　　　　　▲图 4-135　选择构建步骤

4.8.2　设置 Conditional steps（multiple）

和上面的 Conditional step（single）唯一不同的是，下方的构建步骤可以选择多个（参见图 4-136）。

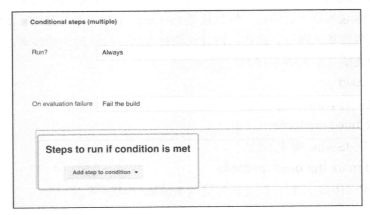

▲图 4-136　多构建步骤的条件设定

4.9　实例一：Git 代码提交触发+Maven 构建+代码扫描+邮件通知

新建一个 Maven 风格的项目，名为"4.10 Jenkins 任务实例一"。

关于如何通过 GitLab 代码自动触发 Jenkins 任务，请参照 4.4.3 节的内容。

4.9.1 Build 部分配置

1. SonarQube 扫描集成配置

因为我们要使用 SonarQube 服务器进行代码扫描，所以需要在"构建环境"部分勾选 Prepare SonarQube Scanner environment 选项，不然会找不到${SONAR_MAVEN_ GOAL}和 ${SONAR_HOST_URL}等变量的值。

SonarQube 服务器的全局配置参见 4.3 节的内容。

2. Maven 配置

因为这是一个 Maven 风格的项目，所以 Build 部分默认对 Maven 项目的构建打包，这里单元测试和静态代码的扫描也集成到 Maven 构建中（参见图 4-137）。

▲图 4-137　Jenkins 中 Build 部分的配置

- Root POM

因为项目的 pom.xml 文件直接存放在 workspace 下，所以这里填写 pom.xml 即可。

- Goals and options

设置的命令如下。

```
clean org.jacoco:jacoco-maven-plugin:prepare-agent package ${SONAR_MAVEN_GOAL} -Dmaven.test.failure.ignore=false -Dsonar.host.url=${SONAR_HOST_URL}
```

这里命令的内容比较长，主要分成 3 部分。

- clean package —— 基本的构建清理和打包。
- ${SONAR_MAVEN_GOAL} -Dsonar.host.url=${SONAR_HOST_URL} —— 和 SonarQube Server 集成，进行项目的静态代码扫描。
- org.jacoco:jacoco-maven-plugin:prepare-agent -Dmaven.test.failure.ignore=false —— 代码扫描的时候检查覆盖率，并且忽略失败的单元测试。

- MAVEN_OPTS

Sonar 扫描比较占内存，这里把 JVM 调大一些。当然，需要根据实际情况来调整。

4.9.2　Artifactory 构建仓库配置

一般 Jenkins 在每次构建时会自动保存 Maven 构建后生成的内容，并且通过相关插件可以支持上下游任务传递。在此为了便于构建、管理及查看依赖文件，我们使用第三方的开源工具 JFrog Artifactory（也有 Pro 收费版本），但是免费版本的基本功能暂时足够了。

Jenkins 需要安装 Artifactory Plugin 插件，可以从 Jenkins 官方网站获取。

1. 在 Jenkins 全局配置中添加 Artifactory 服务器

选择 Jenkins→系统管理→系统设置→Artifactory，并配置相关信息（参见图 4-138）。

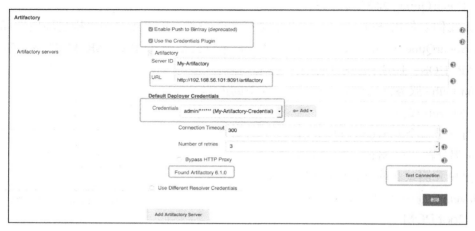

▲图 4-138　添加 Artifactory 服务器并配置

- 最上面的 Enable Push to Binary 需要勾选，这是个全局开关。
- 建议勾选 Use the Credential Plugin，下面的服务器认证内容通过 Credential Plugin 来存储，而不是直接在配置中明文配置，这样会更加安全。
- Server ID —— 给添加的这个 Artifactory 指定名称。
- URL —— Artifactory 的 URL 路径，一般默认采用 http://${ip}:${port}/artifactory 的格式。
- Credentials —— 在 Credentials 中添加一个包含 Artifactory 用户名及密码的令牌。

全部配置完成后，可以单击右下角的 Test Connection 按钮来测试是否能够访问 Artifacoty 服务器。如果可以访问，会在下方显示发现当前 Artifactory 的版本，比如图 4-139 中的"Found Artifactory 6.1.0"，说明测试通过。

2. 在 Jenkins 任务中配置上传构件到 Artifactory

首先，要在任务中添加构建后操作的 Deploy artifacts to Artifactory。

选择"构建后操作"→"增加构建后操作步骤"→"Deploy artifacts to Artifactory（参见图 4-139)，再进行上传构件到 Artifactory 仓库的配置（参见图 4-140）。

这里的 Artifactory server、Target release repository、Target snapshot repository 都是下拉框选项。server 是在全局配置中配置好的，如果有一个，就默认显示；如果有多个，在下拉框中选择即可。

下面两个加框的选项用于为 Maven 构件选择 release 和 snapshot 仓库，一般需要单击

Refresh 按钮，刷新后可以获取所有可见仓库，然后从下拉列表选择即可（如果所需的项目仓库不存在，需要登录 Artifactory 以创建）。

▲图 4-139　增加构建后操作

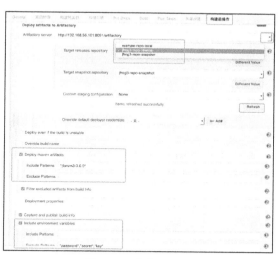

▲图 4-140　上传到 Artifactory

- Deploy maven artifacts

这里可以做一些包括和排除上的过滤，不是所有的构件都需要上传，支持正则匹配以及多个用逗号分隔的条件。

- Include environment variables

除了构件和属性文件之外，还可以将这次 Jenkins 构建的一些环境变量也上传到 Artifactory，以供记录和查看。

3. 在 Artifacory 中查看 Jenkins 构建信息

保存后执行一次构建，会在构建号右边以及任务界面看到 Artifactory 的标志，单击它可以直接跳转到 Artifactory 界面（参见图 4-141）。

跳转到的 Artifactory 界面会有这次 Jenkins 构建的基本信息，如任务名称、构建号、Jenkins 版本、Maven 版本、开始时间和构建时间，还有上传的模块信息，包括构件的名称、版本和依赖数量等（参见图 4-142）。

因为我们在 Jenkins 任务的 Deploy artifacts to Artifactory 中勾选了 Include environment variables 复选框，所以这里也会在 Environment 下看到一些 Jenkins 构建环境变量（参见图 4-143）。

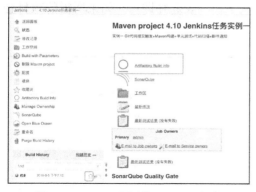

▲图 4-141 Jenkins 界面的 Artifacoty 标志

▲图 4-142 Artifactory 界面的 Jenkins 构建信息

▲图 4-143 Artifactory 界面的 Jenkins 任务环境变量

4. 在 Artifactory 仓库中查看上传的构件包

可以通过仓库查看界面查看最新上传的构件，因为给仓库设置了自动给构件添加独一无二的时间戳用以区分，所以直接下载或者通过 Jenkins 下拉获取都可以根据时间戳获取不同的小版本（参见图 4-144 和图 4-145）。

▲图 4-144 通过 Artifactory 仓库查看构建包 1

▲图 4-145 通过 Artifactory 仓库查看构建包 2

关于邮件提醒的设定，请参照 4.5 节的内容。

4.10 实例二：Git 源码下拉+参数化构建+多环境部署

在实际的项目开发中，因为一般使用的是后端多功能模块拆分、前后端分离的方式，所以在部署的时候，需要对每个模块和前后端分别部署，有时只需要部署某个或几个模块，有时需要全部重新部署，这就造成测试开发部署比较费时和混乱。这个时候，可以通过 Jenkins 的多任务风格进行构建，其中调用哪些子任务，调用子任务的条件判定，如何给子任务传递参数，都可以通过 Jenkins 强大的参数化插件来实现。

首先，因为这是一个多任务结构的任务，所以需要安装插件 MultiJob，该插件可以从 Jenkins 官方网站下载。

然后，在创建任务的时候，选择 MultiJob Project 风格的任务，如图 4-146 所示。

▲图 4-146 创建 MultiJob Project 风格的任务

4.10.1 任务参数化

在我们平时的部署中，因为一般分为开发环境和测试环境，项目的代码采用前后端分离结构，所以需要通过传入参数实现前后端分离构建和部署。这种多模块和多环境的构建任务，一定需要非常灵活地选择和传入参数，参数构建化配置需要勾选"参数化构建过程"复选框。

这里依赖的第三方插件如下。

- Active Choices Plugin
- Git Parameter Plugin

1. 构建环境

选择构建环境——一般分为 test 和 dev。这里使用简单的 Choice 参数，即选择 test 或 dev，如图 4-147 所示。

2. 后端部署参数

对于后端部署的 Git 拉取分支，这里使用 Git Parameters，把 Git 项目的所有分支和 tag 列出来以进行选择，如图 4-148 所示。

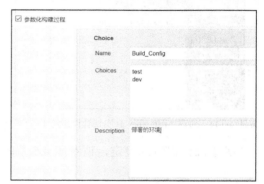

▲图 4-147　配置构建环境参数

对于后端部署的路径，这里用了 Active Choices Plugin 的根据其他参数自动变更内容的功能，这里不需要手动填写，而是根据某个或多个参数的内容进行脚本判断，将返回值作为该参数的内容返回。

Choice Type 有几种类型，这里我们只需要返回一个字符串，所以选择了 Single Select，其他选项有 Multi Select、Radio Buttons、Check Boxes，如图 4-149 所示。

如图 4-150 所示，支持 Groovy 脚本和 Scriptler 脚本，这里 Groovy 脚本最终返回一个值，即该参数的值。由于最新的 Jenkins 开始对安全进行规范，因此只要在任务中执行脚本，就需要勾选下面的 Use Groovy Sandbox 选项，不然运行时会报错。

Referenced parameters 是使用这个插件的最主要原因，它可以根据定义的其他参数来动态设定当前参数，如图 4-150 所示。比如，Build_Config 是上面设定的一个简单的选择参数，用于判断是 test 还是 dev 环境。根据这个选项，Groovy 会返回不同的路径值。下面的 Fallback Script 内容是用来作为安全保障的，即上面脚本如果本身执行错误，会返回 Fallback Script 中的内容（示例中没有进行设置，根据需要可以返回一个值）。

对于后端部署节点，这里也用了 Active Choices Plugin，返回值要符合 Jenkins 的 Slave 节点名称或标签名，如图 4-151 所示。

▲图 4-148　配置后端分支参数　　　　　　　　▲图 4-149　后端部署路径参数的类型

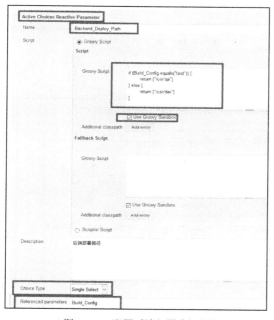

▲图 4-150　配置后端部署路径参数

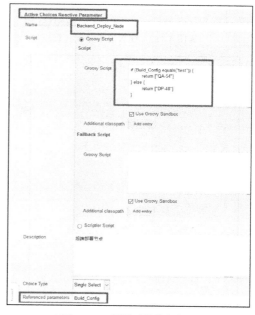

▲图 4-151　配置后端节点参数

3. 前端部署参数

前端部署的 Git 拉取分支参见图 4-152。前端部署的路径参见图 4-153。前端部署的节点参见图 4-154。单击 Build With Parameters，出现图 4-155 所示界面。

▲图 4-152　配置前端分支参数

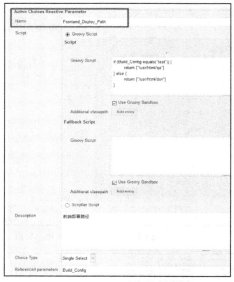

▲图 4-153　配置前端路径参数

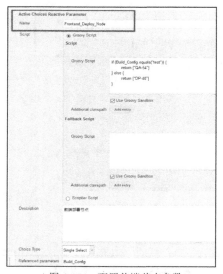

▲图 4-154　配置前端节点参数

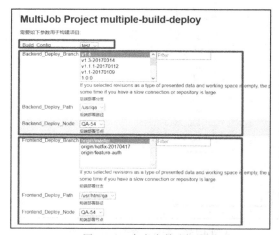

▲图 4-155　任务参数选择界面

4.10.2　多项目代码下拉

虽然在参数中使用 Git parameter 来自动获取项目分支和标签，但是为了动态获取多个项目的分支和标签，需要配置源码管理部分。之前常用的 Git 只支持单个项目的源码下拉，这里可以使用另一个插件来进行多个 Git 项目的源码下拉。

依赖的 Multiple SCMs Plugin 插件可以从 Jenkins Wiki 官网获取。

如图 4-156 和图 4-157 所示,选择"源码管理"标签,单击 Multiple SCMs 单选按钮,添加多个项目,并且为每个项目设定 Additional Behaviours。

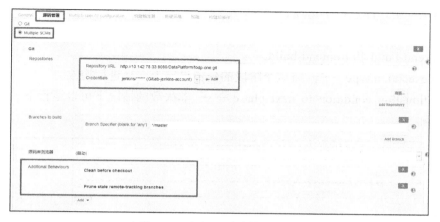

▲图 4-156　多个 Git 仓库的下拉配置 1

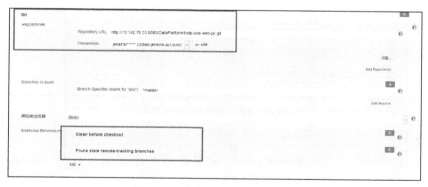

▲图 4-157　多个 Git 仓库的下拉配置 2

- Clean before checkout —— 每次下拉代码前清空 workspace 下无关的没有提交的文件,保证文件整洁。
- Prune stable remote-tracking branches —— 删除远端没有但本地有的个人分支,保持分支同步。

4.10.3　配置多阶段子任务

因为是多任务风格的项目,所以实际上通过配置与调用不同子任务来控制执行的顺序和条件。

选择"构建"→"增加构建步骤"→"MultiJob Phase"（参见图 4-158）。

1. 构建和打包

在图 4-159 中，注意以下选项。

- Phase jobs —— 这里调用两个构建子任务 backend-build 和 frontend-build。
- Job execution type —— 将这个阶段的任务设定为并行进行构建。
- Continuation condition to next phase —— 非失败的情况下可以运行下一个阶段的子任务。

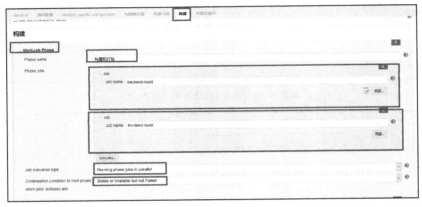

▲图 4-158　多阶段任务配置 1

▲图 4-159　多阶段任务配置 2

2. 部署

如图 4-160 所示，对于 Phase jobs，这里调用两个部署子任务 backend-deploy 和 frontend-deploy。

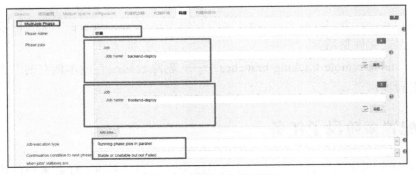

▲图 4-160　多阶段任务配置 3

3. 子任务的高级配置

对上面提到的每个阶段的子任务还可以进行高级配置（参见图 4-161）。注意以下选项。

- Abort all other job —— 如果该子任务失败，同时也停止该阶段的其他任务。
- Current job parameters —— 把该主任务构建的参数和环境变量传入该子任务，如一些分支路径参数。

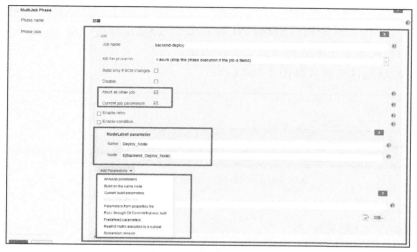

▲图 4-161　子任务的高级配置 1

- Enable retry —— 支持多次尝试（可设定次数）。
- Enable condition —— 可以设定是否执行该子任务的条件，例如，判断某个参数是否等于某个值（如图 4-162 所示）。

▲图 4-162　子任务的高级配置 2

除此之外，子任务还支持多种参数化的类型，对于 Add Parameters，可以选择布尔参数、文件内容参数、Git 提交参数等，这里使用了 NodeLabel parameter。这个与其说是传参，不如说就是指定该子任务在什么节点上运行，这里节点使用的就是最初主任务设定的参数 ${Backend-Deploy-Node}。

4.10.4　在子任务之间传递部署执行文件

因为对于不同模块、不同环境以及不同阶段都在不同的节点上执行子任务，所以部署子任务需要从上一个构建打包任务中拉取可执行文件以进行部署。

这里使用了一个第三方插件 Copy Artifact Plugin，该插件可以从地址 Jenkins Wiki 官网下载。

1. 选择构建步骤

在 Build 中添加构建步骤 Copy artifacts from another project，如图 4-163 所示。

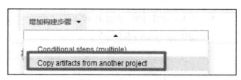

▲图 4-163　添加 copy artifacts from another project 构建步骤

选择从另一个任务拉取构件的模式有如下几种，这里选择的是从设定任务最新完成的一次构建的工作目录中拉取构件文件（见图 4-164）。

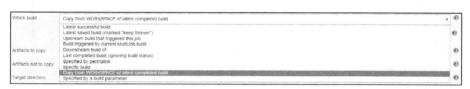

▲图 4-164　选择哪一次构建以获取 artifacts

2. 具体配置

具体配置如图 4-165 所示。

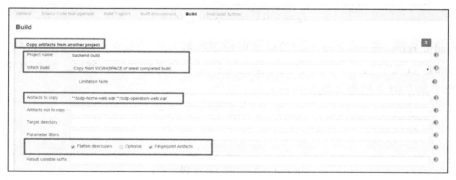

▲图 4-165　配置 Copy artifacts from another project

- Project name —— 表示从哪个任务中拉取需要的构件文件。
- Which build —— 上面所说的拉取方式。
- Artifacts to copy —— 如果为空，则拉取所有的构件文件，或者使用正则设定仅需要拉取的文件，用逗号分隔多个文件。
- Artifacts not to copy —— 类似于 Artifacts to copy，是排除选项。
- Target directory —— 构件拉取后存放的路径，空白表示当前任务的 workspace。
- Flatten directories —— 如果默认把构件文件的文件目录结构一起复制过来，这里勾选该选项表示不需要文件结构，只把文件本身直接复制到当前工作目录中。

4.11 Pipeline 和 Blue Ocean

4.11.1 Jenkins Pipeline

如今的持续集成和持续部署越来越复杂与多变，而且需要适应各种不同的环境，同时要支持及时更新和变动。界面配置的方式相对简单方便，并且容易上手。但如果整个 CI/CD 流程有很多步骤，需要对不同的模块进行配置或者需要涉及多个 Jenkins 任务，界面配置就无法进行灵活的管理和改动。

Jenkins Pipeline 则提供了一种基于脚本语言的方式来配置 Jenkins 任务，这种新的 Jenkins 任务配置方法称为 Pipeline-as-code。Pipeline 脚本可以直接填写在 Jenkins 任务配置中，但是更常见的方式是创建一个 Jenkinsfile，提交到项目的代码控制仓库中，每次通过代码触发或主动拉取代码进行构建。因此，Pipeline 的脚本文件也可以作为应用程序的一部分进行版本控制，并且可以进行代码审查。

创建 Jenkinsfile 并且提交到代码仓库的好处有以下几个。

- 可以自动为所有的分支和拉取请求创建 Pipeline。
- 可以对 Pipeline 的代码进行控制、审核和迭代。
- 存放在代码仓库中的 Pipeline 文件更加可靠，并且可以被多个开发人员查看和编辑。

目前 Jenkins 支持两种 Pipeline 语法——声明式和脚本式。

- 脚本式

基于 Groovy 语法编写的流水线脚本，更加灵活，提供更加丰富的语法功能。

- 声明式

Jenkins 自己封装的脚本语法，写起来更加方便和易懂、易读，但是对一些复杂功能的支持不太好。

上面提到 Pipeline 有灵活配置和代码管理的优点。当然，它还有很多其他的优点。

- 持久性

Pipeline 的任务不受 Master 节点重启的影响，都可以继续运行。

- 可暂停

Pipeline 的每个阶段都可以暂停，并且等待用户输入或操作复核后继续执行。

- 全面性

通过 Groovy 脚本可以实现更加复杂的功能。

- 可扩展性

Jenkins 插件支持使用自定义的 DSL 扩展来扩展流水线的功能。

1. Pipeline 基本概念

图 4-166 是一个通过流水线任务实现 CI/CD 场景的示例，可以看到整个流水线会分很多个阶段（Stage），并且每个阶段会并行执行不同的任务。在流水线（包括所有的代码下拉、构建、部署和测试流程）中，需要理解的几个最基本概念如下。

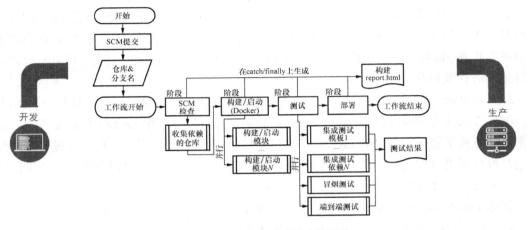

▲图 4-166　Jenkins 中的流水线示例

- 节点

节点是流水线运行的环境，可以是一台虚拟机，也可以是容器环境或 Kubernetes 集群中的一个 Pod，不同的步骤可以在不同的节点上运行。

- 阶段

阶段从概念上对流水线的不同任务进行声明和划分，比如，常说的"构建""测试""部署"等都是不同的阶段，最终的界面流水线也基于阶段的状态和结果来进行展示。

- 步骤

步骤是具体实施的最基本单元，比如，执行 Shell 脚本、拉取代码、发送邮件等，都是不同的步骤，Jenkins 的步骤可以通过安装插件来进行增强和扩展。

如果是脚本式的 Jenkinsfile，模板格式大致如下。

```
node {
    stage('Build') {
        // step1
        // step2
    }
    stage('Test') {
        // step1
```

```
        // step2
        // step3
    }
    stage('Deploy') {
        // step1
        // step2
        // step3
    }
}
```

2. 使用流水线的条件

如果要使用流水线，必须满足下面两个条件。

1）Jenkins 版本是 2.x 或以上。

2）需要安装插件 Pipeline Plugin，下载地址为 Jenkins 官网，插件安装参照 3.7 节。

3. 创建 Jenkins 流水线任务

通过 UI 创建一个流水线风格的任务（参见图 4-167）。

可以直接在下面的流水线部分输入 Pipeline 脚本内容（参见图 4-168），

▲图 4-167 创建一个流水线风格的任务

脚本编辑框会对脚本进行语法校验，如果失败，会在左边的行数上显示红色的叉号。下面的"流水线语法"是非常有用的，单击之后进入 Pipeline Syntax 界面（参见图 4-169）。

▲图 4-168 直接编写 Pipeline 脚本

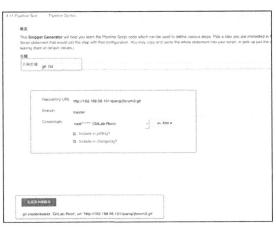

▲图 4-169 Pipeline Syntax 界面

- 示例步骤 —— 下拉后会有很多用于平时界面配置的选项，比如，这里选择了一个

Git 仓库代码下拉的步骤。
- 步骤内容 —— 下面就是 UI 的配置，可以按照平时的 UI 配置进行配置。
- 生成流水线脚本 —— 单击该按钮，会将 UI 的步骤转换成 Pipeline 中的步骤，也就是上面提到的 Step。

借助上面的 Pipeline 语法工具，我们写了一个简单的 Pipeline 脚本。通过 Pipeline 脚本来实现前面 Maven 项目的源码下拉、测试、构建和上传等功能。

```
node('dev-node') {
    def server
    def buildInfo
    def rtMaven

    stage('Checkout SCM') {
        // 源码下拉，传入 credential Id
        git credentialsId: 'GitLab-Root', url: 'http://192.168.56.101/qianqi/jforum3.git'
    }
    stage ('Artifactory configuration') {
        // Artifactory server 名称需要提前在全局配置中配置好
        server = Artifactory.server 'My-Artifactory'
        rtMaven = Artifactory.newMavenBuild()
        // Maven 工具名称是在全局配置中配置的 Maven 名称
        rtMaven.tool = 'CentOS7-Maven'
        rtMaven.deployer releaseRepo: 'jfrog3-repo-release', snapshotRepo: 'jfrog3-repo-snapshot', server: server
        rtMaven.deployer.deployArtifacts = false // 在 Maven 运行期间禁用 artifacts 部署
        buildInfo = Artifactory.newBuildInfo()
    }
    stage('Test') {
        rtMaven.run pom: 'pom.xml', goals: 'clean test'
    }
    stage('Deploy') {
        rtMaven.run pom: 'pom.xml', goals: 'clean package -DskipTests', buildInfo: buildInfo
    }
    stage ('Publish build info') {
        rtMaven.deployer.deployArtifacts buildInfo
        server.publishBuildInfo buildInfo
    }
}
```

当然，推荐通过代码版本来管理 Pipeline 脚本，可以将该脚本内容另存为 Jenkinfile 文件，存放于项目的根目录下（参见图 4-170）。
- 定义 —— 选择 Pipeline script from SCM。
- SCM —— 有多种，这里选择 Git。

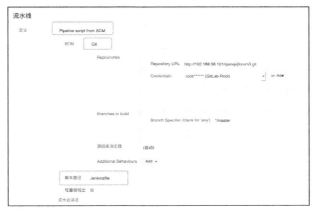

▲图 4-170 通过源码仓库下拉 Jenkinsfile 方式构建

- 脚本路径 —— 这里是相对路径，默认是在项目根目录下，填写 Jenkinsfile 即可。

不论是直接填写脚本内容，还是通过代码仓库拉取的 Jenkinsfile，最终进行构建并构建成功后，可以在任务界面上看到 Stage View（参见图 4-171）。

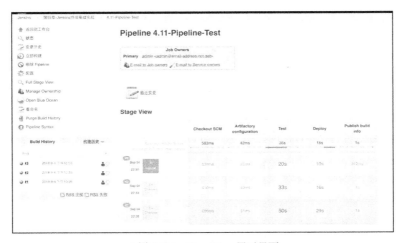

▲图 4-171 StageView 展示界面

4. 常用的 Pipeline 步骤

这里所有的例子都是基于 Scripted Pipeline 脚本式语法进行演示的。

用于拉取的源码如下。

```
stage("Checkout") {
    checkout([
        $class: 'GitSCM',
        branches: [[name: '*/master']],
        userRemoteConfigs: [[credentialsId: 'GitLab-Root', url: "http://192.168.56.101/
```

```
            qianqi/jforum3.git"]],
        extensions: [[$class: 'WipeWorkspace']]
    ])
}
```

还有更简单的写法。

```
git credentialsId: 'GitLab-Root', url: 'http://192.168.56.101/qianqi/jforum3.git'
```

通过以下代码构建 Maven 并且上传到 Artifactory 仓库。

```
stage("Stage-Build and Push to Artifactory") {

    // Artifactory server 名称需要提前在全局配置中配置好
    def server = Artifactory.server "My-Artifactory"
    def rtMaven = Artifactory.newMavenBuild()
    // Maven 工具名称是在全局配置中配置的 Maven 名称
    rtMaven.tool = "MVN3"
    // Artifactory 中仓库的名称
    rtMaven.deployer releaseRepo: 'test-release', snapshotRepo: 'test-snapshot',
    server: server

    def buildInfo = Artifactory.newBuildInfo()

    rtMaven.run pom: 'pom.xml', goals: "clean package -Pdev -DskipTests", buildInfo:
    buildInfo

    server.publishBuildInfo buildInfo
}
```

如果只是单纯想进行 Maven 构建打包，可以简单写成如下形式。

```
// JDK 和 Maven 的名称都需要在工具配置中提前配置好
withMaven(jdk: 'JDK8', maven: 'CentOS7-Maven') {
    sh "mvn clean package"
}
```

通过以下代码构建 Gradle 并上传到 Artifactory 仓库。

```
stage("Stage-Build and Push to Artifactory") {

    // Artifactory server 名称需要提前在全局配置中配置好
    def server = Artifactory.server "My-Artifactory"
    def rtGradle = Artifactory.newGradleBuild()
    def buildInfo
    // Gradle 工具名称是在全局配置中配置的名称
    rtGradle.tool = "Gradle-2.4"
    // Artifactory 中仓库的名称
    rtGradle.deployer repo:'ext-release-local', server: server
```

```
    buildInfo = rtGradle.run rootDir: "gradle-examples/4/gradle-example-ci-server/",
    buildFile: 'build.gradle', tasks: 'clean artifactoryPublish'

    server.publishBuildInfo buildInfo
}
```

通过以下代码归档构建结果。

```
stage("Archive Build Output") {
    sh "mkdir -p output"
    writeFile file: "output/usefulfile.txt", text: "This file is useful, need to
    archive it."
    writeFile file: "output/uselessfile.md", text: "This file is useless, no need to
    archive it."
    // 通过excludes 可以保留一些不归档的文件
    archiveArtifacts artifacts: 'output/*.txt', excludes: 'output/*.md'
}
```

通过以下代码扫描 SonarQube 代码。

```
stage('SonarQube analysis') {
    // 该SonarQube 环境要在全局变量中提前配置好
    withSonarQubeEnv('My-SonarQube') {
        sh "mvn clean package $SONAR_MAVEN_GOAL -Dsonar.host.url=$SONAR_HOST_URL
        -Dsonar.projectName=jfrog3"
    }

    junit (
        allowEmptyResults: true,
        testResults: '**/surefire-reports/**.xml'
    )
}

// 获取SonarQube 扫描的结果，并且判断Pipeline 运行是否成功
stage("Quality Gate") {
    def qg = waitForQualityGate()
    echo "qg.status: " + qg.status
    env.SonarScanResult = qg.status
    env.sonarScanResult = qg.status
    echo "SonarScanResult value is: ${env.SonarScanResult}"
    if (qg.status != 'OK') {
        error "Pipeline aborted due to quality gate failure: ${qg.status}"
    }
}
```

通过以下代码发送邮件。

```
stage('Notification') {
  emailext (
    body: '${SCRIPT, template="trigger-sonar.template"}',
```

```
        mimeType: 'text/html',
        to: "${env.Mail_List}",
        subject: "代码提交触发构建结果 ${module_name}(${BRANCH_TO_BUILD}) - Build
#${BUILD_NUMBER} - ${BUILD_STATUS}!",
        attachLog: true
    )
}
```

等待输入参数,再继续执行下面的代码。

```
def input_map = input(
    message: '是否继续部署步骤?(仅开发负责人有权限执行此步)',
    ok: "同意",
    parameters: [
        string(defaultValue: 'Prod', description: '部署环境', name: 'Deployment_Env'),
    ],
    // 这里只有submitter列表中的用户才能输入参数,单击"下一步"按钮确定
    submitter: "${env.Dev_Leader_User}",
    // 这里是将最终输入参数的用户传给 Stage_Submitter 这个变量
    submitterParameter: 'Stage_Submitter'
)
```

通过以下代码在多个节点上并行运行任务。

```
def labels = ['dev-node', 'test-node'] // 不同的节点标签名
def builders = [:]
for (x in labels) {
    def label = x //先用def进行定义

    builders[label] = {
        node(label) {
            // 构建步骤
        }
    }
}

parallel builders
```

引用外部的 Groovy 脚本。假设外部有两个文件 externalMethod.groovy 和 externalCall.groovy。

引用 externalMethod.groovy 的代码如下。

```
def call(String whoAreYou) {
    echo "Now we're being called more magically, ${whoAreYou}, thanks to the call(...)
    method."
}

return this;
```

引用 externalCall.groovy 的代码如下。

```
def lookAtThis(String whoAreYou) {
    echo "Look at this, ${whoAreYou}! You loaded this from another file!"
}

return this;
```

在 Jenkinsfile 中可以通过如下写法调用外部 Groovy 脚本中的方法。

```
stage('Test') {
    // 载入'externalMethod.groovy'文件
    def externalMethod = load("externalMethod.groovy")

    // 调用 externalMethod.groovy 里面的 lookAtThis 方法，并且传入参数
    externalMethod.lookAtThis("Steve")

    // 载入'externalCall.groovy'文件
    def externalCall = load("externalCall.groovy")

    // 因为'externalCall.groovy'文件中定义的是 call 方法，所以这里可以直接调用
    externalCall("Steve")
}
```

其实还有很多步骤，这里只列举了一些常用步骤，而且如果使用声明式的脚本编写 Pipeline，语法会不太相同，这些都可以参考 Jenkins 官网的 Jenkins Steps Reference 页面，查询不同步骤的具体使用参数和配置。

5. Maven 构建流水线模板

这里举一个进行 Maven 构建打包并部署的完整例子（基于脚本式的 Groovy 语法）。其中，变量 ${Mail_List}、${Remote_Server1_Credential}、${Maven_Package_Path}、${Remote_Server1_Username}、@${Remote_Server1_IP}、${Remote_Server1_CopyToPath}可根据实际的项目情况来替换。完整的代码如下。

```
node('dev-node') {

    stage("Stage1 - 拉取指定分支代码，进行 Maven 构建") {

        // checkout 步骤用于拉取 GitLab 的代码
        checkout([
            $class: 'GitSCM',
            branches: [[name: "*/master"]],
            extensions: [
                [$class: 'CleanBeforeCheckout'],
                [$class: 'PruneStaleBranch']
            ],
            userRemoteConfigs: [
                [credentialsId: 'GitLab-Root', url: "http://192.168.56.101/qianqi
```

```
                "/jforum3.git"]
        ]
    ])

    // readMavenPom 指定 Maven 构建使用的 POM 路径（相对于项目根目录的路径）
    // 如果没有这一步骤，下面的 withMaven 会默认使用根目录下面的 pom.xml
    readMavenPom (
        file: "pom.xml"
    )

    // 这里的 try-catch 用于防止 maven 构建失败，发送邮件给相关人员进行通知
    try {
        // withMaven 会执行 Maven 构建指令并且在 Jenkins 任务界面生成 Unit Test 结果
        // 这里为 JDK 和 Maven 参数填写的是在 Jenkins 中配置的一个 ID，不是具体的执行路径，在 Jenkins
        // 中已经配置好，所以这里无须修改
        // 配置人员需要修改的是 sh 部分的执行指令，根据情况来填写，Build_Config 是从构建参数中传入的
        withMaven(jdk: 'JDK8', maven: 'CentOS7-Maven') {
            sh 'mvn clean package -DskipTests'
        }
    } catch (err) {
        // 输出错误
        println err
        // 发送构建失败邮件通知
        emailext (
            body: """
                <p>拉取源码进行 Maven 构建打包失败<p>
                <p>Pipeline 页面：<a href='${env.JENKINS_URL}blue/organizations/jenkins/
                ${env.JOB_NAME}/detail/${env.JOB_NAME}/${env.BUILD_NUMBER}/pipeline'
                >${env.JOB_NAME}(pipeline page)</a></p>
                <p>请查看 Pipeline 页面的日志定位问题</a></p>
            """,
            to: "${Mail_List}",
            subject: "${env.JOB_NAME}-${env.BUILD_NUMBER}-Maven 构建打包失败",
            attachLog: true
        )

        // 中止该任务并输出错误信息
        error "Maven 构建打包失败"
    }
}

stage("Stage2 - 把构建包传到部署的机器上") {

    // 这里的 try-catch 用于防止传输文件到远程机器失败，发送邮件给相关人员进行通知
    try {
        // sshagent 的参数是一个 credential 列表，可以有多个，也可以有一个
        // 这里只在环境配置中配置一个 Server1 的认证，至此，可以登录该远程 Server1 进行部署操作
        sshagent(["${Remote_Server1_Credential}"]) {
            // 这里的 shell 脚本部分主要用于把 Jenkins 节点构建的可执行文件上传到远程部署机器上，
            // 然后测试下是否可以远程登录，并且查看文件是否传输成功
```

```groovy
                sh '''
                scp ${Maven_Package_Path} ${Remote_Server1_Username}@${Remote_Server1_IP}:${Remote_Server1_CopyToPath}
                ssh -t -t -o StrictHostKeyChecking=no ${Remote_Server1_Username}@${Remote_ Server1_IP} """
                cd ${Remote_Server1_CopyToPath}
                ls -al
                """
                '''
            }
        } catch (err) {
            // 输出错误
            println err
            // 发送构建失败邮件通知
            emailext (
                body: """
                <p>传输可执行文件到远程机器目录失败<p>
                <p>Pipeline 页面： <a href='${env.JENKINS_URL}blue/organizations/jenkins/${env.JOB_NAME}/detail/${env.JOB_NAME}/${env.BUILD_NUMBER}/pipeline'>${env.JOB_NAME}(pipeline page)</a></p>
                <p>请查看 Pipeline 页面的日志定位问题</a></p>
                <p>查看是否是 credential 无效或者远端目录权限限制问题</p>
                """,
                to: "${Mail_List}",
                subject: "${env.JOB_NAME}-${env.BUILD_NUMBER}-传输可执行文件到远端机器失败",
                attachLog: true
            )

            // 中止该任务并输出错误信息
            error "复制可执行文件到远程部署机器失败"
        }

    // 打包和传输步骤都成功，则发送邮件通知构建打包和传输成功，并且告知文件传输位置信息
    emailext (
        body: """
        <p>拉取源码进行构建打包成功</p>
        <p>Maven 构建的包已经传送到远程机器的目录下
        <p>Pipeline 页面： <a href='${env.JENKINS_URL}blue/organizations/jenkins/${env. JOB_NAME}/detail/${env.JOB_NAME}/${env.BUILD_NUMBER}/pipeline'>${env.JOB_NAME}(pipeline page)</a></p>
        """,
        to: "${env.Mail_List}",
        subject: "${env.JOB_NAME}-${env.BUILD_NUMBER}-构建打包（没有部署）",
        attachLog: true
    )

}


stage("stage3 - 在远程机器上进行部署操作") {
```

```groovy
        // 这里的try-catch设定如果部署脚本失败，则发送邮件通知相关人员
        try {
            // 如果部署涉及多台机器，这里可以添加多个Remote_Credential
            sshagent(["${env.Remote_Server1_Credential}"]) {
                // 这里的sh部分的shell脚本是部署的实际内容，这里首先登录远程机器
                // 然后可以执行具体的指令，或者调用远程机器上的部署脚本（注意设定的远程用户的权限）
                sh '''
                    ssh -t -t -o StrictHostKeyChecking=no ${Remote_Server1_Username}
                    @${Remote_Server1_IP} """
                    cd ${Remote_Server1_CopyToPath}
                    ls -al
                    """
                '''
            }

            // 发送邮件给相关人员，通知部署成功
            emailext (
                body: """
                    <p>在${Remote_Server1_IP}节点部署成功</p>
                    <p>Pipeline页面： <a href='${env.JENKINS_URL}blue/organizations/
                    jenkins/ ${env.JOB_NAME}/detail/${env.JOB_NAME}/${env.BUILD_NUMBER}
                    /pipeline'>${env.JOB_NAME}(pipeline page)</a></p>
                """,
                to: "${env.Mail_List}",
                subject: "${env.JOB_NAME}-${env.BUILD_NUMBER}-部署成功",
                attachLog: true
            )

        } catch (err) {
            // 输出错误
            println err
            // 发送邮件通知部署失败
            emailext (
                body: """
                    <p>拉取源码在${Remote_Server1_IP}节点上部署失败<p>
                    <p>Pipeline页面： <a href='${env.JENKINS_URL}blue/organizations/
                    jenkins/ ${env.JOB_NAME}/detail/${env.JOB_NAME}/${env.BUILD_NUMBER}
                    /pipeline'>${env.JOB_NAME}(pipeline page)</a></p>
                    <p>请查看Pipeline页面的日志定位问题</a></p>
                """,
                to: "${env.Mail_List}",
                subject: "${env.JOB_NAME}-${env.BUILD_NUMBER}-部署失败",
                attachLog: true
            )

            // 中止该任务并输出错误信息
            error "在远程机器上部署失败"
        }
    }
}
```

4.11.2 多分支流水线任务

上面提到了通过代码版本仓库创建基于 Pipeline 脚本的 Jenkinsfile，每次触发流水线任务都会拉取指定分支的项目代码，执行 Jenkinsfile 中的所有阶段和步骤。

尽管任务只需要下拉脚本文件即可，但是对于多分支的项目，如果需要所有的分支都运行 CD/CD 任务，那么需要手动为每个分支创建流水线任务，这样很不方便，而且无法为新创建的分支更新任务。

所以基于上面这种情况，Jenkins 还提供了加强型的多分支流水线任务类型，以提供更加动态和自动化的功能。看名称就知道这种类型的任务适用于多分支的项目，可以实现为项目的不同分支创建不同的 Jenkinsfile，并且 Jenkins 会自动发现、管理和执行源代码管理中不同分支包含的 Jenkinsfile 脚本。

下面以一个通过 npm 构建 Node.js 和 React 项目的例子来描述如何创建和配置一个多分支流水线任务。

GitLab 项目的地址为 http://192.168.56.101/qianqi/react-example.git，目前有 3 个分支——master、development、production，并且每个分支都有自己的 Jenkinsfile。

然后，通过 Jenkins 界面创建一个"多分支流水线"类型的任务（如图 4-172 所示）。

配置 Git 项目分支源（项目代码和 Jenkinsfile 都存放于该项目中，如图 4-173 所示），可以看到这里比之前的源码配置多了一个 Discover branches 选项，说明该任务会自动发现项目的分支。

在 Build Configuration（构建配置）部分，需要配置一下 Jenkinsfile 的路径（这里是相对路径）。如果在根目录下，直接使用默认配置即可。下面的扫描多分支触发部分，用于设定扫描分支的条件，一般都会采取定时任务的方式，时间间隔可以设置为 1 分钟到 4 周（如图 4-174 所示）。

▲图 4-172　创建"多分支流水线"类型的任务

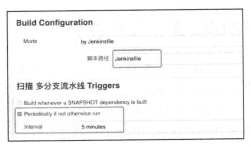

▲图 4-173　为多分支项目配置 Git 分支源　　　　▲图 4-174　构建配置

到目前为止，项目已基本配置完成，保存该项目，可以看到在任务界面会自动创建 3 个子任务（如图 4-175 所示），对应我们已有的所有分支。另外，上面的定时任务配置为 5 分钟，所以每隔 5 分钟，Jenkins 就会去拉取项目代码，查看是否有新增分支或者已有分支是否有新增的代码提交，并且触发对应的分支以执行构建任务。

1. 为 master 分支更新 Jenkinsfile

我们将 master 分支的 Jenkinsfile 修改为如下内容，并且提交到代码仓库。

▲图 4-175　分支扫描

```
node {
    withEnv(['CI=true']) {
        // 在 Pipeline 中使用 Docker，需要安装 Docker Pipeline 插件
        withDockerContainer(args: "-p 3000:3000 -p 5000:5000 -u root", image: "node:7-alpine") {
            checkout scm
            stage('Build') {
                sh 'npm install'
            }
            sh "echo ${env.BRANCH_NAME}"
            // 只有当分支为 master 时才执行 Test 阶段
            if ("${env.BRANCH_NAME}" ==~ /.*master/) {
                stage('Test') {
                    sh './jenkins/scripts/test.sh'
                }
            }
            // 只有当分支为 development 时才执行 Deliver for development 阶段
            if ("${env.BRANCH_NAME}" ==~ /.*development/) {
                stage('Deliver for development') {
                    sh './jenkins/scripts/deliver-for-development.sh'
                    input message: 'Finished using the web site? (Click "Proceed" to continue)'
```

```
                    sh './jenkins/scripts/kill.sh'
            }
        }
        // 只有当分支为 production 时才执行 Deploy for production 阶段
        if ("${env.BRANCH_NAME}" ==~ /.*production/) {
            stage('Deploy for production') {
                sh './jenkins/scripts/deploy-for-production.sh'
                input message: 'Finished using the web site? (Click
                "Proceed" to continue)'
                sh './jenkins/scripts/kill.sh'
            }
        }
    }
}
```

可以耐心等待几分钟，Jenkins 会自动发现代码提交并触发构建，也可以单击任务左边的扫描"多分支流水线 Now"按钮立即进行分支和提交的检查任务，并且触发构建运行。构建完成后，可以通过分支任务界面的 Stage View 查看所有执行步骤（如图 4-176 所示）。

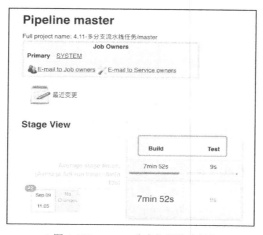

▲图 4-176　master 分支执行构建任务

如果出现类似 Got permission denied while trying to connect to the Docker daemon socket at unix:/// var/run/docker.sock 的报错消息，需要登录 Jenkins 后台，执行如下指令来把 Jenkins 用户加入到 root 群组中，并且重启 Jenkins 服务。

```
sudo usermod -aG root jenkins
sudo usermod -aG docker jenkins
chmod 664 /var/run/docker.sock
service jenkins restart
```

2. 为 development 分支更新 Jenkinsfile

development 分支的 Jenkinsfile 文件和 master 分支的一样,并且提交到 development 分支。虽两个分支的 Jenkinsfile 文件是同一个 Jenkinsfile 文件,但因为我们对分支做了条件判断,所以执行的阶段和内容就会不同(如图 4-177 所示),相对于 master 分支,development 跳过了 Test 阶段,进入 Deliver for development 阶段。

3. 为 production 分支更新 Jenkinsfile

将同样的 Jenkinsfile 文件提交到 production 分支,但是可以看到通过条件的设定,执行的内容还是不同(如图 4-178 所示)。

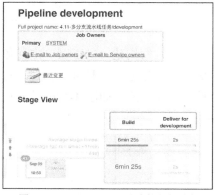

▲图 4-177 development 分支执行构建任务

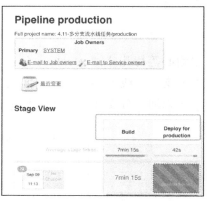

▲图 4-178 production 分支执行构建任务

4.11.3 通过 Blue Ocean 展示和创建任务

Blue Ocean 是 Jenkins 最近开发的一个更加直观、美观的用于展示流水线任务的模块,比如,对于上面提到的多分支流水线任务,我们可以通过传统的 Stage View 查看流水线的所有阶段以及耗时和日志等信息。

可以单击任务左边的 Open Blue Ocean 按钮来切换到 Blue Ocean 界面(如图 4-179 所示)。

可以看到 Blue Ocean 首先会展示多分支项目的所有分支(如图 4-180 所示)。

选择其中某个分支,可以看到具体的构建任务列表,选择最近的一次构建任务,可以看到展示的每个阶段,并且下面会有当前选中阶段中每个步骤和日志的记录(如图 4-181 所示)。

▲图 4-179 切换到任务的 Blue Ocean 界面

▲图 4-180　Blue Ocean 多分支任务界面

▲图 4-181　展示 Blue Ocean 流水线阶段

1. 安装 Blue Ocean

如果 Jenkins 已经安装好，就可以通过安装插件的方式安装 Blue Ocean，选择"系统管理"→"管理插件"→"可选插件界面"，然后在右上角的搜索框中输入 blue ocean，安装搜索出来的最上面的 Blue Ocean 插件即可，如图 4-182 所示。

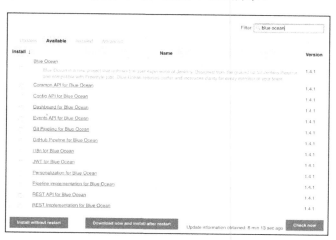

▲图 4-182　安装 Blue Ocean 插件

如果还没有安装 Jenkins，可以通过容器的方式，直接启动 Blue Ocean 的镜像 jenkinsci/blueocean 即可。

2. 通过 Blue Ocean 创建多分支流水线任务

首先，登录 Blue Ocean 的主界面 http://192.168.56.101:8080/blue/pipelines，单击右上角的"创建流水线"按钮即可创建一个新的流水线任务（如图 4-183 所示）。

要添加流水线任务的下拉代码仓库源，可以从 GitHub、Bitbucket 之类的公有代码仓库下拉，也可以从私有代码仓库下拉，比如我们自己搭建的 GitLab 代码仓库（如图 4-184 所示）。

▲图 4-183　通过 Blue Ocean 创建流水线任务　　▲图 4-184　选择流水线任务的下拉代码仓库源

对于私有的代码仓库，Blue Ocean 会提供一个 SSH Key。需要把这个 SSH Key 手动添加到源码仓库中，Blue Ocean 才有权限去下拉私有仓库的代码。添加方法是选择"项目"→Settings→Repository，单击 Deploy Keys 按钮（如图 4-185 所示）。

如果源码仓库有 Jenkinsfile，则会直接创建任务，为搜索到的分支执行 Jenkinsfile 的内容；如果源码仓库没有 Jenkinsfile，那么会跳转到 Blue Ocean 的编辑器页面（如图 4-186 所示），然后可以通过界面的方式编辑 Jenkinsfile 并且上传到代码仓库中。

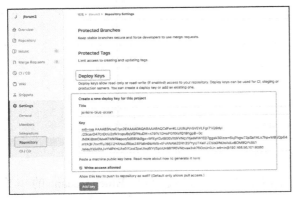

▲图 4-185　为源码项目添加 SSH Key　　　　▲图 4-186　Blue Ocean 的流水线编辑器

4.12　在 Jenkins 中集成 Kubernetes

4.12.1　基于 Kubernetes 集群的 Jenkins

在最近的工作中，将 Jenkins 环境迁移到了 Kubernetes 集群，包括 Jenkins 的 Master 和 Slave 节点都是直接通过 Kubernetes 进行部署和更新的。如图 4-187 所示，Jenkins Master 和 Slave 节点都位于 Kubernetes 的不同节点上，Master 节点的主目录通过磁盘挂在持久化的宿主机或 NFS 等中，保证数据的高可用性，这样即使 Jenkins 服务挂掉，重新部署环境后，之前的数据也依然存在。

Jenkins Slave 节点是由 Kubernetes 集群自动动态生成的，随机在资源空闲的节点上创建一个 Pod，在 Pod 中可以定义多个容器，任务结束后，Slave 自动注销并删除该 Pod，资源自动释放。如果 Slave 节点的某些数据需要和宿主机共享，也可以通过磁盘挂载的方式进行数据共享和数据持久化。

使用这种方式的好处是，资源可以动态生成和销毁，能够合理利用资源，并且能够给任务提供干净的初始化环境。当然，Kubernetes 创建的 Pod 也可以保留，用于状态和问题的追踪。

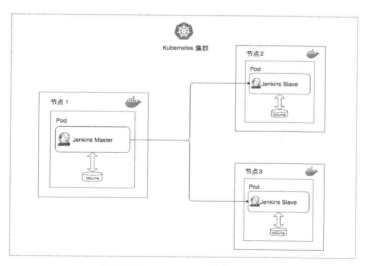

▲图 4-187　Kubernetes 上的 Jenkins

本节只简单介绍了如何对基于 Kubernetes 集群环境的 Jenkins 进行持续构建和部署，需要具备 Kubernetes 的基础知识，这里不再详细展开介绍，具体内容可以参考 Kubernetes 官网。

4.12.2 安装 Jenkins Master

Jenkins Master 节点可以只部署一个,但是 Jenkins 主目录必须挂载以进行持久化,这样才能防止服务器意外宕机带来的数据丢失。AWS 自带 EBS,可以做数据的持久化。如果在本地,可以挂载到宿主机的某个目录下或者在本地搭建 NFS 分布式存储。

1. 基于 AWS 环境的 Kubernetes 集群
- gp2-storage-class.yaml —— 为 AWS 上的 Kubernetes 集群创建一个基于 EBS 存储的 StorageClass,命名为 gp2。

```yaml
kind: StorageClass
apiVersion: storage.k8s.io/v1
metadata:
  name: gp2
provisioner: kubernetes.io/aws-ebs
parameters:
  type: gp2
reclaimPolicy: Delete
allowVolumeExpansion: true
mountOptions:
  - debug
```

执行指令 - kubectl apply -f gp2-storage-class.yaml。

- jenkins-namespace.yaml —— 创建 Namespace,命名为 jenkins。

```yaml
apiVersion: v1
kind: Namespace
metadata:
  name: jenkins
```

执行指令 - kubectl apply -f jenkins-namespace.yaml。

- jenkins-master-pvc.yaml —— 创建一个持久化存储的声明。

```yaml
apiVersion: v1
kind: Namespace
metadata:
  name: jenkins
---
apiVersion: v1
kind: PersistentVolumeClaim
metadata:
  name: jenkins-pv-claim
  namespace: jenkins
  labels:
    k8s-app: jenkins
```

```yaml
spec:
  accessModes:
    - ReadWriteOnce
  resources:
    requests:
      storage: 10Gi
  storageClassName: gp2
```

执行指令- kubectl apply -f jenkins-master-pvc.yaml。

- jenkins-master-serviceaccount.yaml —— 创建 Jenkins 服务 RABC 账户权限。

```yaml
---
apiVersion: v1
kind: ServiceAccount
metadata:
  name: jenkins
  namespace: jenkins

---
kind: Role
apiVersion: rbac.authorization.k8s.io/v1beta1
metadata:
  name: jenkins
  namespace: jenkins
rules:
- apiGroups: [""]
  resources: ["pods"]
  verbs: ["create","delete","get","list","patch","update","watch"]
- apiGroups: [""]
  resources: ["pods/exec"]
  verbs: ["create","delete","get","list","patch","update","watch"]
- apiGroups: [""]
  resources: ["pods/log"]
  verbs: ["get","list","watch"]
- apiGroups: [""]
  resources: ["secrets"]
  verbs: ["get"]

---
apiVersion: rbac.authorization.k8s.io/v1beta1
kind: RoleBinding
metadata:
  name: jenkins
  namespace: jenkins
roleRef:
  apiGroup: rbac.authorization.k8s.io
  kind: Role
  name: jenkins
subjects:
```

```
    - kind: ServiceAccount
      name: jenkins
```

执行指令 - kubectl create -f jenkins-master-serviceaccount.yaml。

- jenkins-master-statefulset.yaml —— 对 Jenkins 的服务使用 StatefulSet（有状态集群服务）方式进行部署。

livenessProbe 和 readinessProbe 用于在 Pod 启动后进行健康检查，查看端口是否可用和访问。

```
---
apiVersion: apps/v1beta1
kind: StatefulSet
metadata:
  name: jenkins
  namespace: jenkins
  labels:
    k8s-app: jenkins
spec:
  serviceName: jenkins
  replicas: 1
  updateStrategy:
    type: RollingUpdate
  selector:
    matchLabels:
      k8s-app: jenkins
  template:
    metadata:
      name: jenkins
      labels:
        k8s-app: jenkins
    spec:
      terminationGracePeriodSeconds: 10
      serviceAccountName: jenkins
      containers:
      - name: jenkins
        image: jenkins/jenkins:lts
        imagePullPolicy: Always
        ports:
        - containerPort: 8080
        - containerPort: 50000
        resources:
          limits:
            cpu: 2
            memory: 2Gi
          requests:
            cpu: 1
            memory: 1Gi
        env:
        - name: LIMITS_MEMORY
          valueFrom:
```

```
            resourceFieldRef:
              resource: limits.memory
              divisor: 1Mi
        - name: JAVA_OPTS
          value: -Xmx$(LIMITS_MEMORY)m -XshowSettings:vm -Dhudson.slaves.NodeProvisioner.
          initialDelay=0 -Dhudson.slaves.NodeProvisioner.MARGIN=50 -Dhudson.slaves.
          NodeProvisioner.MARGIN0=0.85
        volumeMounts:
        - name: jenkins-home-persistent-storage
          mountPath: /var/jenkins_home
        livenessProbe:
          httpGet:
            path: /login
            port: 8080
          initialDelaySeconds: 60
          timeoutSeconds: 5
          failureThreshold: 12
        readinessProbe:
          httpGet:
            path: /login
            port: 8080
          initialDelaySeconds: 60
          timeoutSeconds: 5
          failureThreshold: 12
      securityContext:
        runAsUser: 1000
        fsGroup: 1000
      volumes:
        - name: jenkins-home-persistent-storage
          persistentVolumeClaim:
            claimName: jenkins-pv-claim
```

执行指令 -kubectl apply -f jenkins-master-statefulset.yaml。

- jenkins-master-svc-ingress.yaml —— Jenkins 服务以及对外暴露的 ingress 配置。

这里如果使用 AWS 原生的 EKS 集群，那么可以把服务的类型配置为 Load Balancer，EKS 集群会自动启动一个 Load Balancer，并且分配对外的域名访问。

Service 暴露了两个端口 8080 和 50000，8080 为访问 Jenkins Server 界面的端口，50000 是让创建的 Jenkins Slave 节点与 Master 节点建立连接并进行通信的默认端口。

将文件中的变量 ${yourDomain} 替换成实际可用的域名。

```
---
kind: Service
apiVersion: v1
metadata:
  labels:
    k8s-app: jenkins
  name: jenkins
```

```yaml
  namespace: jenkins
  annotations:
    prometheus.io/scrape: 'true'
spec:
  ports:
    - name: jenkins
      port: 8080
      targetPort: 8080
    - name: jenkins-agent
      port: 50000
      targetPort: 50000
  selector:
    k8s-app: jenkins
---
apiVersion: extensions/v1beta1
kind: Ingress
metadata:
  name: jenkins
  namespace: jenkins
  labels:
    k8s-app: jenkins
  annotations:
    kubernetes.io/ingress.class: "nginx"
    nginx.ingress.kubernetes.io/proxy-body-size: 50m
    nginx.ingress.kubernetes.io/proxy-request-buffering: "off"
    ingress.kubernetes.io/proxy-body-size: 50m
    ingress.kubernetes.io/proxy-request-buffering: "off"
    ingress.kubernetes.io/rewrite-target: /
spec:
  tls:
  - hosts:
    - jenkins.${yourDomain}
  rules:
  - host: jenkins.${yourDomain}
    http:
      paths:
      - path: /
        backend:
          serviceName: jenkins
          servicePort: 8080
```

执行指令 - kubectl apply -f jenkins-master-svc-ingress.yaml（结果如图 4-188 所示）。

- jenkins-master 的 Pod 已经处在 Running 状态，并且 Ingress 也得到了地址。
- 申请的持久化存储已经创建，并且已经绑定到 pvc 上。

▲图 4-188　查看 jenkins-master 部署结果 1

2. 基于虚拟机环境的 Kubernetes 集群

测试的时候，在 3 台 CentOS 7 虚拟机上搭建 Kubernetes 集群，没有 Ceph 之类的可部署存储，但是需要把 Jenkins 的主目录挂载到主机的/mnt/local-storage/jenkins 目录，这里需要稍微修改一下部署文件，如图 4-189 所示。

▲图 4-189　查看 jenkins-master 部署结果 2

- 对主机的相关目录进行赋权。

```
sudo chown 1000 /mnt/local-storage/jenkins
```

- jenkins-master-statefulset.yaml —— 和上面的 AWS 环境相比，主要对 volumes 部分做了修改。

volumes 部分使用 hostPath 的方式挂载到主机的目录。

另外，还添加了 nodeSelector，固定部署到某个节点上（hostPath 只支持对应一台固定的主机）。

```
---
apiVersion: apps/v1beta1
kind: StatefulSet
metadata:
  name: jenkins
  namespace: jenkins
  labels:
    k8s-app: jenkins
spec:
  serviceName: jenkins
  replicas: 1
  updateStrategy:
    type: RollingUpdate
  selector:
    matchLabels:
      k8s-app: jenkins
  template:
    metadata:
      name: jenkins
      labels:
        k8s-app: jenkins
    spec:
      nodeSelector:
        kubernetes.io/hostname: kubernetes-node02
      terminationGracePeriodSeconds: 10
      serviceAccountName: jenkins
```

```yaml
      containers:
      - name: jenkins
        image: jenkins/jenkins:lts
        imagePullPolicy: Always
        ports:
        - containerPort: 8080
        - containerPort: 50000
        resources:
          limits:
            cpu: 2
            memory: 2Gi
          requests:
            cpu: 1
            memory: 1Gi
        env:
        - name: JAVA_OPTS
          value: -Xmx512m -XshowSettings:vm -Dhudson.slaves.NodeProvisioner.initialDelay=0 -Dhudson.slaves.NodeProvisioner.MARGIN=50 -Dhudson.slaves.NodeProvisioner.MARGIN0=0.85
        volumeMounts:
        - name: jenkins-home-storage
          mountPath: /var/jenkins_home
        livenessProbe:
          httpGet:
            path: /login
            port: 8080
          initialDelaySeconds: 60
          timeoutSeconds: 5
          failureThreshold: 12
        readinessProbe:
          httpGet:
            path: /login
            port: 8080
          initialDelaySeconds: 60
          timeoutSeconds: 5
          failureThreshold: 12
      securityContext:
        runAsUser: 1000
        fsGroup: 1000
      volumes:
      - name: jenkins-home-storage
        hostPath:
          path: /mnt/local-storage/jenkins
          type: DirectoryOrCreate
```

4.12.3 配置 Jenkins Master

Jenkins Master 安装完成后，打开 Ingress 配置的域名（或者 AWS Load Balancer 的地址）

即可打开 Jenkins，进行初始配置，其中如何配置 Jenkins 请参照 3.6 节的内容。

首先，因为需要集成 Kubernetes 集群，所以需要安装插件 Kubernetes。下载地址为 Jenkins 官网，插件安装请参照 3.7 节。

1. 全局配置

选择"系统管理"→"系统设置"，在弹出的界面中选择 Kubernetes 选项会出现一个配置表单（参见图 4-190）。

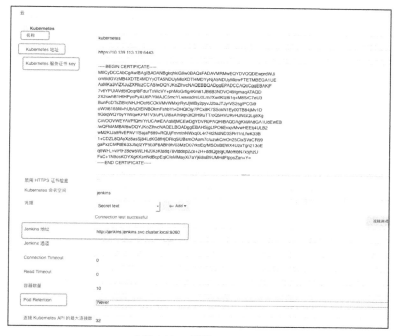

▲图 4-190　配置 Kubernetes

- 名称 —— 自定义名称，默认是"kubernetes"。
- Kubernetes 地址 —— 通过 kubectl cluster-info 指令可以获取该地址。
- Kubernetes 服务证书 key —— 这里是用 kubeadm 在 CentOS 7 虚拟机上搭建的集群，证书文件位于 Kubernetes master 目录/etc/kubernetes/manifests/pki/ca.crt。
- Kubernetes 命名空间 —— 这里要和前面安装时配置的命名空间一致，这里是 Jenkins。
- 凭证 —— 因为在上面的安装步骤中已经配置了 Jenkins 服务 RABC 账户权限，这里可以不配置。
- Jenkins 地址 —— 内部的通信地址，格式为 http://${namespace}:${serviceName}.svc.cluster.local:${port}。

- Pod Retain —— Pod Slave 的保留机制。
  - Never —— 每次都会把创建的 Pod Slave 删除。
  - On Failure —— 只保留失败构建使用的 Pod Slave。
  - Always —— 把所有的 Pod Slave 都保留。

配置完成后，单击右下方的"连接测试"按钮，如果显示"Connection test successful"就说明连接成功。

2. 配置 podTemplate

如果使用界面的方式配置 Jenkins 任务，但是要使用在 Kubernetes 上启动的 Slave 节点，现在需要在全局配置界面上配置好 Slave 节点的模板 Pod Template 并设定好标签名称，这样才能在界面配置中使用该 Slave 节点。

Pod Template 依然在全局配置中进行配置，在最下方的 Add Pod Template 下拉框中选择 Kubernetes Pod Template 选项，则会添加表单（参见图 4-191）。

▲图 4-191　配置 Pod Template

- 命名空间 —— 选择一个命名空间，这里和 Jenkins Master 保持一致。
- 标签列表 —— 名称需要唯一，会在任务中选择这个标签名。
- 容器列表 —— 这里配置具体 Pod 中使用的容器信息，包括镜像、环境变量以及工作目录等。其中，Docker 镜像 —— jenkins/jnlp-slave:latest，这是官方的 Slave 节点的镜像，也是 Jenkins 默认使用的镜像。如果需要进行扩展，可以基于该镜像构建自己的镜像。比如，如果要添加 gradle 以及 kubectl 指令，就基于该镜像自行定义自己的镜像文件。

```
FROM jenkins/jnlp-slave:latest

MAINTAINER writer@***.com

LABEL Description="This is a extend image base from jenkins/jnlp-slave which conatains gradle/kubectl/git"

USER root

# install maven
RUN wget http://services.gradle域名/distributions/gradle-4.8-bin.zip && \
    unzip gradle-4.8-bin.zip && \
```

```
    mv gradle-4.8 /usr/local && \
    rm -f gradle-4.8-bin.zip && \
    ln -s /usr/local/gradle-4.8/bin/gradle /usr/bin/gradle && \
    ln -s /usr/local/gradle-4.8 /usr/local/gradle

# 安装 kubectl
RUN curl -LO https://storage.googleapis域名/kubernetes-release/release/v1.11.0/bin/darwin/amd64/kubectl && \
    mv ./kubectl-v1.11.0 ./kubectl && \
    chmod +x ./kubectl && \
    mv ./kubectl /usr/bin/kubectl

USER jenkins
```

3. 在界面任务中使用动态 Slave 节点

如图 4-192 所示，选择 General→Restrict where this project can be run，在 Label Expression 部分填写上面 Pod Template 中的标签内容，下面会显示 Label jenkins-slave is serviced by no nodes and 1 cloud。下面配置好源码拉取，然后构建任务。

查看构建日志（参见图 4-193），可以看到会通过配置好的 Pod Template 动态创建一个 Agent，并且工作目录位于 Pod 中的 /home/jenkins/workspace/下。

▲图 4-192　配置 Slave 节点

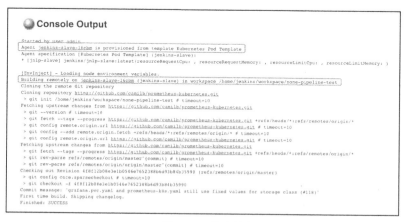

▲图 4-193　构建日志

4.12.4　通过 Pipeline 脚本创建动态 Slave 节点

4.11 节介绍了通过编写 Pipeline 脚本来配置和运行 Jenkins 任务，这里的动态 Slave 节点也可以通过 Pipeline 来配置和创建。

为了创建一个流水线风格的任务（如图 4-194 所示），只需要在最下方的 Pipeline Script 部分填入脚本内容即可。

1. 定义多个容器

在一个 Pod 中可以定义多个 container 模板，使用不同的镜像来完成不同阶段的任务，比如下面的代码。

▲图 4-194　创建一个流水线风格的任务

```
def label = "mypod-${UUID.randomUUID().toString()}"
podTemplate(
cloud: "kubernetes",
label: label,
serviceAccount: "jenkins",
containers: [
    containerTemplate(name: 'maven', image: 'maven:3.3.9-jdk-8-alpine', ttyEnabled: true,
    command: 'cat'),
    containerTemplate(name: 'golang', image: 'golang:1.8.0', ttyEnabled: true, command:
    'cat')
]) {

    node(label) {
        stage('Get a Maven project') {
            git 'https://***/jenkinsci/kubernetes-plugin.git'
            container('maven') {
                stage('Build a Maven project') {
                    sh 'mvn -B clean install'
                }
            }
        }

        stage('Get a Golang project') {
            git url: 'https://github域名/hashicorp/terraform.git'
            container('golang') {
                stage('Build a Go project') {
                    sh """
                    mkdir -p /go/src/github.com/hashicorp
                    ln -s `pwd` /go/src/github.com/hashicorp/terraform
                    cd /go/src/github.com/hashicorp/terraform && make core-dev
                    """
```

```
            }
          }
        }
      }
    }
```

- cloud —— Jenkins 全局配置中 Kubernetes 集群的名称。
- label —— 通过 UUID 生成的随机名称。
- serviceAccount —— Kubernetes 集群中为 Jenkins 服务创建的服务账户。
- containers —— 定义了两个容器，一个是 Maven 环境，另一个是 Golang 环境，用于完成不同的任务。
- stage —— 下面两个阶段分别用到这两个容器来完成 Maven 项目的构建和 Golang 项目的构建。

2. 使用 yaml 配置容器

除了 Jenkins 自带的 conatinerTemplate 格式之外，也可以使用 Kubernetes 原生的 yaml 方式来配置容器，比如上面的代码可以改为以下代码。

```
def label = "mypod-${UUID.randomUUID().toString()}"
podTemplate(label: label, yaml: """
apiVersion: v1
kind: Pod
metadata:
  labels:
    some-label: some-label-value
spec:
  containers:
  - name: maven
    image: maven:3.3.9-jdk-8-alpine
    command:
    - cat
    tty: true
"""
) {
    node (label) {
      stage('Get a Maven project') {
            git 'https://***/jenkinsci/kubernetes-plugin.git'
            container('maven') {
                stage('Build a Maven project') {
                    sh 'mvn -B clean install'
                }
            }
        }
    }
}
```

4.13　本章小结

本章主要具体介绍了持续集成的实践部分，从源码下拉到 Java 构建，再到触发子任务以及基于脚本的流水线任务，都进行了详细介绍，通过本章我们可以学到如下内容。

第一，基于界面实现源码下拉和触发、Maven 构建和代码扫描、邮件提醒、参数化配置任务以及上下游任务的触发条件的设定等内容，这些都是可以基于 Jenkins 界面以及各种第三方插件来实现的，基本上可以满足大多数的持续集成需求。

第二，结合两个完整的实例来描述整个持续集成的过程，描述了实际的项目应用场景。

第三，基于 Pipeline 脚本来实现更加强大的流水线任务，可以避免麻烦的界面配置，通过脚本直接配置每一个阶段的任务，这也是持续集成今后主推的一个方向。

第四，简单介绍了 Jenkins 和目前火热的 Kubernetes 的集成以运行任务的模式。

本章基本涵盖了 Jenkins 任务的所有配置方面，但是对于实际的项目需求，需要对这些具体的功能点进行组合和配置，才能更加适应于各种不同的场景。

第 5 章　自动化测试集成

5.1　Jenkins+Maven+JMeter

集成 Jenkins、Maven 和 JMeter 的工作过程是：利用 Jenkins job 来触发 Maven 事件，利用 Maven 来触发 JMeter 执行。JMeter 的执行计划配置在 pom.xml 文件中。

既然配置在 pom.xml 文件中，我们首先就要有一个 pom 项目，把 JMeter 测试计划放在项目的指定目录中（也可以手动复制测试计划到执行的 JMeter 机器上），把 pom 项目纳入 GitHub（或 GitLab）的管理范围，利用 GitHub 来管理测试计划的版本。每次执行前从 Git 仓库下拉指定的测试计划，然后执行性能测试。

Maven 驱动 JMeter 执行测试计划要依赖于 JMeter Maven Plugin，此插件是开源程序，写作本书时的版本是 2.7.0（几年前作者使用时还是 1.10.1）。2.7 版本要对应 JMeter 4.0 和 JDK 1.8。JMeter 的版本近 3 年升级比较快，至 2018 年 10 月，JMeter 已经升级到 5.0 版本，此插件也支持。

5.1.1　环境准备

做好以下准备工作。

- 准备好 Linux 环境。
- 安装 JDK（建议安装 64 位版本 JDK 1.8）。
- 安装 Maven。
- 安装或利用已有的 Jenkins。

利用 Eclipse 或其他 IDE 搭建 Maven 项目骨架，如图 5-1 所示。

为了显示区分 JMeter 测试计划，我们建立了目录 /src/test/jmeter，测试计划就放在此目录下。图 5-1 中的 test.jmx 是 JMeter 测试计划。

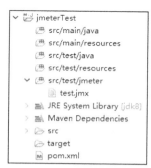

▲图 5-1　Maven 项目骨架

5.1.2 Maven+JMeter 执行

1. JMeter Maven Plugin 的安装与执行

Maven 驱动 JMeter 执行要依赖于 JMeter Maven Plugin，插件配置是在 pom.xml 中定义的，主要是加上以下代码。

```xml
<build>
    <plugins>
        <plugin>
            <groupId>com.lazerycode.jmeter</groupId>
            <artifactId>jmeter-maven-plugin</artifactId>
            <version>2.7.0</version>
            <executions>
                <execution>
                    <id>jmeter-tests</id>
                    <phase>verify</phase>
                    <goals>
                        <goal>jmeter</goal>
                    </goals>
                </execution>
            </executions>
        </plugin>
    </plugins>
</build>
```

进入 jmeterTest 项目的根目录，执行 mvn verify。初次执行会下载 JMeter Maven Plugin 插件及相关依赖包，然后执行项目中的 test.jmx 测试计划。以下代码是本机的执行日志。

```
PS D:\workspaceCD\jmeterTest> mvn verify
[INFO] Scanning for projects...
[INFO]
[INFO] ------------------------------------------------------------------------
[INFO] Building jmeterTest 0.0.1-SNAPSHOT
[INFO] ------------------------------------------------------------------------
[INFO]
[INFO] --- maven-resources-plugin:2.6:resources (default-resources) @ jmeterTest ---
[INFO] Using 'UTF-8' encoding to copy filtered resources.
[INFO] Copying 0 resource
[INFO]
[INFO] --- maven-compiler-plugin:3.1:compile (default-compile) @ jmeterTest ---
[INFO] Nothing to compile - all classes are up to date
[INFO]
[INFO] --- maven-resources-plugin:2.6:testResources (default-testResources) @ jmeterTest ---
[INFO] Using 'UTF-8' encoding to copy filtered resources.
[INFO] Copying 0 resource
[INFO]
```

```
[INFO] --- maven-compiler-plugin:3.1:testCompile (default-testCompile) @ jmeterTest ---
[INFO] Nothing to compile - all classes are up to date
[INFO]
[INFO] --- maven-surefire-plugin:2.12.4:test (default-test) @ jmeterTest ---
[INFO]
[INFO] --- maven-jar-plugin:2.4:jar (default-jar) @ jmeterTest ---
[INFO]
[INFO] >>> jmeter-maven-plugin:2.7.0:jmeter (jmeter-tests) > :configure @ jmeterTest >>>
[INFO]
[INFO] --- jmeter-maven-plugin:2.7.0:configure (configure) @ jmeterTest ---
[INFO] -------------------------------------------------------
[INFO]  Configuring JMeter...
[INFO] -------------------------------------------------------
[INFO]  Building JMeter directory structure...
[INFO]  Configuring JMeter artifacts :[]
[INFO]  Populating JMeter directory ...
[INFO]  Copying extensions []?to JMeter lib/ext directory D:\workspaceCD\jmeterTest\
target \jmeter\lib\ext with downloadExtensionDependencies set to true ...
[INFO]  Copying  JUnit libraries []?to JMeter junit lib directory D:\workspaceCD\
jmeterTest \target\jmeter\lib\junit with downloadLibraryDependencies set to true ...
[INFO]  Copying test libraries []?to JMeter lib directory D:\workspaceCD\jmeterTest\
target \jmeter\lib with downloadLibraryDependencies set to true ...
[INFO]  Configuring jmeter properties ...
[INFO]  Generating JSON Test config ...
[INFO]
[INFO] <<< jmeter-maven-plugin:2.7.0:jmeter (jmeter-tests) < :configure @ jmeterTest <<<
[INFO]
[INFO] --- jmeter-maven-plugin:2.7.0:jmeter (jmeter-tests) @ jmeterTest ---
[INFO]
[INFO] -------------------------------------------------------
[INFO]  P E R F O R M A N C E    T E S T S
[INFO] -------------------------------------------------------
[INFO]
[INFO]
[INFO] Executing test: test.jmx
[INFO] Starting process with:[java, -Xms512M, -Xmx512M, -jar, ApacheJMeter-4.0.jar, -d,
 D:\workspaceCD\jmeterTest\target\jmeter, -e, -j, D:\workspaceCD\jmeterTest\target\
jmeter\logs\test.jmx.log, -l, D:\workspaceCD\jmeterTest\target\jmeter\results\20180906-
test.csv, -n, -o, D:\workspaceCD\jmeterTest\target\jmeter\reports\test_20180906_104511,
 -t, D:\workspaceCD\jmeterTest\target\jmeter\testFiles\test.jmx]
[INFO] 9月 6时, 2018 10:45:12 上午 java.util.prefs.WindowsPreferences <init>
[INFO] 警告: Could not open/create prefs root node Software\JavaSoft\Prefs at
root 0x80000002. Windows RegCreateKeyEx(...) returned error code 5.
[INFO] Creating summariser <summary>
[INFO] Created the tree successfully using D:\workspaceCD\jmeterTest\target\jmeter\
testFiles\test.jmx
[INFO] Starting the test @ Thu Sep 06 10:45:21 CST 2018 (1536201921687)
[INFO] Waiting for possible Shutdown/StopTestNow/Heapdump message on port 4445
[INFO] summary =      10 in 00:00:00 =    30.4/s Avg:     21 Min:     13 Max:      83 Err:
0 (0.00%)
```

```
[INFO] Tidying up ...        @ Thu Sep 06 10:45:22 CST 2018 (1536201922313)
[INFO] ... end of run
[INFO] Completed Test: D:\workspaceCD\jmeterTest\target\jmeter\testFiles\test.jmx
[INFO] ------------------------------------------------------------------------
[INFO] BUILD SUCCESS
[INFO] ------------------------------------------------------------------------
[INFO] Total time: 14.711 s
[INFO] Finished at: 2018-09-06T10:45:23+08:00
[INFO] Final Memory: 18M/366M
[INFO] ------------------------------------------------------------------------
[INFO] Shutdown detected, destroying JMeter process...
PS D:\workspaceCD\jmeterTest>
```

因为本地的 test.jmx 测试计划是一个访问百度的简单脚本（见图 5-2），所以执行速度很快。

▲图 5-2 test.jmx 测试计划

2. 执行逻辑

具体步骤如下。

1）初次下载 JMeter 程序到${project.base.directory}/target 目录中，下载 JMeter Maven Plugin 相关依赖包并复制到${project.base.directory}/target/jmeter/lib/ext 目录中。

2）执行 maven build 以打包 jmeterTest 项目。

3）把测试计划复制到${project.base.directory}/target/jmeter/testFiles 目录中。

4）执行测试计划，把测试结果写入${project.base.directory}/target/jmeter/results 目录中。

5）执行完毕后生成测试报告，报告目录是${project.base.directory}/target/jmeter/reports。默认的测试结果采用 CSV 格式，文件名是当前日期，默认一天内的执行在一个文件中（见图 5-3）。

▲图 5-3 测试结果文件

默认执行完毕后生成测试报告，测试报告分轮次生成，每执行完一次生成一个报告。图 5-4 显示执行了 3 个测试报告，报告的名称是以时间命名的。

测试报告已经帮我们生成了 HTML 文件（参见图 5-5），可以直接在 IE 中打开它（参见图 5-6），主要指标有响应时间、吞吐量。可以看到，当前的 2.7.0 版本算是功能比较完善了，包含定义执行、结果记录到生成报告的整个过程。

▲图 5-4　测试报告目录

▲图 5-5　测试报告

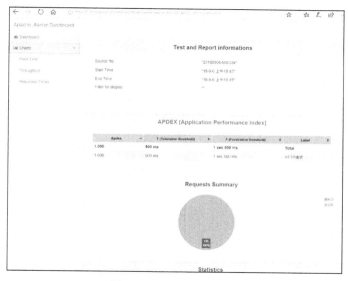

▲图 5-6　在 IE 中查看测试报告

注意，${project.base.directory}为项目在主机上的根目录，图 5-7 是作者本地环境（Windows 环境）下的目录。

3. JMeter Maven Plugin 高级配置

（1）指定具体的测试计划

使用<jMeterTestFiles>标签指定测试计划。

JMeter Maven Plugin 通过图 5-8 所示的表达式匹配${project.base.directory}/target/ jmeter/testFile 目录中名为 test1.jmx 与 test2.jmx 的测试计划。

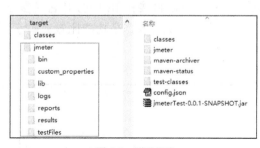

▲ 图 5-7　测试报告

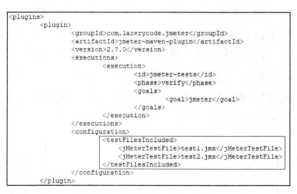

▲ 图 5-8　<jMeterTestFile>标签

（2）使用正则表达式匹配测试计划

图 5-9 利用<testFilesIncluded>标签来指定匹配文件名的正则表达式。

JMeter Maven Plugin 通过图 5-9 所示的表达式匹配${project.base.directory}/target/jmeter/testFile 目录中名称以 test 开头的测试计划。

（3）排除不参与执行的测试计划

图 5-10 展示了如何排除 test1.jmx 与 test2.jmx 等目录下的其他测试计划。

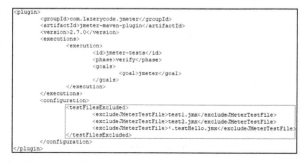

▲ 图 5-9　jMeterTestFile 正则匹配　　　　▲ 图 5-10　<excludeJMeterTestFile>标签

同时<excludeJMeterTestFile>标签也支持正则匹配。

（4）指定脚本执行目录

默认的脚本执行目录是${project.base.directory}/target/jmeter/testFiles，也可以指定特定的脚本目录。图 5-11 指定/src/script/目录下的脚本参与执行。

（5）指定运行的线程数

通过添加属性来改变运行的线程数，属性在全局属性中。通过<propertiesGlobal>标签在 pom.xml 中进行配置。

在图 5-12 中运行 10 个线程，每个线程迭代 5 次。

```xml
<plugin>
    <groupId>com.lazerycode.jmeter</groupId>
    <artifactId>jmeter-maven-plugin</artifactId>
    <version>2.7.0</version>
    <executions>
        <execution>
            <id>jmeter-tests</id>
            <phase>verify</phase>
            <goals>
                <goal>jmeter</goal>
            </goals>
        </execution>
    </executions>
    <configuration>
        <testFilesDirectory>/src/script/</testFilesDirectory>
    </configuration>
</plugin>
```

▲图 5-11 <testFilesDirectory>标签

```xml
<plugin>
    <groupId>com.lazerycode.jmeter</groupId>
    <artifactId>jmeter-maven-plugin</artifactId>
    <version>2.7.0</version>
    <executions>
        <execution>
            <id>jmeter-tests</id>
            <phase>verify</phase>
            <goals>
                <goal>jmeter</goal>
            </goals>
        </execution>
    </executions>
    <configuration>
        <propertiesGlobal>
            <threads>10</threads>
            <testIterations>5</testIterations>
        </propertiesGlobal>
    </configuration>
</plugin>
```

▲图 5-12 配置执行线程数

（6）配置 JVM 堆空间

当 JMeter 并发的线程数太多时，有可能造成 JVM 内存不足。这可以通过配置来修改，方法是在<configuration>标签中加上如下内容。

```xml
<jMeterProcessJVMSettings>
        <xms>1024</xms>
        <xmx>1024</xmx>
  <arguments>
        <argument>-Xprof</argument>
        <argument>-Xfuture</argument>
    </arguments>
</jMeterProcessJVMSettings>
```

其中，xms 代表初始化堆内存大小，xmx 代表最大堆内存大小。

其他高级配置请参见 GitHub 网站。

4. 远程控制

通常，当我们使用 JMeter 进行性能测试时，单台 Jmeter 机器可能不满足负载要求，需要使用多台，因此我们可以使用远程运行的方式来驱动多台 JMeter Slave 机器进行测试。对远程机器进行管理的这台 JMeter 机器叫作 Master，远程机器叫作 Slave 机器。当然，Master 机器也可以同时是 Slave 机器（好比领导不但负责管理，而且在一线与同事一起工作）。

远程运行有 3 件事要做。

1）在 Master 机器上配置远程机信息，让 JMeter 运行时知道远程机 IP，然后尝试连接并控制远程机。

2）在 Slave 机器上要启动 agent 服务（jmeter-server.sh/bat），完成 Slave 机器与 Master 机器的通信（RMI 方式的调用）。如果 Master 机器也用来执行脚本，那么也要配置在 remote_hosts 中。

3）Maven 调度远程运行。

准备工作如下。

1）准备两台机器，一台用作 Master 机器（环境 IP 为 10.1.1.180），另一台用作 Slave 机器（环境 IP 为 10.1.1.130）。JMeter 下载地址为华中科技大学开源镜像网站。

2）Master 机器下拉上面的 jmeterTest 项目，为 Slave 机器安装 JMeter 4.0。

3）在 Slave 机器的 jmeter/bin 目录下使用 create-rmi-keystore.sh 生成一个证书（JMeter 4.0 的 RMI 访问默认使用 SSL 方式，Master 机器与 Slave 机器之间的通信是通过 RMI 方式实现的），然后把生成的证书文件 rmi_keystore.jks 复制到 Master 机器的 jmeterTest/target/jmeter/bin 目录下。

（1）在 Master 机器上配置 Slave

传统的远程配置是在 jmeter.properties 中完成的，jmeter.properties 文件存放在 jmeter/bin 目录下。打开这个文件，找到 remote_hosts 配置项，在后面填入远程机 IP（建议用 IP 指定）。具体配置如下，127.0.0.1 旨在把 Master 当成 Slave 角色用。

```
# Remote Hosts - comma delimited
remote_hosts=127.0.0.1
#remote_hosts=localhost:1099,localhost:2010
```

注意：

这里不用指定端口，因为在 Slave 机器上会执行 jmeter-server.sh（%JMETER_HOME%/bin/jmeter-server.sh）程序，从而让 Master 机器自动连接上。%JMETER_HOME% 是 JMeter 根目录。

现在不用配置，在 pom.xml 中可以直接进行配置，推荐在 pom.xml 中进行配置。因为一旦出现 Slave 机器连接不上的情况，jemter.properties 文件中的 remote_hosts 会初始化成 remote_hosts=127.0.0.1，这样太不友好，所以果断放弃这种配置方法。

pom.xml 的配置如下。

```xml
<project xmlns="http://***/POM/4.0.0" xmlns:xsi="http://www.w3域名/2001/XMLSchema-instance"
    xsi:schemaLocation="http://***/POM/4.0.0 http://maven.apache域名/xsd/maven-4.0.0.xsd">
    <modelVersion>4.0.0</modelVersion>
    <groupId>com.seling.devops</groupId>
    <artifactId>jmeterTest</artifactId>
    <version>0.0.1-SNAPSHOT</version>
    <properties>
        <project.build.sourceEncoding>UTF-8</project.build.sourceEncoding>
    </properties>
    <build>
        <plugins>
            <plugin>
                <groupId>com.lazerycode.jmeter</groupId>
                <artifactId>jmeter-maven-plugin</artifactId>
```

```xml
                <version>2.7.0</version>
                <executions>
                    <execution>
                        <id>jmeter-tests</id>
                        <phase>verify</phase>
                        <goals>
                            <goal>jmeter</goal>
                        </goals>
                    </execution>
                </executions>
                <configuration>
                    <remoteConfig>
                    <startServersBeforeTests>true</startServersBeforeTests>
                    <serverList>10.1.1.180</serverList>
                    <stopServersAfterTests>true</stopServersAfterTests>
                    </remoteConfig>
                </configuration>
            </plugin>
        </plugins>
    </build>
</project>
```

<startServersBeforeTests>true</startServersBeforeTests>：发送启动命令给 Slave 机器，Master 正常连接上之后，Slave 机器会显示类似 Starting the test on host 10.1.1.180 的信息。

```
Starting the test on host 10.1.1.180 @ Thu Sep 06 15:59:15 CST 2018 (1536220755982)
```

<serverList>10.1.1.180</serverList>是 Slave 机器的 IP 列表。

<stopServersAfterTests>true</stopServersAfterTests>表示测试计划执行完毕后发命令给 Slave 机器停止执行。Master 正常连接上之后，Slave 机器会显示如下信息。

```
Finished the test on host 10.1.1.180 @ Thu Sep 06 15:59:16 CST 2018 (1536220756741)
```

（2）启动 JMeter Agent

JMeter 远程运行之前我们要启动的 Slave 机器上的 Agent 程序，启动 JMeter Agent 实际上就是启动 jmeter-server.sh/bat（bat 是 Windows 上的启动方式）。

作者的 Slave 机器启动后显示图 5-13 所示的信息。

```
[root@jenkins bin]# pwd
/root/apache-jmeter-4.0/bin
[root@jenkins bin]# ./jmeter-server.sh
Created remote object: UnicastServerRef2 [liveRef: [endpoint:[10.1.1.180:38297,SS
LRMIServerSocketFactory(host=jenkins/10.1.1.180, keyStoreLocation=rmi_keystore.jk
s, type=JKS, trustStoreLocation=rmi_keystore.jks, type=JKS, alias=rmi),SSLRMIClie
ntSocketFactory(keyStoreLocation=rmi_keystore.jks, type=JKS, trustStoreLocation=r
mi_keystore.jks, type=JKS, alias=rmi)](local),objID:[5a0e261:165adf00674:-7fff, 5
504169001094386181]]]
```

▲图 5-13 Slave 机器启动后的信息

如果 Master 机器也要作为 Slave 机器运行，也需要运行 jmeter-server.sh 脚本。遗憾的是，在 Master 机器上，在 /jmeterTest/target/jmeter/bin 目录下并没有找到 jmeter-server 文件，所以需要配置 jmeter-server 文件来启动 Agent。jmeter-server.sh/bat 实际做的工作是运行 ApacheJMeter.jar 包。

```
java -jar /usr/jmeterTest/target/jmeter/bin/ApacheJMeter.jar -s -j jmeter-server.log
```

其中，-s 表示以 Server 模式运行，让 Master 机器与 Slave 机器可以互联，-j 表示指定日志路径与名称。

接下来，出现以下信息。

```
To run Apache JMeter in server mode:
Open a command prompty and type

java -jar ApacheJMeter.jar -s

Or, use the provided script file: jmeter-server.bat(Windows)/jmeter-server(Linux)
```

为了把上述命令保存为 .sh 文件，不在控制台上看到执行日志，我们在之前加上 nohup，脚本如下。

```
nohup java -jar /root/jmeterTest/target/jmeter/bin/ApacheJMeter.jar -s -j jmeter-server.log &
```

（3）Maven 调度远程运行

具体步骤如下。

1）检查一下配置信息，Slave 机器尽量占用 IP 地址。代码如下。

```
<remoteConfig>
    <startServersBeforeTests>true</startServersBeforeTests>
    <serverList>10.1.1.180</serverList>
    <stopServersAfterTests>true</stopServersAfterTests>
</remoteConfig>
```

2）检查 Slave 机器是否启动了 jmeter-server.sh，启动后会输出与图 5-14 类似的信息。

```
[root@jenkins bin]# ./jmeter-server.sh
Created remote object: UnicastServerRef2 [liveRef: [endpoint:[10.1.1.180:38297,SS
LRMIServerSocketFactory(host=jenkins/10.1.1.180, keyStoreLocation=rmi_keystore.jk
s, type=JKS, trustStoreLocation=rmi_keystore.jks, type=JKS, alias=rmi),SSLRMIClie
ntSocketFactory(keyStoreLocation=rmi_keystore.jks, type=JKS, trustStoreLocation=r
mi_keystore.jks, type=JKS, alias=rmi)](local),objID:[5a0e261:165adf00674:-7fff, 5
504169001094386181]]]
```

▲图 5-14 启动 jmeter-server 后的信息

3）运行 mvn verify，图 5-15 截取了关键部分日志。

```
[root@k8sm01 jmeterTest]# mvn verify
[INFO] Scanning for projects...
[INFO]
[INFO] ------------------< com.seling.devops:jmeterTest >--------------------
[INFO] Building jmeterTest 0.0.1-SNAPSHOT
[INFO] --------------------------------[ jar ]---------------------------------
[INFO] Executing test: test.jmx
[INFO] Starting process with:[java, -Xms512M, -Xmx512M, -jar, ApacheJMeter-4.0.jar, -d, /root/jmeterTest/targe
t/jmeter, -e, -j, /root/jmeterTest/target/jmeter/logs/test.jmx.log, -l, /root/jmeterTest/target/jmeter/results
/20180906-test.csv, -n, -o, /root/jmeterTest/target/jmeter/reports/test_20180906_155914, -r, -t, /root/jmeterT
est/target/jmeter/testFiles/test.jmx, -R, 10.1.1.180, -X, -Dsun.net.http.allowRestrictedHeaders, true]
[INFO] Creating summariser <summary>
[INFO] Created the tree successfully using /root/jmeterTest/target/jmeter/testFiles/test.jmx
[INFO] Configuring remote engine: 10.1.1.180
[INFO] Starting remote engines
[INFO] Starting the test @ Thu Sep 06 15:59:15 CST 2018 (1536220755179)
[INFO] Remote engines have been started
[INFO] Waiting for possible Shutdown/StopTestNow/Heapdump message on port 4445
[INFO] summary =     10 in 00:00:00 =   27.0/s Avg:     22 Min:    13 Max:     74 Err:     0 (0.00%)
[INFO] Tidying up remote @ Thu Sep 06 15:59:16 CST 2018 (1536220756716)
[INFO] Exiting remote servers
[INFO] ... end of run
[INFO] Completed Test: /root/jmeterTest/target/jmeter/testFiles/test.jmx
[INFO] ------------------------------------------------------------------------
[INFO] BUILD SUCCESS
[INFO] ------------------------------------------------------------------------
[INFO] Total time: 10.432 s
[INFO] Finished at: 2018-09-06T15:59:22+08:00
[INFO] ------------------------------------------------------------------------
[INFO] Shutdown detected, destroying JMeter process...
```

▲图 5-15 部分日志

Master 机器通过-R 参数指定 Slave 机器，把测试树（将 jmx 格式的测试计划解析到一个树状存储结构的对象中）发送到 Slave 机器，Slave 机器用来完成执行工作。

把测试结果从 Slave 机器回传到 Master 机器，结果及日志在 Master 机器上都有记录。图 5-16 是测试结果目录。图 5-17 是测试报告目录。

```
[root@k8sm01 jmeter]# tree logs results/
logs
└── test.jmx.log
results/
└── 20180906-test.csv
```

▲图 5-16 测试结果目录

▲图 5-17 测试报告目录

 注意：
如果 Master 机器与 Slave 机器无法连接，记得确认一下是不是防火墙的问题，所以建议关闭 Slave 机器的防火墙。

Red Hat Linux 系统中的关闭命令是 service iptables stop，chkconfig --level 35 iptables off 。重启后防火墙失效。

CentOS 7 中的关闭命令是 systemctl stop firewalld，systemctl disable firewalld。重启后防火墙失效。

5.1.3 Jenkins+Maven+JMeter 任务构建

有关 Jenkins、GitLab 的相关知识在第 3 章和第 4 章已经着重讲解,在此不再详细讲解 Jenkins 任务的配置过程,只说明一下关键点。

步骤如下。

1)在 Jenkins 中建立一个 Maven 类型的任务。

2)把 5.1.1 节的 jmeterTest 项目推送到仓库,然后 Master 机器从仓库中复制 jmeterTest 项目(版本可选,可选参数的 Jenkins 任务配置请参考第 4 章相关内容)。

3)运行 mvn verify。在 Jenkins 任务的 Build 部分配置 Maven 任务,如图 5-18 所示。

▲图 5-18 配置 Maven 任务

4)运行任务。

5.2 Jenkins+Robot Framework

5.2.1 Robot Framework 介绍和安装

1. Robot Framework 介绍

Robot Framework 是一款用 Python 编写的开源自动化测试框架和工具,主要用于验收测试以及验收测试驱动的开发(ATDD 模式),具有易于使用和理解的书写语法,并使用关键字驱动方法。

可以通过 Python 实现测试库的扩展,基于已有测试库,我们能完成绝大多数的测试场景,如接口测试、数据库调用测试以及 UI 测试(底层基于 Selenium 实现)等。目前最新版的 Robot Framework 同时支持 Python 2 和 Python 3。

Robot Framework 的整体结构如图 5-19 所示。

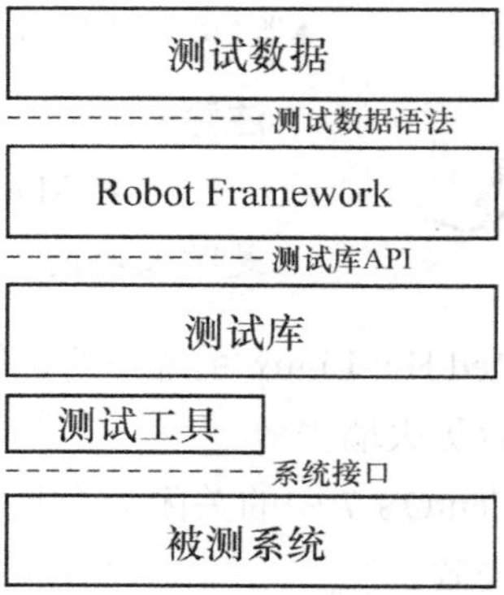

- 被测系统 —— 最底层的操作系统,目前支持 Linux、Mac、Windows 等主流操作系统,但是要求系统安装 Python

▲图 5-19 Robot Framework 的整体结构

- 测试工具 —— 类似于系统的驱动层,测试库通过该层和系统进行交互

- 测试库 —— Robot Framework 本身就有很多内置的测试库和方法，也可以通过 Python 的 pip 来安装很多第三方的外置库，用于实现各种复杂的测试用例
- Robot Framework —— 测试框架和工具本身，用来管理所有的测试数据、测试用例、测试集合等，将我们写的测试用例和数据映射到测试库层级，执行具体的操作
- 测试数据 —— 我们编写的测试数据和测试用例，对于 Robot Framework，都是基于文本格式编写的，Robot Framework 会把这些文本内容翻译给下层的测试库

对于 Robot Framework 这里只做简单介绍，我们不会对具体的语法和测试库做具体介绍，因为本节主要讲如何把用 Robot Framework 编写的自动化测试集成到 Jenkins 中，通过 Jenkins 触发自动化测试用例的运行以及测试报告的展示。

2. 安装 Robot Framework

因为 Jenkins 在运行的时候需要 Robot Framework 环境并调用相应的命令，所以需要在运行任务的机器节点上安装 Python 以及 Robot Framework。

因为一般的 Linux 或 Mac 机器都会默认安装 Python 2.7，所以首先需要安装 Python 的包管理工具 pip。代码如下。

```
$ python --version
Python 2.7.5
$ curl "https://***/get-pip.py" -o "get-pip.py"
$ python get-pip.py
$ pip --version
pip 18.0 from /usr/lib/python2.7/site-packages/pip (python 2.7)
```

然后就可以通过 pip 来安装 Robot Framework 以及 UI 测试需要的 robotframework-selenium2library 测试库。代码如下。

```
$ pip install robotframework
$ pip install robotframework-selenium2library
$ robot --version
Robot Framework 3.0.4 (Python 2.7.5 on linux2)
```

3. 准备 UI 测试环境

如果需要运行 UI 测试，就需要安装浏览器和对应的 Web 浏览器驱动，而且如果自动化测试需要在后台运行，还要进行 Xvfb 的相应配置。

这里主要介绍 Chrome 浏览器环境的准备。

首先，在 CentOS 7 环境中安装 Chrome 浏览器。

在/etc/yum.repos.d/目录下创建 google-chome.repo 文件，文件内容如下。

```
[google-chrome]
name=google-chrome
baseurl=http://***/linux/chrome/rpm/stable/$basearch
```

```
enabled=1
gpgcheck=1
gpgkey=https://***/linux/linux_signing_key.pub
```

然后,运行如下指令来安装最新稳定版的 Chrome。

```
$ sudo yum install google-chrome-stable --nogpgcheck
```

接着,安装 chromedriver。代码如下。

```
$ wget https://***/2.41/chromedriver_linux64.zip
$ unzip chromedriver_linux64.zip
$ cp chromedriver /usr/bin/
$ chmod +x /usr/bin/chromedriver
```

接下来,安装和配置 Xvfb(用于在后台运行浏览器,进行界面测试)。代码如下。

```
$ yum install Xvfb -y
$ yum install xorg-x11-fonts* -y
```

在/usr/bin 下创建一个 xvfb-chrome 文件,并赋予操作权限 chmod +x /usr/bin/xvfb-chrome。代码如下。

```
#!/bin/bash

_kill_procs() {
  kill -TERM $chrome
  wait $chrome
  kill -TERM $xvfb
}

# 设置一个陷阱来捕获 SIGTERM 并把它转发给子进程
trap _kill_procs SIGTERM

XVFB_WHD=${XVFB_WHD:-1280x720x16}

# 启动 Xvfb
Xvfb :99 -ac -screen 0 $XVFB_WHD -nolisten tcp &
xvfb=$!

export DISPLAY=:99

chrome --no-sandbox --disable-gpu$@ &
chrome=$!

wait $chrome
wait $xvfb
```

最后,更改 Chrome 启动的软连接(改为后台启动)。代码如下。

```
$ ln -s /etc/alternatives/google-chrome /usr/bin/chrome
$ rm -rf /usr/bin/google-chrome
$ ln -s /usr/bin/xvfb-chrome /usr/bin/google-chrome
```

4. 测试例子

到目前为止，基本环境已经配置好了，下面从 bitbucket 官网下载用于演示的程序和测试代码。

```
$ wget https://***/robotframework/webdemo/downloads/WebDemo-20150901.zip
$ unzip WebDemo-20150901.zip
$ cd WebDemo/
$ ls -al
[root@jenkins WebDemo]# ls -al
drwxr-xr-x.  3 root root     35 Sep  9 13:47 demoapp
drwxr-xr-x.  2 root root    107 Sep  9 15:23 login_tests
```

解压代码后可以看到两个目录：demoapp 是演示程序的代码，login_tests 是 Robot Framework 基于该演示程序的 UI 测试代码。首先要启动该演示程序，从以下代码中可以看到 Web 应用在端口 7272 启动了。如果要终止程序，按 Ctrl+C 组合键即可。

```
$ python demoapp/server.py
Demo server starting on port 7272.
```

通过浏览器打开 localhost:7272，可以看到演示程序是一个简单的登录界面，如图 5-20 所示。

我们让程序一直保持运行状态，然后通过后台 robot 指令行启动 UI 测试代码，输出如下。

▲图 5-20 演示程序的界面

```
[root@jenkins WebDemo]# robot --variable BROWSER:Chrome login_tests
==============================================================================
Login Tests
==============================================================================
Login Tests.Gherkin Login :: A test suite with a single Gherkin style test.
==============================================================================
Valid Login                                                           | PASS |
------------------------------------------------------------------------------
Login Tests.Gherkin Login :: A test suite with a single Gherkin st... | PASS |
1 critical test, 1 passed, 0 failed
1 test total, 1 passed, 0 failed
==============================================================================
Login Tests.Invalid Login :: A test suite containing tests related to inval...
==============================================================================
Invalid Username                                                      | PASS |
```

```
------------------------------------------------------------------------------
Invalid Password                                                      | PASS |
------------------------------------------------------------------------------
Invalid Username And Password                                         | PASS |
------------------------------------------------------------------------------
Empty Username                                                        | PASS |
------------------------------------------------------------------------------
Empty Password                                                        | PASS |
------------------------------------------------------------------------------
Empty Username And Password                                           | PASS |
------------------------------------------------------------------------------
Login Tests.Invalid Login :: A test suite containing tests related... | PASS |
6 critical tests, 6 passed, 0 failed
6 tests total, 6 passed, 0 failed
==============================================================================
Login Tests.Valid Login :: A test suite with a single test for valid login.
==============================================================================
Valid Login                                                           | PASS |
------------------------------------------------------------------------------
Login Tests.Valid Login :: A test suite with a single test for val... | PASS |
1 critical test, 1 passed, 0 failed
1 test total, 1 passed, 0 failed
==============================================================================
Login Tests                                                           | PASS |
8 critical tests, 8 passed, 0 failed
8 tests total, 8 passed, 0 failed
==============================================================================
Output:  /root/WebDemo/output.xml
Log:     /root/WebDemo/log.html
Report:  /root/WebDemo/report.html
```

从上面的测试输出可以看出，最终测试会生成 3 个文件。

- report.html

这是用于展示的测试报告（如图 5-21 所示），可以展示总的测试结果，也可以根据标签或测试集合来展示不同维度的测试结果。

- log.html

以 HTML 方式直观地展示测试用例中的步骤以及日志（如图 5-22 所示），除了类似报告的整体结果之外，日志部分会通过"测试集合" → "测试用例" → "测试步骤" → "每个步骤具体内容"这样的层级关系来展现非常详细的日志，以便于问题的排查。

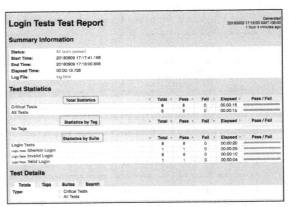

▲图 5-21 Robot Framework 测试报告

- output.xml

这个 XML 文件记录了测试的所有步骤和结果。

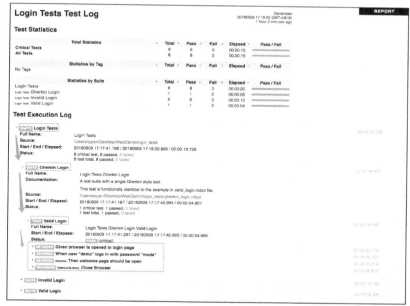

▲图 5-22　Robot Framework 测试日志

5.2.2　在 Robot Framework 中集成 Jenkins

上面简单介绍了 Robot Framework 这个测试框架，并且配置好了 Linux 系统下的环境。在演示实例中，我们通过手动执行指令行的方式成功执行了官网提供的样例代码。下面介绍如何通过 Jenkins 来触发 Robot Framework 的测试用例，并直接在 Jenkins 任务界面上展现测试报告，最终通过邮件模板发送提醒。

1. 将测试代码提交到 GitLab

首先，在 GitLab 中创建一个私有的项目（如图 5-23 所示）。然后，通过指令行方式上传测试代码。代码如下：

▲图 5-23　创建私有项目

```
$ git clone git@192.168.56.101:qianqi/robotframework-webdemo.git
Cloning into 'robotframework-webdemo'...
```

```
warning: You appear to have cloned an empty repository.
$ cd robotframework-webdemo
$ cp -r ../WebDemo/login_tests ./
$ git add .
$ git commit -m "update test cases"
[master (root-commit) 164db30] update test cases
 4 files changed, 116 insertions(+)
 create mode 100644 login_tests/gherkin_login.robot
 create mode 100644 login_tests/invalid_login.robot
 create mode 100644 login_tests/resource.robot
 create mode 100644 login_tests/valid_login.robot
$ git push origin master
Counting objects: 7, done.
Delta compression using up to 4 threads.
Compressing objects: 100% (6/6), done.
Writing objects: 100% (7/7), 2.00 KiB | 0 bytes/s, done.
Total 7 (delta 0), reused 0 (delta 0)
To git@192.168.56.101:qianqi/robotframework-webdemo.git
 * [new branch]      master -> master
```

重新刷新 GitLab 项目界面，测试用例代码已经上传成功（如图 5-24 所示）。

2. 配置 Jenkins 任务

首先，要安装 Robot Framework 插件，该插件主要用于报告的展示。Robot Framework 插件的安装请参考 3.7 节。

然后，创建一个自由风格的任务"5.2-AutoTest-Robotframework"（如图 5-25 所示）。

▲图 5-24　查看上传的测试用例代码

▲图 5-25　创建 Robot Framework 任务

接下来，配置源码管理部分，通过 Git 下拉我们刚刚创建好的存放测试代码的项目"robotframework-webdemo"（如图 5-26 所示）。

在"构建"部分添加"执行 shell"构建步骤，填写上面手动测试时执行的指令即可（如图 5-27 所示）。

▲图 5-26　Git 下拉测试代码

▲图 5-27　通过 shell 来执行测试代码

Robot Framework 的测试报告展示功能是通过在"构建后操作"部分添加 Publish Robot Framework test result 步骤来实现的，如图 5-28 所示。

- Directory of Robot output —— 这里是相对于工作目录的路径，这里配置为根目录。
- Thresholds for build result —— 这里设定判定测试结果的阈值。如果测试结果成功率为 100%，则认为构建结果成功；如果测试结果成功率介于 80%～100%，则认为构建结果不稳定；如果测试结果成功率低于 80%，则认为任务构建失败。

最后，还需要加上邮件提醒构建步骤，这里展示了 Robot Framework 自动化测试的一个邮件模板，模板名为 robot.template，放在 Master 节点后台的 ${JENKINS_HOME}/email-templates 目录下，具体配置如图 5-29 所示。

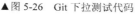

▲图 5-28　配置 Robot Framework 展示功能

▲图 5-29　配置 Robot Framework 邮件提醒

- Content Type —— 改为 HTML（text/html）格式。

- Default Content —— 这里配置为使用邮件模板${SCRIPT, template= "robot.template"}。
- Triggers —— 改为 Always，为每次构建结果发送邮件提醒。

robot.template 模板的具体内容如下。

```html
<!DOCTYPE html>
<HEAD>
  <TITLE>Build report</TITLE>
  <STYLE type="text/css">
    BODY, TABLE, TD, TH, P {
      font-family:Verdana,Helvetica,sans serif;
      font-size:11px;
      color:black;
      vertical-align:middle;
    }
    h1 { color:black; }
    h2 { color:black; }
    h3 { color:black; }
    .bg1 { color:white; background-color:#0000C0; font-size:130% }
    .bg2 { color:white; background-color:#4040FF; font-size:110% }
    .bg3 { color:white; background-color:#8080FF; }
    .test_passed { color:green; }
    .test_failed { color:red; }
    TD.console { font-family:Courier New; }
    TD.item { color:blue }
    th { color:blue }
    .change-add { color: #272; }
    .change-delete { color: #722; }
    .change-edit { color: #247; }
    .grayed { color: #AAA; }
    .error { color: #A33; }
    pre.console {
      color: red;
      font-family: "Lucida Console", "Courier New";
      padding: 5px;
      line-height: 15px;
      background-color: #EEE;
      border: 1px solid #DDD;
    }
  </STYLE>
</HEAD>

<BODY>
<!-- GENERAL INFO -->
<TABLE border="1">
<TR>
  <TD align="left"><IMG SRC="${rooturl}static/e59dfe28/images/32x32/<%= build.result.toString() == 'SUCCESS' ? "blue.gif" : build.result.toString() == 'FAILURE' ? 'red.gif' : 'yellow.gif' %>" /></TD>
```

```
        <TD align="left"><B style="font-size: 150%;">BUILD ${build.result}</B></TD>
</TR>
    <TR><TD class="item"><B style="font-size: 130%;">项目名称: </B></TD><TD style="font-size:
130%;"><B>${project.name}</B></TD></TR>
    <TR><TD class="item"><B style="font-size: 130%;">Git 分支: </B></TD><TD style="font-size:
130%;"><B>${build.environment['GIT_BRANCH']}</B></TD></TR>
    <TR><TD class="item"><B style="font-size: 130%;">构建地址: </B></TD><TD style="font-size:
130%;"><A href="${rooturl}${build.url}"><B>${rooturl}${build.url}</B></A></TD></TR>
    <TR><TD class="item"><B style="font-size: 130%;">构建日志: </B></TD><TD style="font-size:
130%;"><A href="${rooturl}${build.url}console"><B>${rooturl}${build.url}console</B></A>
</TD></TR>
    <TR><TD class="item"><B style="font-size: 130%;">构建日期: </B></TD><TD style="font-size:
130%;"><B>${it.timestampString}</B></TD></TR>
    <TR><TD class="item"><B style="font-size: 130%;">构建时长: </B></TD><TD style="font-size:
130%;"><B>${build.durationString}</B></TD></TR>
    <TR><TD class="item"><B style="font-size: 130%;">触发原因: </B></TD><TD style="font-size:
130%;"><B><% build.causes.each() { cause -> %> ${cause.shortDescription} <% } %></B></TD>
</TR>
</TABLE>
<BR/>
<BR/>


<!-- Robot Framework Results -->
<%
import java.text.DateFormat
import java.text.SimpleDateFormat

def robotResults = false
def actions = build.actions // List<hudson.model.Action>
actions.each() { action ->
  if( action.class.simpleName.equals("RobotBuildAction") ) { //
  hudson.plugins.robot.RobotBuildAction
  robotResults = true %>

  <TABLE width="100%">
    <TR>
      <TD class="bg1">
        <B>自动化接口测试结果</B>
      </TD>
    </TR>
  </TABLE>
  <BR/>
  <TABLE id="robot-summary-table" border="1">
  <THEAD>
    <TR bgcolor="#F3F3F3">
      <TH style="font-size: 130%;"><B>概述</B></TH>
      <TH style="font-size: 130%;"><B>总计</B></TH>
      <TH style="font-size: 130%;"><B>失败</B></TH>
      <TH style="font-size: 130%;"><B>通过</B></TH>
```

```
            <TH style="font-size: 130%;"><B>通过率%</B></TH>
        </TR>
    </THEAD>
        <TR>
            <TH align="left"><B style="font-size: 130%;">所有用例</B></TH>
            <TD><B style="font-size: 130%;">${action.result.overallTotal}</B></TD>
            <TD><B style="font-size: 130%; color: <%= action.result.overallFailed == 0 ?
                "#000000" : "red" %>">${action.result.overallFailed}</B></TD>
            <TD><B style="font-size: 130%; color: #66CC00">${action.result.overallPassed}
                </B></TD>
            <TD><B style="font-size: 130%; color: <%= action.overallPassPercentage == 100 ?
                "#66CC00" : "#FF3333" %>">${action.overallPassPercentage}</B></TD>
        </TR>
        <TR>
          <TH align="left"><B style="font-size: 130%;">运行所需时间</B></TH>
            <TD colspan=4 align="center"><B style="font-size: 130%;">${action.result.
            humanReadableDuration}</B></TD>
        </TR>
        <TR><TD colspan=5><A href="${rooturl}${build.url}robot"><B style="font-size: 130%;
        ">>> 单击查看详细结果</B></A></TD></TR>
        <TR><TD colspan=5><A href="${rooturl}${build.url}robot/report/report.html">
        <B style="font-size: 130%;">>> 单击查看测试报告</B></A></TD></TR>
        <TR><TD colspan=5><A href="${rooturl}${build.url}robot/report/log.html"><B style=
        "font-size: 130%;">>> 单击查看测试日志</B></A></TD></TR>
    </TABLE>
    <BR/>


<TABLE cellspacing='0' cellpadding='1' border='1'>
    <TR>
      <TH style="font-size: 120%;"><B>名称</B></TH>
      <TH style="font-size: 120%;"><B>共计</B></TH>
      <TH style="font-size: 120%;"><B>成功</B></TH>
      <TH style="font-size: 120%;"><B>失败</B></TH>
      <TH style="font-size: 120%;"><B>失败的用例</B></TH>
    </TR>
<%
def allSuites = action.result.getSuites()
allSuites.each() { testSuite ->
%>

    <TR>
      <TD align="left"><B style="color: #1874CD">L1 模块: </B><B><%= testSuite.getName() %>
        </B></TD>
      <TD align="center"><B><%= testSuite.getTotal() %></B></TD>
      <TD align="center"><B style="color: #66CC00"><%= testSuite.getPassed() %></B></TD>
      <TD align="center"><B style="color: <%= testSuite.getFailed() == 0 ? "#000000" :
        "#FF3333" %>"><%= testSuite.getFailed() %></B></TD>
      <TD align="center" style="color: #1874CD"><B>详情如下</B></TD>
    </TR>
```

```
<%
  def childSuites = testSuite.getChildSuites()
  childSuites.each() { childSuite ->
%>
    <TR>
      <TD align="left"><B style="color: #1874CD">L2 测试套件: </B><B><%= childSuite.getName() %> </B></TD>
      <TD align="center"><B><%= childSuite.getTotal() %></B></TD>
      <TD align="center"><B style="color: #66CC00"><%= childSuite.getPassed() %></B></TD>
      <TD align="center"><B style="color: <%= childSuite.getFailed() == 0 ? "#000000" : "#FF3333" %>"><%= childSuite.getFailed() %></B></TD>
      <TD align="center">
<%
    def childFailedTests = childSuite.getAllFailedCases()
    if (!childFailedTests.isEmpty()) {
      childFailedTests.each() { childFailedTestsResult ->
%>
        <P><B style="color: red"><%= childFailedTestsResult.getDisplayName() %></B></P>
<% } %>
<% } else { %>
        <P><B>无</B></P>
<% } %>
      </TD>
    </TR>

<% } %>
<% } %>
  </TABLE>
  <BR/>
  <BR/>
<% } %>
<% } %>

<% if (!robotResults) { %>
  <p>No Robot Framework test results found.</p>
<% } %>


<!-- GIT COMMIT INFOR -->
  <TABLE width="100%">
    <TR>
      <TD class="bg1">
        <B>代码提交</B>
      </TD>
    </TR>
  </TABLE>
<%
def changeSet = build.changeSet
```

```
if (changeSet != null) {
  hadChanges = false %>

  <TABLE cellspacing="0" cellpadding="4" border="1" align="left">
  <THEAD>
    <TR bgcolor="#F3F3F3">
      <TH><B style="font-size: 120%;">提交人</B></TH>
      <TH><B style="font-size: 120%;">提交标题</B></TH>
      <TH><B style="font-size: 120%;">修改内容</B></TH>
      <TH><B style="font-size: 120%;">提交 ID</B></TH>
    </TR>
  </THEAD>

  <TBODY>
<%  changeSet.each { cs ->
    hadChanges = true
    aUser = cs.author %>
    <TR>
      <TD><B style="font-size: 120%;"><A href="http://10.142.78.36/pages/viewpage.action?pageId=2396359">${cs.committer}</A> <A href="Mailto:${cs.committerEmail}">(${cs.committerEmail})</A></B></TD>
      <TD style="font-size: 120%;">${cs.comment}</TD>
      <TD>
<%      cs.affectedFiles.each { %>
          <LI class="change-${it.editType.name}"><b>${it.editType.name}</b>:${it.path}</LI>
<%      } %>
      </TD>
      <TD style="font-size: 120%;"><A href="http://10.142.78.33:8080/QualityAssurance/robotframework-auto-test/commit/${cs.id}">${cs.id}</A></TD>
    </TR>
<%  } %>

<%  if (!hadChanges) { %>
    <TR>
      <TD colspan="4" align="center"><B>No Changes</B></TD>
    </TR>
<%  } %>
  </TBODY>
  </TABLE>
<BR/>
<BR/>
<% } %>
<BR/>
<BR/>

</BODY>
```

3. 查看任务执行结果

上述配置完成后,单击"保存"按钮,手动触发任务进行构建。等待构建完成后,首先打开 Jenkins 构建界面，可以直接看到 Robot Framework 的展示结果（如图 5-30 所示），单击下面的 Browse results、Open report.html、Open log.html 链接可以看到具体的报告以及与日志对应的 HTML 文件。

同时查看邮件收取的自动化测试结果，如图 5-31 所示，构建信息、Robot Framework 测试总览、具体的测试报告日志链接都将展示在邮件中，方便查看。

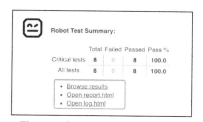

▲图 5-30　在 Jenkins 任务界面上展示 Robot Framework 的结果

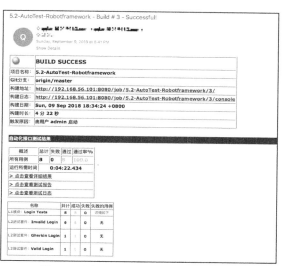

▲图 5-31　展示 Robot Framework 邮件提醒

5.3　本章小结

自动化测试已经成为 CI&CD 的必要配置部分，本章主要讲解了 JMeter 与 Robot Framework 的自动化测试。JMeter 既可以测试功能，也可以测试性能。Robot Framework 主要用来测试功能，建议对接口进行自动化测试，尤其是在敏捷团队中。功能改动多基于 UI 的自动化测试，由于修改测试脚本的速度不一定有人工测试效率高，因此不建议实现自动化。对于改动小的功能，现阶段才建议实现自动化。

第三部分
持续部署

第 6 章　持续部署设计

第 1 章讲了 CI&CD 的价值，CI&CD 能帮助我们提高系统集成效率，加快系统部署。开源技术能够帮我们实现 CI&CD 的快速、低成本落地；容器化技术的使用更是大大提高了 CI&CD 的效率。对大规模容器的管理也成为一个挑战，目前市场上有一些开源的容器管理平台相互竞争，推动了平台的完善，容器管理变得越来越简单。下面将利用开源生态工具来实现 CI&CD。

6.1　持续部署的问题

量变引起质变，随着部署规模的扩大，以前不是问题的问题也会成为问题。持续部署是把低效的人工部署过程自动化，大规模部署的问题在持续部署时也将持续发生。现在人们倾向于通过容器化来简化服务的管理，这解决了一些问题，但存在的问题也不少。对于蓝鲸与云效这两个售价百万余人民币的产品，其最基础功能就是解决大规模部署的问题，所以从事这方面的研究与实践还是相当有价值的。下面简单罗列一下大规模部署的一些问题，这样在落实持续部署时好有个方向，知道要解决什么问题。

- 服务日志：当有成百上千个容器在运行时，试图从日志分析某一单业务问题并找到日志所在的容器或主机就已经让你头痛。显然，这种行为十分低效，这种方式不适合大规模部署的场景。另外，当业务量足够大时，用户的访问行为也许能够说明一些商业问题，可以通过分析用户行为来促进商业推广。所以日志不仅可以用来分析问题，还可以用来做大数据分析，日志问题是一个非常重要的问题。
- 服务监控：当服务实例（在执行集群部署时一个节点便是一个服务实例）够多时，对实例的监控就会变得复杂。比如，要监控每个实例的硬件（CPU、内存、I/O 等）使用率以掌握实例的运行状态，从而确定是否要扩容或限流。当监控到一些服务实例负载很重时，为了维持优质服务，需要水平扩展实例数。当监控到某一实例处于不可用状态时，可以立刻下线这个实例，启动一个新的实例来替换。
- 服务网络：大规模部署中一个网段的机器（拥有一个 IP，不管是物理机还是虚拟机）是有限的，如果还有异地的网络通信需求（一个内网的机器要访问异地的另一个内网的机器），网络就变得复杂，IP 的管理、端口的管理都将成为十分琐碎的事情。

- 服务编排：现在人们都习惯于把各种功能服务化，比如，日志收集方案由专门的服务提供，网络方案由专门的服务提供。在部署一个服务时，可以自由选择这个服务的网络、存储、日志收集等方案，完成服务的定制。另外，还可以给虚拟机或容器限定硬件资源的使用量，做到服务的部分资源隔离，减少服务之间的相互影响（不会导致同一主机上的某一容器由于资源占用过多而导致其他容器的服务质量突降）。
- 服务调度：在生活中我们喜欢把紧要或重要的事分配给更靠谱、能力更强的人去做，甚至会专门成立工作小组。同样，在部署服务时，我们也会倾向于把重要的服务部署到更适合的机器上，比如，有些服务需要较强的运算能力，我们可以在运算能力更强的主机上启动它们，或者限制主机上的容器数量以保证容器的运算能力。
- 服务调度：大量容器在更新时，为了保证服务的无缝衔接，我们通常会滚动更新，而不是让服务一次性更新最新版本，服务调度可以用来控制更新频率。
- 负载均衡：大规模部署结构中，负载均衡是一个必选项，把用户请求分发到服务实例，有些场景还需要保持用户状态。比如，当把用户请求分发到某一实例时，此实例刚好发生故障，用户请求能够转到其他实例正常处理，对用户来说无感知。
- 服务发现：在执行集群部署时，代理服务器要知道代理了多少服务，利用分发规则分发到各个服务上，初次部署时人工配置这些代理似乎还可以理解，但当服务实例成百上千时，人工配置是万万不可能的事情，费力还容易出错。特别是增加或下线实例时，都需要修改这个配置。显然，此时我们需要一个自动处理程序，服务发现的职责就是帮助探测服务，把服务实例加入集群，把不可用服务从集群中踢除。
- 微服务支持：互联网的发展推动了服务化的落地，SOA（面向服务的架构）成为应用系统构建的不二之选。当前开源社区流行多种服务治理框架，习惯上叫它们微服务，如 Spring Cloud、Dubbo、Istio 等。微服务框架能帮助解决微服务的发现、连接、管理、监控及安全等问题，大大简化了传统的集群部署方式，所以微服务就是为大规模部署而生的，能帮助简化部署结构、降低部署成本。
- 服务健康检查：自动检查容器实例的状态，方便做一些后续操作，如重启、增加容器实例。
- 服务自动伸缩：提供自动的伸缩能力，比如，当服务性能达到阈值时，自动增加容器实例，而且这一过程完全不需要人工干预。
- 数据存储：系统中流动的数据就是价值所在，要保存价值，就要存储数据。当数据量少时，我们可以保存在一两张磁盘上。后面数据多了，我们会使用条带化技术，把硬盘阵列挂载到主机上。但如今数据量暴增，云及容器化技术飞速发展，传统的存储方式面临挑战。比如，我们需要跨网存储，读者应该多少使用过网盘，这就是云存储技术。我们知道容器实例状态不是持久化的，当实例删除后数据也不复存在，所以会把数据存储在主机上，但在容器迁移时就麻烦了，主机上的数据也得迁移。显然，这也不太友好。我们需要让容器不管在哪台机器上都可以访问主机上的数据，网络存储可以帮助我们解决这个问题。

6.2 解决方案

如图 6-1 所示，云已经成为主流方案。云的管理成为整个方案的重中之重。幸好在开源社区有了成功的解决方案，虽然存在一些问题，运营中也会走弯路，但基本上开源社区都有解决办法。自己开发一套方案的成本比较高，从开发到运行，一个成熟的平台少则两三年。对于大多数企业来说，这个成本投入有点高。

我们采用图 6-1 所示方案。

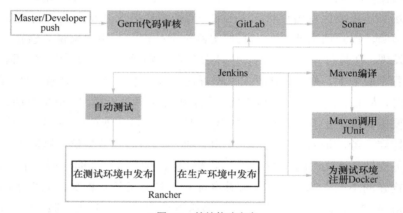

▲图 6-1　持续构建方案

具体流程如下。

1）程序员提交代码。当然，也可以通过流水线触发提交。
2）Gerrit 做代码审核，通过提交到 GitLab，可通过邮件通知相关人员。
3）Sonar 做代码静态扫描，并把结果通知相关人员。
4）在 GitLab 中贴标签（通过 WebHook 触发 Jenkins 任务）或者手动在 Jenkins 中触发任务，Maven 开始下拉代码进行编译，然后进行单元测试和打包。
5）打包完成后利用 docker cli 构建镜像。
6）把镜像上传到镜像仓库。
7）Jenkins 任务触发 Rancher 在测试环境中启动容器，首先下拉镜像，然后根据配置启动容器。

8）Rancher自动或按规则调度容器在哪台机器上运行。

9）Rancher负责容器生命周期的管理（启动、监控、健康检查、扩展等）。

10）进行自动化测试。

11）测试通过后，Jenkins触发Rancher在生产环境中启动或者更新测试通过的服务。当然，也可以手动在Rancher中进行发布。与实例增加时，只需要填写实例数量即可快速扩展。在发布时，可以支持灰度发布、蓝绿发布等个性化的发布需求。

该方案基于Docker与Rancher展开，实现从源码下拉、打包到部署的整个过程。Rancher负责主机管理、主机网络管理、服务调度、负载均衡、健康检查等功能。

有些企业的网络比较复杂，生产环境与办公环境是严格隔离开的，开发与测试在办公环境中完成，发布在隔离开的生产环境中完成，因此可以采用下面的方案（见图6-2）。

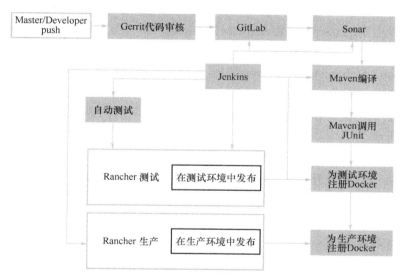

▲图6-2 生产与测试隔离的持续构建方案

在测试与开发环境中各部署一套Rancher，分别管理测试与开发环境中的容器，生产环境中的镜像来自测试环境，测试通过后从测试环境同步镜像到生产环境。分开后的Rancher管理，既减少了把生产环境当测试环境的误操作，又保证了镜像版本的一致性。

6.2.1 Rancher

Rancher是一个开源的企业级容器管理平台。通过Rancher，企业再也不必自己使用一系列的开源软件从头搭建容器服务平台。Rancher 提供了在生产环境中使用的管理 Docker 和 Kubernetes 的全栈化容器部署与管理平台。

Rancher 由以下 4 部分组成。

1. 基础设施编排

Rancher 可以使用任何公有云或私有云的 Linux 主机资源。Linux 主机可以是虚拟机，也可以是物理机。Rancher 仅需要主机有 CPU、内存、本地磁盘和网络资源。从 Rancher 的角度来说，一台云厂商提供的云主机和一台自己的物理机是一样的。

Rancher 为运行容器化的应用实现了一层灵活的基础设施服务。Rancher 的基础设施服务包括网络、存储、负载均衡器、DNS 和安全模块。因为 Rancher 的基础设施服务也是通过容器部署的，所以 Rancher 的基础设施服务也可以运行在任何 Linux 主机上。

2. 容器编排与调度

很多用户都会选择使用容器编排与调度框架来运行容器化应用。Rancher 包含当前全部主流的编排调度引擎，如 Swarm、Kubernetes 和 Mesos。同一用户可以创建 Swarm 或 Kubernetes 集群，并且可以使用原生的 Swarm 或 Kubernetes 工具管理应用。

除了 Swarm、Kubernetes 和 Mesos 之外，Rancher 还支持自己的 Cattle 容器编排调度引擎。Cattle 广泛用于编排 Rancher 自己的基础设施服务，还用于 Swarm 集群、Kubernetes 集群和 Mesos 集群的配置、管理与升级。

3. 应用商店

Rancher 用户可以在应用商店里一键部署由多个容器组成的应用。用户可以管理部署的这个应用，并且可以在这个应用有新的可用版本时进行自动升级。Rancher 提供了由 Rancher 社区维护的应用商店，其中包括一系列的流行应用。Rancher 用户也可以创建自己的私有应用商店。

4. 企业级权限管理

Rancher 支持灵活的插件式的用户认证。支持 Active Directory、LDAP、GitHub 等认证方式。Rancher 支持环境级别的基于角色的访问控制（RBAC），可以通过角色来配置某个用户或用户组对开发环境或生产环境的访问权限。

图 6-3 显示了 Rancher 的主要组件和功能。

可以看到 Rancher 天生适合做 CI&CD，它能够管理云主机（公有云与私有云），支持多种存储系统对接。它不仅有自己的服务编排工具，还支持多种服务编排工具的对接，有相对丰富的应用商店来支持多种服务的接入，把基础设置与系统功能服务化。另外，它具备良好的扩展性，简洁的界面，清晰的结构，学习成本更低，落地更快。

▲图 6-3 Rancher 架构

6.2.2 Rancher 运行机理

了解结构能够帮助我们快速掌握 Rancher（以 1.6 版本为例），当运行过程中出现一些问题时我们能够针对性地进行分析。

Rancher 采用主从结构（参见图 6-4）构建整个运行环境，方便进行水平扩展来提高服务质量。主节点负责对子节点的管理，当主节点异常时，并不影响子节点上容器的运行状态，从而保证了容器上服务的安全性。Rancher 采用模块式的开发方式，对功能进行切割后以服务的形式提供，服务以容器方式运行。服务节点运行 rancher/server:*xxx*（*xxx* 为版本号，比如 rancher/server:v1.6.1）镜像实例。

Rancher 从节点通过 agent（参见图 6-5）与主节点通信。节点运行 rancher/agent:*xxx*（*xxx* 为版本号，如 rancher/agent:v1.2.10）镜像实例（参见图 6-6）。同时，节点还运行网络服务、负载均衡服务、健康检查服务、网络存储服务、调度服务等。

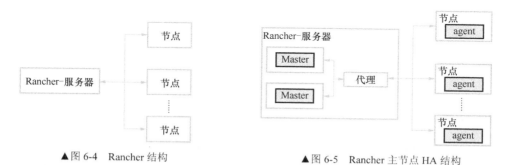

▲图 6-4 Rancher 结构　　　　　　▲图 6-5 Rancher 主节点 HA 结构

Rancher 的服务调度依赖 scheduler 服务（图 6-6 中镜像名为 rancher/scheduler:v0.8.3 的实例）。scheduler 服务在 Rancher 的每一个子节点上启动（参见图 6-7），主要用于控制服务调度到哪些主机，以及容器的启动或更新频率。Rancher 提供以 HAProxy 为基础的负载均衡服务；

提供 NFS 对接的存储服务（存储驱动，帮助接入 NFS，比如可以接入 Ceph 这种分布式存储）；提供健康检查服务（帮助探测服务的可达性，帮助做后续处理，比如重启服务）；提供 DNS 服务；提供网络管理服务（在 Rancher 范围内管理虚拟网络，给容器分配 IP 资源，提供容器网络连接环境）等。

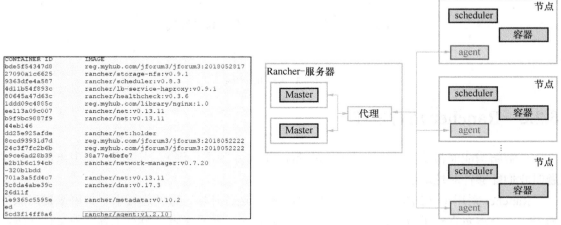

▲图 6-6　Rancher 从节点运行的实例列表　　▲图 6-7　Rancher scheduler 服务

Rancher 管理的容器间通信主要分两种。

- 同主机互通。容器在同一主机上互通，既然是同一主机，就不用通过主机以外的网络。在图 6-8 中，同一主机上的容器通过名为 docker0 的网卡（安装 Dokcer 时会自动生成）进行互连，这是 Docker 默认的网络解决方案，使用 docker network ls 可以查看主机上的 docker0 网络（参见图 6-9）。使用 ip addr 可以在 CentOS 上查看 docker0 的虚拟网卡（参见图 6-10）。

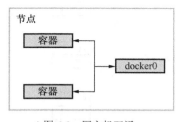

▲图 6-8　同主机互通　　　　　　▲图 6-9　docker0 网络

- 跨主机互通。在虚拟技术领域通过虚拟网来解决 IP 地址的问题，同时解决跨主机互通问题，在容器技术中也一样通过虚拟技术让容器在虚拟网中拥有一个 IP 地址，从而互通。IPSec 技术是常见的虚拟网络解决方案，Rancher 中默认提供的网络方案就是基于 IPSec 的。大致的访问过程如图 6-11 所示，容器依赖于容器所在节点的网络

docker0，docker0 访问主机的网卡 eth0，eth0（作者的环境是在虚机上，enp0s3 和 enp0s8 是两块虚拟的主机物理网卡）通过 IPSec（另外广泛应用的还有 VXLAN）来跨主机、跨网络（如跨城市），从而达到容器的跨网络目的。

```
[root@rancheragent01 ~]# ip addr
1: lo: <LOOPBACK,UP,LOWER_UP> mtu 65536 qdisc noqueue state UNKNOWN qlen 1000
    link/loopback 00:00:00:00:00:00 brd 00:00:00:00:00:00
    inet 127.0.0.1/8 scope host lo
       valid_lft forever preferred_lft forever
    inet6 ::1/128 scope host
       valid_lft forever preferred_lft forever
2: enp0s3: <BROADCAST,MULTICAST,UP,LOWER_UP> mtu 1500 qdisc pfifo_fast state UP qlen 1000
    link/ether 08:00:27:1a:1d:a8 brd ff:ff:ff:ff:ff:ff
    inet 192.168.2.66/24 brd 192.168.2.255 scope global dynamic enp0s3
       valid_lft 84541sec preferred_lft 84541sec
    inet6 fe80::a00:27ff:fe1a:1da8/64 scope link
       valid_lft forever preferred_lft forever
3: enp0s8: <BROADCAST,MULTICAST,UP,LOWER_UP> mtu 1500 qdisc pfifo_fast state UP qlen 1000
    link/ether 08:00:27:91:bd:f6 brd ff:ff:ff:ff:ff:ff
    inet 10.1.1.106/24 brd 10.1.1.255 scope global enp0s8
       valid_lft forever preferred_lft forever
    inet6 fe80::a00:27ff:fe91:bdf6/64 scope link
       valid_lft forever preferred_lft forever
4: docker0: <NO-CARRIER,BROADCAST,MULTICAST,UP> mtu 1500 qdisc noqueue state DOWN
    link/ether 02:42:97:48:93:b4 brd ff:ff:ff:ff:ff:ff
    inet 172.17.0.1/16 scope global docker0
       valid_lft forever preferred_lft forever
```

▲图 6-10　执行 ip addr

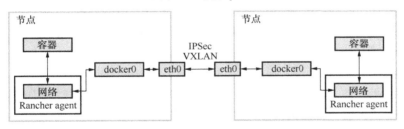

▲图 6-11　跨主机互通

6.2.3　Rancher 如何解决持续部署的问题

下面详细讨论上述问题的解决方法。

1. 服务日志

目前处理 Docker 应用日志大体有 3 种方法。

- 保存在主机指定目录，这种方法在测试环境中勉强还可以，在生产环境中就不可以了，一般在生产环境中我们需要统一收集日志，方便做业务分析、监控分析。
- 采用第三方日志组件，如 syslog 和 ELK，统一收集日志。另外，很多企业在服务没有容器化时就已经开始上 ELK 了，Docker 刚好也可以用上。
- Docker 提供的 API 可以获取到容器内控制台的日志输出。

Rancher 支持使用 syslog 及 ELK 进行日志收集。

2. 服务监控

服务所在容器的资源监控以及服务健康状态的监控。可利用的容器资源监控的开源软件不少，很容易实现。比如 BrianChristner 官网提供的 Docker 监控工具，该官网也提供监控容器资源的功能。

3. 服务网络

服务隔离要求，服务互通要求，跨主机、跨网络要求，网络性能要求。

目前云平台基本上都使用 Overlay 网络来满足跨主机、跨平台、跨网络的网络互通要求。Rancher 支持这些网络模型的集成，Rancher 默认的网络驱动是 IPSec，当前我们使用的 1.6 版本还支持 VXLAN。VXLAN 支持多租户隔离，同时相比 IPSec 的网络性能有提升。

4. 服务编排

Rancher 支持使用 docker-compose 来编排、定义服务，比如服务之间的关联（互访）、存储目录、日志传递方式、向外暴露的访问端口、容器实例调度到哪些主机上、对计算资源的限制等。

5. 服务调度

服务要部署到哪些主机？在扩展时如何分配主机？

手指有长短，主机资源有差异，如何在指定的主机上启动容器？Rancher 提供了多种调度方式，可以指定主机，可以设置标签（给一群主机设置一个标签，把服务调度到这些机器上），可以平均分配。

6. 负载均衡

提供负载均衡服务。我们的服务不可能都是微服务，并自带负载均衡功能。对于这些服务，要通过集群提供服务。Rancher 也提供了负载均衡功能，默认使用 HAProxy 做代理。当然，也可以自己建立 Nginx 的容器服务，作为负载均衡的代理服务器。

7. 服务发现

在实现负载均衡时如何发现服务？通常服务发现的方案是 Etcd+Cond+HAProxy（nginx）。Rancher 中直接使用服务名（元数据服务）即可访问目标服务，把服务发现任务交给元数据服务去完成。当然，也可以用容器的 Label 功能来进行服务发现，Label 相当于给此类服务贴上标签，方便在源数据中寻址。

8. 微服务支持

微服务的体系结构简化了部署难度，只要提供可以互访的容器，Rancher 就可以帮助管理容器网络，提供容器互访的网络环境。当然，Rancher 管理的 Docker 容器能够很好地支持微服务，同时 Rancher 也能够对容器状态进行监控管理。另外，在微服务框架层面，还提供服务状态管理功能，能够自动发现服务，卸载不可用服务。

9. 服务健康检查

自动检查是否健康并定义处理操作。Rancher 提供了两种方式来检查服务是否健康。一种是 TCP/UDP 可达（可以通过 telnet 远程登录），另一种是服务可达（可以正常访问服务，并且可以设置超时）。

10. 服务自动伸缩

当健康检查功能检查到服务不可达或者响应超过阈值时，就会触发后续动作，比如，重启服务，或者利用 Rancher 的 Hook 功能自动扩展（启动新的容器）。

11. 数据存储

Rancher 支持 NFS 集成，NFS 后面的技术可以是传统的磁盘阵列，也可以是分布式的网络存储，如 Ceph。Rancher 集成的 NFS 以数据卷的方式展现给 Rancher 用户。现在很多企业为提高数据安全性采用 Ceph 来做容器存储，分布式保证了数据有多个副本，数据的丢失风险进一步降低。

6.3 持续部署场景

不管用什么技术，用什么方案，解决问题是第一目标。为了更好地把持续部署落地，本节从用户需求的角度围绕如下场景展开叙述。

6.3.1 单系统部署结构

服务简单，通常是 Web 服务+应用服务+数据库，也不用考虑负载均衡，因为通常只有一台物理机，并且采用手动发布方式。现在流行把这些简单的系统迁移到云平台上。

图 6-12 展示了传统的单系统部署结构，从仓库拿到 jar 包并发布。

▲图 6-12　单系统部署结构

6.3.2 普通集群部署结构

图 6-13 所示的普通集群部署结构是在单系统部署结构前加上一个反向代理，Web 服务与应用服务都可以是多个服务实例，数据库多数还是集中式。现在要部署多个实例，用手工方式就比较慢了，而且出错的概率比较高，用系统来管理部署，持续部署的价值就比较大。

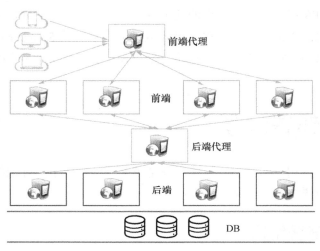

▲图 6-13 普通集群部署结构

6.3.3 微服务系统部署结构

图 6-14 展示了当前流行的微服务部署结构，服务能力采用分而治之的方式得到提升。采用微服务框架的企业往往业务量都比较大，部署是件有风险的事情，部署实例多，系统多，配置多。具有持续部署的能力有助于提升服务体验、服务效率。相反，如果不具备持续部署能力，每次上线都要忙到凌晨两三点，而且第二天还经常出现部署事故。当服务实例数变多后，具备持续部署的能力是必需的，最好还能够蓝绿发布、灰度发布，支

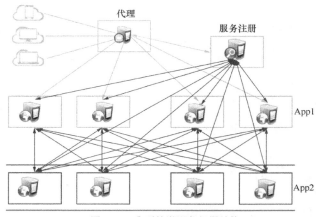

▲图 6-14 典型的微服务部署结构

持新旧系统无缝切换，支持线上小范围试用。

App1 和 App2 服务启动后注册到服务注册中心，外部调用通过代理进来，先从服务注册中心获取服务访问列表及地址，然后由微服务的路由规则来选择访问 App1 服务中的哪一个实例。App1 通过读取服务注册中心的数据，获取到 App2 的服务列表及地址，然后直接访问 App2 的服务实例。App1 与 App2 是直连的，App1 访问众多的 App2 实例时到底访问哪个 App2 实例呢？这是由微服务框架中的路由算法决定的，比如，平均分配。

6.3.4 租户隔离结构

现在云服务商不少，不同企业在采购云服务时要求自己的服务与别的企业要能够隔离开来，互不影响。最简单的是网络隔离，要求更高的是主机隔离、资源隔离，这就是租户隔离。如果我们只自己公司使用，还要租户隔离干什么？我们来看下面这个场景。

- 公司是做金融相关互联网服务的，要求实现两地有 3 个机房，是在 3 个机房都上一套部署系统，还是只上一套能够管理这 3 个机房的服务呢？当然，上一套服务来管理 3 个机房要方便很多，这 3 个机房位于两个不同的物理位置，如上海与深圳。按照这种实际需求，用系统管理起来自然是租户隔离的。
- 公司的服务比较多，有些是仅供浏览的门户服务，有些是财务系统，有些是订单系统，我们要保证这些系统是互不干扰的。尤其是其中部分系统出问题时不能波及其他的系统，不管是数据故障、物理机器故障还是网络故障。对于这个要求，我们自然会想到把它们隔离开来，彻底一点就是主机隔离。
- 公司的系统想做到异地多活，本地局域网内的服务有访问异地另一局域网内服务的要求，我们需要在二者之间构造一个虚拟网络，让它们像在同一网络中进行访问，IPSec、VXLAN 等虚拟网络就可以满足这些要求。

6.4 本章小结

本章从用户角度分析了部署的通用场景，以及在这些场景中我们要解决哪些问题。比如，如果运维方面要关注日志的收集，那么就要解决大量容器的日志收集问题；服务要能够自动发现；要自动检查服务健康状态并处理非健康状态等。这些问题 Rancher 都提供了解决方案，后面章节将结合实例展示如何解决这些问题。

第 7 章　安装环境

在讲解实例前，我们需要准备一套持续部署环境。如果要在企业落地持续部署，现在就可以操作起来。

这里使用 CentOS 7 主机，也可以选择别的 Linux 版本。我们主要安装的工具或软件有以下几个。

- Docker。
- MySQL。
- Rancher 1.6。
- Harbor。
- Rancher HA。

7.1　准备工作

选择的持续部署技术栈来自不同的开源软件供应商，当集成在一起时，版本会有要求，这里以 Rancher 1.67 为参照来选择其他的软件版本。

CentOS 选择 7.1 版本，内核为 4.14.0-1.el7.elrepo.x86_64。

Rancher 运行的 Docker 环境请参见 Rancher 官网（参见图 7-1），这里选择 1.12.5 版本。该

版本	Rancher适用?	K8S适用?
1.9.x 和更低的版本	No	
1.10.0 - 1.10.2	No	
1.10.3（和更高的版本）	No (Yes v1.6.5以及更低版本中)	No
1.11.x	No	
1.12.0 - 1.12.2	No	
1.12.3（和更高的版本）	Yes	Yes
1.13.x	Yes	No
17.03.x-ce	Yes	No
17.03.x-ee	Yes	No
17.04.x-ce	No	
17.05.x-ce	No	No
17.06.x-ce	Yes (v1.6.3以及更高版本)	No
17.06.x-ee	Yes (v1.6.3以及更高版本)	No

▲图 7-1　Rancher 支持的 Docker 版本

版本既支持 Rancher 也支持 Kubernetes（如果也用 Rancher 来管理 Kubernetes，1.12.5 版本是不错的兼容选择）。

整理后的主要软件安装版本如表 7-1 所示。

表 7-1　　　　　　　　　　　　　　主要软件安装版本

类别	版本	主机要求	说明
CentOS	内核为 4.14.0-1.el7.elrepo.x86_64	配置的 4c 内存为 4GB	CentOS 7.1
Docker	1.12.5	—	—
MySQL	5.7	内存大于 2GB	—
Rancher	1.6.17	—	—
Harbor	1.5	配置的 2c 内存为 4GB	—
HA	nginx	内存大于 2GB	—

安装列表见表 7-2。

表 7-2　　　　　　　　　　　　　　安装列表

主机名	机器功能	IP 地址	安装软件
rancher00	Rancher 服务器	10.1.1.100	Docker、Rancher
rancher01	Rancher 服务器	10.1.1.101	Docker、Rancher
nginx	Rancher 的 HA	10.1.1.102	Docker nginx
rancheragent01	主机	10.1.1.106	Docker Rancher agent
rancheragent02	主机	10.1.1.107	Docker Rancher agent
GitLab	GitLab	10.1.1.149	GitLab
Jenkins	主机	10.1.1.102	Jenkins
harborMysql	Harbor & MySQL	10.1.1.150	Docker、Harbor、MySQL

图 7-2 显示了安装环境拓扑结构，其中 Jenkins 与 GitLab 可以复用持续集成部分。

安装前的准备工作如下。

1）通过以下代码禁用 SELinux。

```
vim /etc/selinux/config, 修改 SELinux=disabled
```

禁用后，需要重启机器，如果不想重启，可以临时关闭 SELinux，运行如下命令。

```
setenforce 0
```

2）通过以下代码配置 IPv4 转发。

```
sysctl -w net.ipv4.ip_forward=1
```

或者

```
vim /etc/sysctl.conf:
net.ipv4.ip_forward = 1
net.bridge.bridge-nf-call-ip6tables = 1
net.bridge.bridge-nf-call-iptables = 1
```

执行如下命令以使配置生效。

```
sysctl -p
```

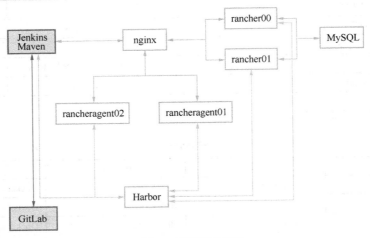

▲图 7-2　环境拓扑结构

3) 设置 DNS。如果内网有自己的 DNS，请设置自己内网的 DNS；反之，设置默认的 DNS。代码如下。

```
vim /etc/resolv.conf
nameserver 114.114.114.114    #电信 DNS
nameserver 8.8.8.8            #Google DNS
```

4) 关闭防火墙。代码如下。

```
systemctl disable firewalld
systemctl stop firewalld
```

当然，可以不关闭防火墙，开放相应端口即可。在实验时为了简单，建议关闭防火墙。

5) 配置主机。配置以下列表中的每台机器。

```
vim /etc/hosts
10.1.1.100 rancher00
10.1.1.101 rancher01
127.0.0.1  localhost
10.1.1.106 rancheragent01
```

```
10.1.1.107 rancheragent02
10.1.1.149 gitJenkins
10.1.1.102 nginx
10.1.1.150 reg.myhub.com
```

可以使用如下命令设置主机名，比如，设置 10.1.1.100 机器名为 rancher00。

```
hostnamectl set-hostname rancher00
```

7.2 安装 Docker

根据安装列表，有 7 台机器需要安装 Docker。下面安装一台机器，对于其他机器，安装方法类似，作者用虚机代替物理机，所以后面直接复制 6 份，然后修改 IP、主机名、主机等（也可以用 Vagrant 这样的工具来自动完成虚拟机的安装与配置）。

要在虚拟环境中尝试但又对 Oracle VM Visual Box 不熟悉的读者可以从 GitHub 网站获取虚拟网络规划相关文档。

下面开始安装过程。

1. 建立一个 Docker 专用用户

比如，这里建立的用户名为 op。

```
[root@rancher00 ~]# groupadd op                    //添加组
[root@rancher00 ~]# useradd -g op -m op            //添加用户
[root@rancher00 ~]# passwd op                      //修改用户 op 的密码
```

授予 op 用户 sudo 权限。

```
[root@rancher00 op]# visudo
root    ALL=(ALL)      ALL
op      ALL=(ALL)      ALL
```

2. 下载 rpm 包进行安装

切换到 op 用户，在企业内网访问外网受限时通常采用 rpm 安装方式。这里提供两个地址。

- dockerproject 网站
- 清华大学开源镜像网站

下载图 7-3 中的 1.12.5 版本。

```
docker-engine-1.12.5-1.el7.centos.src.rpm              16-Dec-2016  5:40  28M
docker-engine-1.12.5-1.el7.centos.x86_64.rpm           16-Dec-2016  5:40  20M
docker-engine-selinux-1.12.5-1.el7.centos.noarch.rpm   16-Dec-2016  5:40  29K
docker-engine-selinux-1.12.5-1.el7.centos.src.rpm      16-Dec-2016  5:40  20K
```

▲图 7-3　下载 Docker rpm 包

使用如下命令进行安装。

```
yum localinstall -y docker-engine-selinux-1.12.5-1.el7.centos.noarch.rpm docker-engine-
```

```
1.12.5-1.el7.centos.x86_64.rpm
```

安装完成后，使用 docker –version 检查安装的版本是否正确。

```
[op@rancher00 rancher]$ docker -version
Docker version 1.12.5, build 7392c3b
```

3. 启动 Docker

使用以下命令启动 Docker。

```
systemctl start docker
```

使用下面的命令设置自启。

```
systemctl enable docker
```

4. 安装 docker-compose

使用以下命令安装 docker-compose。

```
curl -L https://***/docker/compose/releases/download/1.8.0/docker-compose-`uname -s`-`uname -m` > /usr/local/bin/docker-compose
chmod +x /usr/local/bin/docker-compose
$ docker-compose --version
 docker-compose version: 1.8.0
```

5. 给 Docker 镜像加速，加快镜像下拉

一般来说，使用国内镜像仓库会快一些，比如阿里、网易、DaoCloud 等企业提供的仓库。

修改 /etc/docker/daemon.json 的代码如下。

```
{
  "insecure-registries":["***"],
  "registry-mirrors": ["https://***"]
}
```

其中，第一个星号网址是后面集成本地仓库后的地址，第二个星号网址是从阿里云申请的加速地址。

参考如上步骤安装剩下的 6 台 CentOS 机器，或者通过复制虚拟机镜像来建立新的虚拟机。

7.3 安装 Rancher

7.3.1 安装 Rancher HA 环境

环境规划如表 7-3 所示。

表 7-3　　　　　　　　　　　　　　环境规划

机器功能	IP 地址	操作系统	安装软件
rancher00	10.1.1.100	CentOS 7	Docker、Rancher
rancher01	10.1.1.101	CentOS 7	Docker、Rancher
MySQL	10.1.1.150	CentOS 7	MySQL
nginx	10.1.1.102	CentOS 7	Docker
rancheragent01	10.1.1.106	CentOS 7	Docker Rancher agent
rancheragent02	10.1.1.107	CentOS 7	Docker Rancher agent

物理拓扑结构如图 7-4 所示。

1. 安装 MySQL

Rancher 的运行依赖 MySQL，在学习 Rancher 时我们可以直接让 MySQL 以容器的方式运行，把数据文件映射到宿主机上。在生产环境中建议 MySQL 安装在物理机上，与 Rancher 机器分开，MySQL 的版本应不小于 5.6。作者的 MySQL 安装在 10.1.1.150 机器上，数据库密码是 Pass1234qwe。

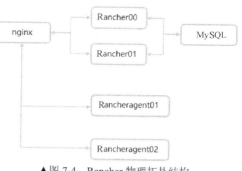

▲图 7-4　Rancher 物理拓扑结构

登录 MySQL，运行下面 3 条语句，创建数据库并授权给 cattle 账户。

```
CREATE DATABASE IF NOT EXISTS cattle COLLATE = 'utf8_general_ci' CHARACTER SET = 'utf8';
GRANT ALL ON cattle.* TO 'cattle'@'%' IDENTIFIED BY 'Pass1234qwe!';
GRANT ALL ON cattle.* TO 'cattle'@'localhost' IDENTIFIED BY 'Pass1234qwe!';
flush privileges;
```

2. 安装 Rancher

前提条件是已经安装好 Docker 并启动 Docker daemon。

因为 Ranhcer 是以容器方式运行的，所以安装十分便利，命令如下。

```
docker run -d --restart=unless-stopped -p 8080:8080 -p 9345:9345 rancher/server \
    --db-host myhost.example.com --db-port 3306 --db-user username --db-pass password \
    --db-name cattle \
    --advertise-address <IP_of_the_Node>
```

- rancher/server：rancher/server 镜像名，如果不指定版本就获取镜像仓库的最新版本，我们指定安装 1.6.17 版本。
- --db-host：指定数据库访问地址，对于生产应用，建议 MySQL 安装在物理机上且有热备份，以保证数据的安全性。
- --db-port：数据库访问端口。

- --db-user：数据库访问账号。
- --db-pass：数据库访问密码。
- --db-name：数据库名称。
- --advertise-address：当前安装 rancher/server 的机器的 IP。

在第一台主机（IP 地址是 10.1.1.100）上运行以下命令。

```
docker run -d --restart=unless-stopped -p 8080:8080 -p 9345:9345 --name rancher-server
rancher/server:v1.6.17 --db-host 10.1.1.150 --db-port 3306 --db-user cattle --db-pass
Pass1234qwe! --db-name cattle --advertise-address 10.1.1.100
```

其中，10.1.1.150 是上面 MySQL 服务器的 IP 地址，10.1.1.100 是当前主机的 IP 地址。

此时开始下载 Rancher 相关的镜像文件，如果由于网络原因下载比较慢，那就请耐心等待。也可利用阿里镜像加速。

在第二台主机（IP 地址是 10.1.1.101）上运行以下命令。

```
docker run -d --restart=unless-stopped -p 8080:8080 -p 9345:9345 --name rancher-server
rancher/server:v1.6.17 --db-host 10.1.1.150 --db-port 3306 --db-user cattle --db-pass
Pass1234qwe! --db-name cattle --advertise-address 10.1.1.101
```

此时 Rancher 可以访问了，环境访问地址是 http://10.1.1.100:8080 和 http://10.1.1.101:8080。

因为我们要建立 HA 环境，所以需要在前面加上 HAProxy 或 nginx。虽然官方安装指南中使用 HAProxy，但由于 HAProxy 官网访问不到，因此用 nginx 代替。

要满足 Rancher 的 HA 要求，负载工具必须支持 WebSocket 以及 forwarded-for 的 HTTP 请求头。Rancher 通过 WebSocket 推送消息给前端 UI，消息包括容器状态、容器日志等信息。

3. 安装及配置 nginx

在 IP 地址为 10.1.1.102 的机器上安装 nginx，安装在宿主机上还是使用容器发布？作者的选择是使用容器发布，将 nginx 配置文件映射到本地宿主机上。

（1）下拉 nginx 镜像并启动。

启动命令如下。

```
docker run -itd -p 808:80 --name rancherNginx nginx
```

rancherNginx 为容器名。

如果运行时出现 WARNING: IPv4 forwarding is disabled. Networking will not work，可以运行 sudo sysctl -w net.ipv4.ip_forward=1。

如果本地没有 nginx 镜像，先从官方仓库下拉 nginx 镜像，默认下拉 nginx 的最新版本。

启动完成后，可以通过主机的 808 端口访问 nginx（参见图 7-5）。

（2）复制 nginx 配置到本地

先在本地建立一个目录，以方便集中管理 nginx 的相关文件。

```
mkdir -p /home/op/nginx-docker
cd /home/op/nginx-docker
docker cp rancherNginx:/etc/nginx/ .
```

注意，docker cp 这一行的后面有一个点号，把整个 nginx 容器中的 nginx 目录都复制到 /home/op/nginx-docker 目录中（参见图7-6）。

▲图 7-5　nginx 访问示例　　　　　　　　　　▲图 7-6　nginx 配置目录

（3）配置 nginx

删除上一步骤中的 rancherNginx 容器的命令是 docker rm –f rancherNginx。如果运行 rancherNginx 时带上了-rm 参数，按 Ctrl+C 组合键停止容器时会自动删除。

使用如下命令启动。

```
docker run -itd --name rancherNginx -v /home/nginx-docker/nginx:/etc/nginx -p 80:80 nginx
```

注意，-v 在当前主机上的 nginx 目录（从容器中拷贝出来的 nginx 配置）与容器中的 /etc/nginx 目录间建立映射，nginx 中的配置便可以在主机上直接修改，这样十分方便。

先不加证书，暂时以 HTTP 方式访问 nginx。下面修改 nginx 配置，把请求定向到 Rancher。在/etc/nginx/conf.d 目录中加上配置文件。

```
[root@nginx conf.d]# ll
总用量 4
-rw-r--r--. 1 root root 854 5月   8 12:43 rancher.conf
[root@nginx conf.d]# pwd
/home/nginx-docker/nginx/conf.d
```

配置如下。

```
upstream rancher {
    server 10.1.1.101:8080;
    server 10.1.1.100:8080;
}
map $http_upgrade $connection_upgrade {
    default Upgrade;
```

```
            ''      close;
    }

    server {
        listen 80;
        server_name 10.1.1.102;

        location / {
            proxy_set_header Host $host;
            proxy_set_header X-Forwarded-Host $host;
            proxy_set_header X-Forwarded-Port $server_port;
            proxy_set_header X-Real-IP $remote_addr;
            proxy_set_header X-Forwarded-Proto $scheme;
            proxy_set_header X-Forwarded-For $proxy_add_x_forwarded_for;
            proxy_set_header Upgrade $http_upgrade;
            proxy_set_header Connection $connection_upgrade;
            proxy_set_header Proxy "";
            proxy_http_version 1.1;
            proxy_connect_timeout 30s;
            proxy_send_timeout 1800s;
            proxy_read_timeout 1800s;
            proxy_pass http://rancher;
        }
    }
}
```

如图 7-7 所示，访问 Rancher HA 节点列表。

▲图 7-7　Rancher HA 节点列表

7.3.2　添加本地账户

启动完成后用浏览器访问 Rancher，显示图 7-8 所示界面。

Rancher 的国际化还是做得不错的，也可切换到简体中文。为了统一风格，避免直译后词不达意，后面的工具讲解中统一使用英文界面。

图 7-9 提醒了两件事。

1）从 ADMIN 菜单中设置管理员账号，首次访问时没有账号和密码，需要用户自己进行设置。

2）添加主机，主机是将来用来运行容器的载体，Rancher 管理的主机可以是物理机，也可以是虚拟机，还可以是云主机。主机对用户透明，用户不用知道容器运行在哪台主机上以及主机在哪里。所有这些都交由 Rancher 管理。

▲图 7-8　访问 Rancher

▲图 7-9　Rancher 提醒

设置 Rancher 管理员密码，方法是选择 ADMIN→Access Control。

Rancher 支持多种账户体系的接入，可以选择 Rancher 的原生账户体系，也可以选择 LDAP 来进行管理。我们以原生账户体系为例（参见图 7-10）。设置如下。

- 用户名：admin。
- 密码：admin。

之后转到图 7-11 所示界面。

▲图 7-10　建立本地用户

▲图 7-11　Rancher 访问控制

单击 Manage Accounts 进入账号管理界面，可以管理用户账号（参见图 7-12）。

▲图 7-12　管理 Rancher 账号

7.3.3 设置环境

Rancher 环境设置主要是选择容器管理工具，选择虚拟网络解决方案，实现环境的逻辑隔离。可以用 Rancher 同时管理测试环境、开发环境、生产环境。当然，实际使用过程中，生产环境要与开发及测试环境物理隔离。最简单的办法就是在开发及测试环境中部署一套 Rancher，在生产环境中部署另一套 Rancher，开发及测试环境与生产环境的镜像仓库可以做镜像同步，生产环境中的镜像从开发及测试环境复制过去，而且是已经测试通过的。同一镜像保证了版本的一致性，减少了打包异常以及包被篡改的可能性。

作为容器管理工具，Rancher 也不是重新造"轮子"，它也会集成一些成熟的工具或有前景的管理工具，如 Mesos、Swarm、Kubernetes 等，Rancher 默认的管理工具是 Cattle。

前面说过容器化的挑战主要在网络、存储方面。作为容器管理工具，Rancher 有自己默认的网络解决方案，也可以支持第三方的网络解决方案，这些都以组件（也可以称为服务）的方式来提供。比如，在使用 Cattle 时，可以使用 IPSec 或 VXLAN。

环境是根据环境模板来设置的，可以使用 Rancher 提供的模板（参见图 7-13），也可以自定义一个模板。

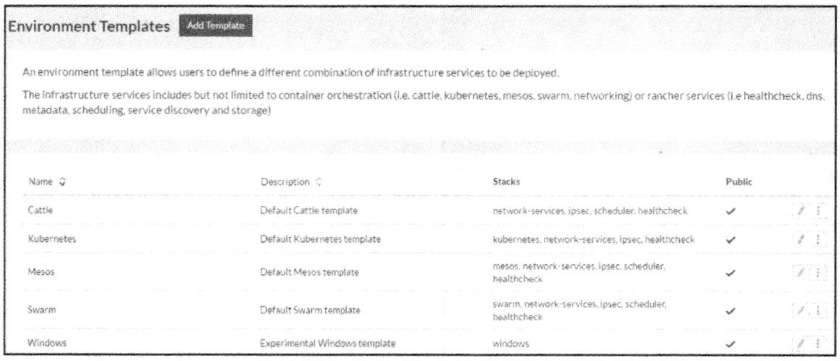

▲图 7-13　Rancher 环境模板

Rancher 提供了 5 个环境模板。Cattle 是 Rancher 默认的。作为 Docker 生态圈中的重要一员，Kubernetes 是 Google 多年来大规模容器管理技术的开源版本，使用范围也最广。Mesos 在 Twitter 的案例中最为典型，管理着数量巨大的集群资源。Swarm 也是一个可以用来创建并管理 Docker 的工具。至于 Windows 的，作者没有尝试，有兴趣的读者可以自己动手试一下。

以 Cattle 为例，在这个环境模板里面可以看到 network-services、ipsec、scheduler、healthcheck 这些 Stack（Stack 可暂且理解成一个服务单元）。这些 Stack 中的服务都以 Docker 容器的方式在运行，提供集群的基础服务，如虚拟网络、容器的健康检查等。

- network-services，提供网络管理服务，如 IP 资源池管理，这些数据会放入 metedata

中进行管理。
- ipsec，提供安全的虚拟网络，比如，常用的 VPN 就采用 IPSec 技术。
- scheduler，提供作业服务。
- healthcheck，提供健康检查服务，如检查容器的存活状态。

由于 IPSec 是安全加密的，因此相比物理网络的损耗还是比较大的（20%左右）。VXLAN 虽然也是加密网络，但可以支持分组隔离（公有云的租户隔离）。另外，在损耗上也比 IPSec 有优势，建议用 VXLAN 来构建 Docker 集群网络。对于网络要求较高的用户，可以做扁平化网络（简单讲就是把容器网络引入物理网络），性能直逼物理网络。

在图 7-13 中单击 ✏️，进行模板的修改。在 Networking 单元（参见图 7-14）中可以看到 Rancher IPSEC 是高亮的，这表示当前使用的是 IPSec 网络。右边是 VXLAN，可以禁用 IPSec 网络，启用 VXLAN。

另外，在不修改模板的情况下，在 Stack 中停掉 IPSec 相关的容器，启动 VXLAN 的容器，也可以达到切换网络模式的效果，图 7-15 是 VXLAN 网络栈，VXLAN 的服务由 vxlan 容器提供。

▲图 7-14　Rancher 应用商店

▲图 7-15　Rancher 服务栈

7.3.4　添加主机

在图 7-16 中单击 Add a host 按钮进入主机注册界面（参见图 7-17）。可以看到提示，意思是：注册的主机与 Rancher 服务器是以当前 IP 地址来连接吗？如果网络有 DNS，可以填写当前机器的域名。

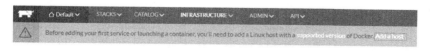

▲图 7-16　Rancher 提醒

下面直接运用 IP 地址互连，直接保存后进入下一界面（参见图 7-18）。先填写要注册的机器 IP 地址，将此主机注册成 Rancher 主机。要添加的主机 IP 地址是 10.1.1.106。

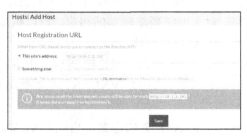

▲图 7-17　设置 Rancher 主机地址

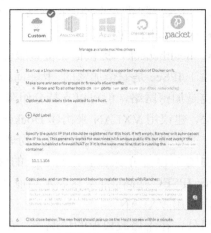

▲图 7-18　添加主机

初次执行时会比较慢，需要先下载 rancher/agent:v1.2.10 镜像。图 7-19 是本机上的部分截图。

```
[root@rancheragent01 rancher]# sudo docker run -e CATTLE_AGENT_IP="10.1.1.106"  --rm --privileged -v /var/run/docker.s
b/rancher rancher/agent:v1.2.10 http://10.1.1.102/v1/scripts/33ABFC67B04FA134DFCE:1514678400000:eojGsXXmL0a19jnr0bLtdN

INFO: Running Agent Registration Process, CATTLE_URL=http://10.1.1.102/v1
INFO: Attempting to connect to: http://10.1.1.102/v1
INFO: http://10.1.1.102/v1 is accessible
INFO: Configured Host Registration URL info: CATTLE_URL=http://10.1.1.102/v1 ENV_URL=http://10.1.1.102/v1
INFO: Inspecting host capabilities
INFO: Boot2Docker: false
INFO: Host writable: true
INFO: Token: xxxxxxxx
INFO: Running registration
INFO: Printing Environment
INFO: ENV: CATTLE_ACCESS_KEY=51BC7FC7F91658EDD360
INFO: ENV: CATTLE_AGENT_IP=10.1.1.106
INFO: ENV: CATTLE_HOME=/var/lib/cattle
INFO: ENV: CATTLE_REGISTRATION_ACCESS_KEY=registrationToken
INFO: ENV: CATTLE_REGISTRATION_SECRET_KEY=xxxxxxx
INFO: ENV: CATTLE_SECRET_KEY=xxxxxxx
INFO: ENV: CATTLE_URL=http://10.1.1.102/v1
INFO: ENV: DETECTED_CATTLE_AGENT_IP=10.1.1.106
INFO: ENV: RANCHER_AGENT_IMAGE=rancher/agent:v1.2.10
INFO: Launched Rancher Agent: 5cd3f14ff8a69907e9821b06eaa94b6ace98c5eb96ec661472a0993f31b70139
```

▲图 7-19　主机添加过程

在图 7-20 中，可以看到启动了一个 rancher/agent 容器。这个容器用来完成将主机注册到 Rancher 服务器的过程，后面 Rancher 才可以把容器部署到这台机器上。我们还可以看到其他一些容器。

```
[root@rancheragent01 rancher]# docker ps
CONTAINER ID        IMAGE                              COMMAND                   CREATED
89b465b7346c        rancher/net:v0.13.11               "/rancher-entrypoint."    2 minutes ago
198c5a9ebbcc        rancher/net:v0.13.11               "/rancher-entrypoint."    2 minutes ago
1f7cd14e30cb        rancher/dns:v0.17.3                "/rancher-entrypoint."    2 minutes ago
d351fb706d21        rancher/net:holder                 "/.r/r /rancher-entry"    2 minutes ago
eddc8b5576ea        rancher/healthcheck:v0.3.6         "/.r/r /rancher-entry"    2 minutes ago
026b856f9978        rancher/metadata:v0.10.2           "/rancher-entrypoint."    2 minutes ago
679c36ee1887        rancher/scheduler:v0.8.3           "/.r/r /rancher-entry"    2 minutes ago
56709597397f        rancher/network-manager:v0.7.20    "/rancher-entrypoint."    2 minutes ago
e3542b7e0c38        rancher/net:v0.13.11               "/rancher-entrypoint."    2 minutes ago
5cd3f14ff8a6        rancher/agent:v1.2.10              "/run.sh run"             3 minutes ago
```

▲图 7-20　主机容器列表

在 Host 标签页中（参见图 7-21）可以看到刚才注册的主机。

同理，添加另一台机器（IP 地址是 10.1.1.107），如图 7-22 所示，我们完成了两台主机的添加。

▲图 7-21　查看 Rancher 主机

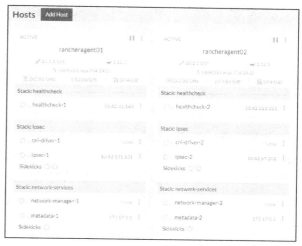

▲图 7-22　Rancher 主机列表

7.4　集成 Harbor 镜像仓库

Harbor 是一个用于存储和分发 Docker 镜像的企业级 Registry 服务器，通过添加一些企业必需的功能特性，如安全、标识和管理等，扩展了开源 Docker Distribution。作为企业级私有 Registry 服务器，Harbor 提供了更好的性能和安全性，提升了用户使用 Registry 构建和运行环境传输镜像的效率。Harbor 支持复制安装在多个 Registry 节点上的镜像资源，镜像全部保存在私有 Registry 中，确保数据和知识产权在公司内部网络中管控。另外，Harbor 也提供了高级的安全特性，如用户管理、访问控制和活动审计等。

7.4.1　下拉镜像

Harbor 的部署采用容器方式，官网（参见图 7-23）上有详细的安装教程。首先，下载镜像。

单击 INSTALL GUIDE OF HARBOR 按钮链接到 GitHub。

安装方式非常简便，在 GitHub 中对应页面上选择要下载的安装包（参见图 7-24）。有在线安装与离线安装两类安装方式，当不可以连接外网时可以选择离线安装（离线安装需要先把依赖的镜像下载下来）。

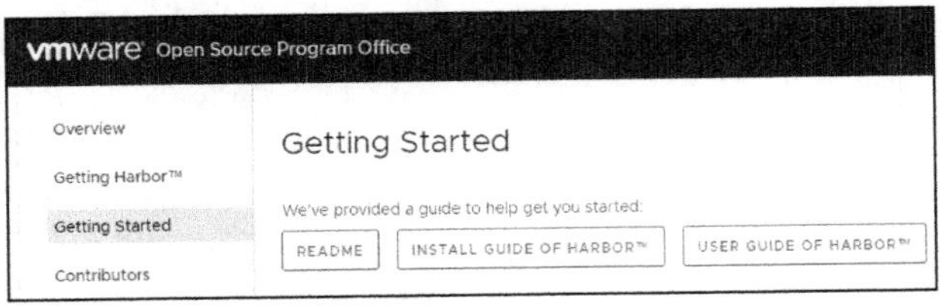

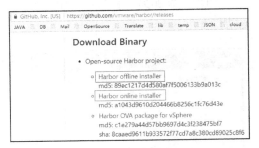

▲图 7-23　安装 Harbor 助手

▲图 7-24　下载与安装 Harbor

如果下载了 harbor-offline-installer-v1.5.0.tgz，使用命令 wget https://storage.googleapis 域名/harbor-releases/release-1.5.0/harbor-offline-installer-v1.5.0.tgz 解压它，使用命令 tar xvf harbor-offline-installer- v1.5.0.tgz 进入解压后的目录（参见图 7-25）。

```
[root@host02 harbor]# ll
总用量 854960
drwxr-xr-x 3 root root        22 5月  12 16:48 common
-rw-r--r-- 1 root root      1185 5月   2 23:34 docker-compose.clair.yml
-rw-r--r-- 1 root root      1725 5月   2 23:34 docker-compose.notary.yml
-rw-r--r-- 1 root root      3596 5月   2 23:34 docker-compose.yml
drwxr-xr-x 3 root root       150 5月   2 23:34 ha
-rw-r--r-- 1 root root      6687 5月   2 23:34 harbor.cfg
-rw-r--r-- 1 root root 875401338 5月   2 23:36 harbor.v1.5.0.tar.gz
-rwxr-xr-x 1 root root      5773 5月   2 23:34 install.sh
-rw-r--r-- 1 root root     10771 5月   2 23:34 LICENSE
-rw-r--r-- 1 root root       482 5月   2 23:34 NOTICE
-rwxr-xr-x 1 root root     27379 5月   2 23:34 prepare
```

▲图 7-25　Harbor 安装文件列表

其中，harbor.v1.5.0.tar.gz 是 Harbor 镜像，需要自己手动导入。命令如下。

```
docker load -i harbor.v1.5.0.tar.gz
```

其中，install.sh 是安装启动脚本，docker-compose.yml 定义了 Harbor 的各种容器配置（比如，向外暴露的端口），用户可以通过修改 compose 文件来改变 Harbor 的一些属性，比如，修改访问端口、修改文件存储位置。

7.4.2　配置

配置 harbor.cfg。重点关注下面几项。

hostname = reg.myhub.com 是 Harbor 主机的名称，也可以是 IP 地址。在 CentOS 下可以使用 hostname ctl set -hostname reg.myhub.com 来进行设置，使用 uname –n 可以看到机器名。

```
[root@reg ~]# uname -n
```

```
reg.myhub.com
```

在 /etc/hosts 下配置当前机器的域名解析。

```
127.0.0.1 localhost
10.1.1.106 reg.myhub.com hub
```

ui_url_protocol=http 用于指定使用 HTTP。

ssl_cert = /root/cert/reg.myhub.com.crt 和 ssl_cert_key = /root/cert/reg.myhub.com.key 用于指定证书地址。如果是内网，就自己生成证书，公网需要购买证书。当然，也可以不用证书，作为示例，这里不用证书。

harbor_admin_password = Harbor12345 用于指定登录 Harbor 的管理员密码。当然，建议改一下密码。

具体安装可以参考 GitHub 网站。

7.4.3 启动容器

在 harbor 目录下运行 ./install.sh 来安装 Harbor，可能会报如下错误。

```
Please set hostname and other necessary attributes in harbor.cfg first. DO NOT uselocalhost
or 127.0.0.1 for hostname, because Harbor needs to be accessed by external clients.
Please set --with-notary if needs enable Notary in Harbor, and set ui_url_protocol/ssl_
cert/ssl_ cert_key in harbor.cfg bacause notary must run under https.
Please set --with-clair if needs enable Clair in Harbor.
```

这时，需要设置 hostname，比如 hostname ctl set -hostname reg.myhub.com。其中，reg.myhub.com 为本机名称，一切顺利的话，最终可以看到图 7-26。

```
Creating network "harbor_harbor" with the default driver
Creating harbor-log
Creating registry
Creating harbor-adminserver
Creating harbor-db
Creating redis
Creating harbor-ui
Creating harbor-jobservice
Creating nginx

√ ----Harbor has been installed and started successfully.----

Now you should be able to visit the admin portal at http://reg.myhub.com.
For more details, please visit https://github.com/vmware/harbor .
```

▲图 7-26　Harbor 安装日志

使用 docker ps 可以看到图 7-27 所示的 8 个容器（版本升级了，容器也变多了，1.1 版本中还是 7 个容器）。

- harbor-jobservice：任务管理器，比如，完成镜像从测试仓库到生产仓库的周期性复制。

- nginx：通过一个前置的反向代理统一接收浏览器、Docker 客户端的请求，并将请求转发给后端不同的服务（registry、harbor-ui）。

```
[root@reg harbor]# docker ps
CONTAINER ID    IMAGE                                NAMES
68aa75159c5d    vmware/harbor-jobservice:v1.5.0      harbor-jobservice
f618d2997dbd    vmware/nginx-photon:v1.5.0           nginx
ea0615a32dc8    vmware/harbor-ui:v1.5.0              harbor-ui
4c8ce7c41181    vmware/redis-photon:v1.5.0           redis
3686afe34986    vmware/harbor-db:v1.5.0              harbor-db
8c14a9ab3a14    vmware/registry-photon:v2.6.2-v1.5.0 registry
91440bf86148    vmware/harbor-adminserver:v1.5.0     harbor-adminserver
2e1b5a5dcbda    vmware/harbor-log:v1.5.0             harbor-log
```

▲图 7-27　Harbor 容器列表

- harbor-ui：提供图形化界面，帮助用户管理 Registry 上的镜像，并对用户进行授权。
- redis：为提高数据存储效率，使用 redis 来保持用户及镜像相关的状态数据，Harbor 以 HA 方式安装时需要。
- harbor-db：提供数据库服务，负责存储用户权限、审计日志、Docker 镜像分组信息等数据。
- registry：负责存储 Docker 镜像，并处理 docker push/pull 命令。由于我们要对用户进行访问控制，即不同用户对 Docker 镜像有不同的读写权限，因此 Registry 会指向一个 token 服务，强制用户的每次 docker pull/push 请求都携带一个合法的 token。Registry 会通过公钥对 token 进行解密和验证。
- harbor-adminsever：管理用户和项目信息。
- harbor-log：统一收集日志，帮助收集 Harbor 各容器的日志。

Harbor 服务的持久化数据默认映射到本地磁盘，默认路径是/data 目录（参见图 7-28）。
启动后可以直接通过 IP 地址进行访问（参见图 7-29），初始密码为 Harbor12345。
登录成功后出现图 7-30 所示界面，默认有一个 library 项目。
也可以使用命令行登录 Docker，图 7-31 使用 docker login 来登录 Harbor 仓库。

```
[root@reg data]# ll
总用量 8
drwxr-xr-x 2 10000 10000         6 5月  12 17:17 ca_download
drwxr-xr-x 2 10000 10000         6 5月  12 17:17 config
drwxr-xr-x 5 10000 10000      4096 5月  12 17:17 database
drwxr-xr-x 2 10000 10000         6 5月  12 17:17 job_logs
drwxr-xr-x 2 10000 10000         6 5月  12 17:17 psc
drwxr-xr-x 2 polkitd root        6 5月  12 17:17 redis
drwxr-xr-x 2 10000 10000         6 5月  12 17:17 registry
-rw------- 1 10000 10000        16 5月  12 17:17 secretkey
```

▲图 7-28　Harbor 数据目录

▲图 7-29　访问 Harbor UI

▲图 7-30 Harbor 项目列表

▲图 7-31 登录 Harbor 仓库

7.4.4 修改默认的 HTTP 端口

默认 HTTP 端口是 80，为了修改访问端口，可修改 Harbor 目录下的 docker-compose.yml 文件。

在图 7-32 中，8088 是 HTTP 访问端口，8443 是 HTTPS 访问端口，80 是 nginx 的默认端口，443 是 nginx 默认的 HTTPS 访问端口。然后再次执行 ./install，删除先前的配置，重新配置，并启动 Harhor 相关的容器。

▲图 7-32 修改 Harbor 的访问端口

7.4.5 集成 Harbor 到 Rancher 中

Harbor 安装好之后 Rancher 还不能使用，需要在 Rancher 中集成，选择 INFRASTRUCTURE→Registries，添加一个仓库，在 Address 中填上 Harbor 访问地址，在 Username 中填上用户名，如图 7-33 所示。

图 7-34 显示了保存后的仓库列表。

▲图 7-33 在 Rancher 中集成 Harbor

▲图 7-34 Rancher 集成的镜像仓库列表

如果 Harbor 的 admin 密码没修改，就填写 Harbor12345。

如果不想在此配置镜像仓库的访问账号，可以修改 Docker 的启动参数，具体细节可以参考 Docker 官网。

使用--insecure-registries 或--registry-mirror 指定镜像仓库地址，前者对非 SSL 仓库地址有效，后者对 SSL 仓库地址有效（需要配置证书）。

也可以修改/etc/docker/daemon.json 文件（与版本有关，这里使用的是 Docker 1.12.5 版本），加入 insecure-registries 的地址。如果没有此文件，就自己新建一个同名文件，然后重启 Docker（service docker restart）。

```
[root@rancheragent02 ~]# cat /etc/docker/daemon.json
{
  "insecure-registries":["***"],
  "registry-mirrors": ["https://***"]
}
```

https 后面的网址是从阿里云申请的加速地址。

在重启时可能会报如下错误。

```
[root@rancheragent02 ~]# service docker start
Redirecting to /bin/systemctl start docker.service
Job for docker.service failed because the control process exited with error code. See"
systemctl status docker.service" and "journalctl -xe" for details.
```

按照提示使用命令 systemctl status docker.service。

可以看到报错信息"level=fatal msg="can't create unix socket /var/run/docker.sock: is a directory"。

删除/var/run/docker.sock 目录即可成功重启。

7.4.6 测试连通

测试过程如下。

1. 在 Docker 主机上制作一个镜像，并上传到 Harbor 镜像仓库

1）通过以下代码从官方仓库下拉 nginx 镜像到主机。

```
[root@reg ~]# docker pull nginx
```

2）通过以下代码给 nginx 贴标签。

给主机上的 nginx 贴标签，然后推送到自己的私有镜像仓库（在图 7-35 中可以看到新的 nginx 镜像 reg.myhub.com/library/nginx）。

```
[root@reg ~]# docker tag nginx:latest reg.myhub.com/library/nginx:1.0
```

```
[root@reg ~]# docker images |grep nginx
vmware/nginx-photon              v1.5.0         e100456182fc      9 days ago       134.6 MB
nginx                            latest         ae513a47849c      11 days ago      108.9 MB
reg.myhub.com/library/nginx      1.0            ae513a47849c      11 days ago      108.9 MB
```

▲图 7-35 建立一个 nginx 测试镜像

library 是私有仓库中的项目名，reg.myhub.com/library/nginx 这种格式会把 nginx 归到这个项目下（参见图 7-36）。

```
[root@reg ~]# docker push reg.myhub.com/library/nginx:1.0
```

```
[root@reg ~]# docker push reg.myhub.com/library/nginx:1.0
The push refers to a repository [reg.myhub.com/library/nginx]
7ab428981537: Pushed
82b81d779f83: Pushed
d626a8ad97a1: Pushed
1.0: digest: sha256:b4d3d2bbde66836e2c1c168b4cc15da2678f6cac06851e0d6dab74943538659c size: 948
```

▲图 7-36 推送 nginx 测试镜像

3）在 UI 中可以看到已经上传的镜像（参见图 7-37）。

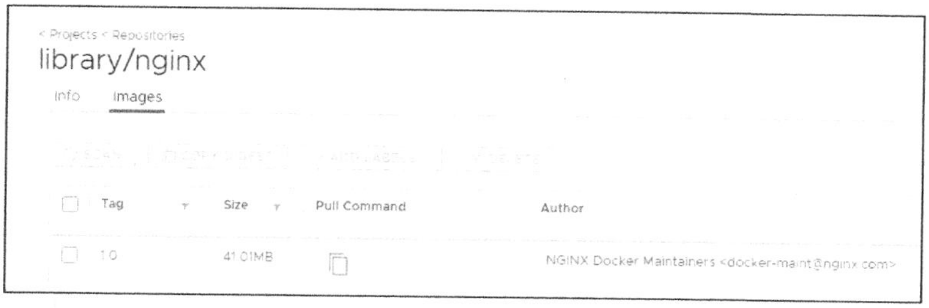

▲图 7-37 查看上传的镜像

2. 在 Rancher 中启动容器

选择 Harbor 镜像仓库中的镜像。在 Default 界面中，需要先建立栈（参见图 7-38）。Rancher 中的栈相当于一个管理单元，比如一个门户系统由 3 个子系统组成，它们相互关系紧密，可以把它们放在一个栈中。在栈的上面还有 Environments 的定义，比如用 Rancher 管理测试环境与开发环境，还可以让测试环境与开发环境使用不同的管理模板（比如，网络模式一个用 IPSec，另一个用 VXLAN）。

在图 7-39 中，栈可以随便填写。当然，它最好有业务意义，一眼看上去就知道它是什么服务单元。

参见图 7-40，在 Rancher 中启动一个 nginx 服务，镜像是刚才在主机上推送的 nginx。

图 7-41 中的 808:80 表示把 nginx 默认端口映射到主机的 808 端口，这样就可以通过主机的 808 端口来访问 nginx 容器提供的服务了。

▲图 7-38 新建栈   ▲图 7-39 编辑栈

▲图 7-40 启动 nginx 服务

▲图 7-41 设置主机端口

直接单击图 7-42 中的 808 链接，直接跳转到图 7-43 所示的界面。

▲图 7-42 服务列表   ▲图 7-43 访问服务

7.4.7　查看 Harbor 日志

当 Harbor 出现问题后，我们需要诊断，怎么查看日志呢？Harbor 中有个日志收集服务，使用 docker ps 找到名为 vmware/harbor-log:v1.5.0 的容器，这个容器收集所有的 Harbor 日志，把日志文件映射到主机目录（参见图 7-44）。

```
[root@reg harbor]# pwd
/var/log/harbor
[root@reg harbor]# ll
总用量 17292
-rw-r----- 1 10000 10000 3030973 6月  2 18:26 adminserver.log
-rw-r----- 1 10000 10000  513608 6月  2 17:54 jobservice.log
-rw-r----- 1 10000 10000  145449 6月  2 18:04 mysql.log
-rw-r----- 1 10000 10000 2319957 6月  2 18:25 proxy.log
-rw-r----- 1 10000 10000  551359 6月  2 18:26 redis.log
-rw-r----- 1 10000 10000 3498043 6月  2 18:26 registry.log
-rw-r----- 1 10000 10000 5484998 6月  2 18:26 ui.log
```

▲图 7-44　查看 Harbor 日志

7.4.8　从 Rancher 商店集成 Harbor

Harbor 现在已经入驻 Rancher 应用商店，因此还可以直接在 Rancher Catalog 中加入 Harbor。在 Catalog 中搜索 Harbor，如图 7-45 所示。

1. 配置

单击 View Details，把 Harbor 容器部署到 10.1.1.106 主机上（参见图 7-46）。

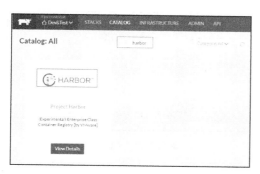

▲图 7-45　应用商店

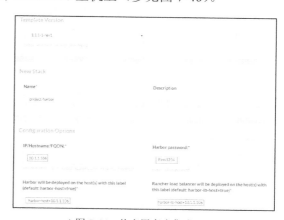

▲图 7-46　从应用商店集成 Harbor

这些配置实际上生成一个 docker-compose.yaml 文件，这个文件中定义了 Harbor 的各项启动参数，与上面手动安装时的 docker-compose.yaml 文件相似。IP 地址是未来 Harbor 的访问 IP 地址（主机 IP 地址），Harbor password 在手动安装时默认为 Harbor2345，harbor-host=10.1.1.106 让这些 Harbor 容器调度到 10.1.1.106 这台主机。harbor-host 是一个 Label 名称，可以理解成一个标签，这个标签在 Rancher 范围内是唯一的，代表一台主机。配置好后，提交，Rancher 会为我们部署一个 Harbor 仓库，在创建 Harbor 时要从官网的镜像仓库下载 Harbor 的相关镜像。

注意：

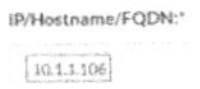

这个地方最好填主机名，或者在/etc/hosts 中配置一个域名，这里的环境中就是这么配置的（参见图 7-47）。

reg.myhub.com 是上面手动安装 Harbor 要用到的，hub.myhub.com 是从 Rancher 应用商店添加 Harbor 仓库要用到的。另外，还要修改一下 daemon.json 配置，把两个 Harbor 仓库地址都配置进去（参见图 7-48）。

```
[root@rancheragent01 run]# cat /etc/hosts
127.0.0.1 rancheragent01
10.1.1.150 reg.myhub.com
10.1.1.106 hub.myhub.com
```

▲图 7-47　配置主机

```
[root@rancheragent01 run]# cat /etc/docker/daemon.json
{
  "insecure-registries": ["hub.myhub.com","reg.myhub.com"]
}
```

▲图 7-48　配置 Docker 镜像仓库

修改完后要重启 Docker 服务（service docker restart），在 10.1.1.106 机器上用 docker 命令登录（参见图 7-49）。

主机 Label 在 INFRASTRUCTURE 菜单下进行设置（参见图 7-50）。图 7-51 中对主机 10.1.1.106 设置了 3 个标签（harbor-host、harbor-lb-host、io.rancher.host.os）。

```
[root@rancheragent01 run]# docker login hub.myhub.com
Username (admin): admin
Password:
Login Succeeded
[root@rancheragent01 run]# docker login reg.myhub.com
Username: admin
Password:
Login Succeeded
```

▲图 7-49　使用命令行登录 Harbor

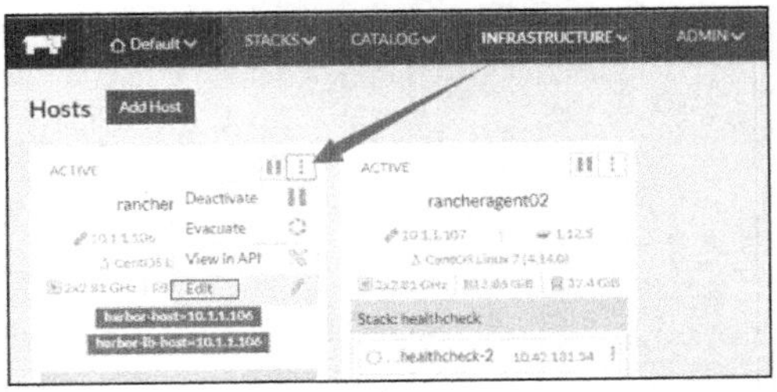

▲图 7-50　主机列表

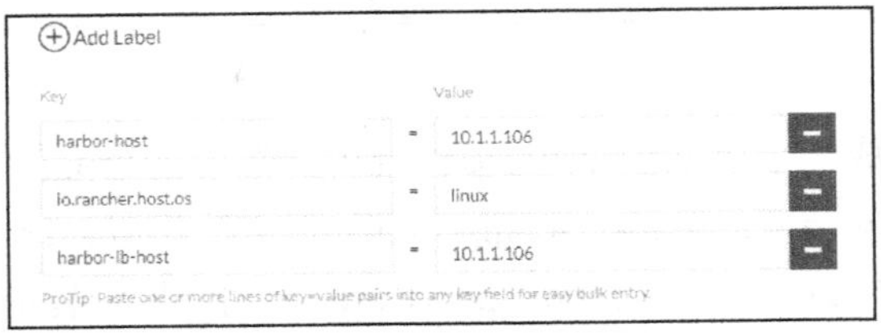

▲图 7-51　设置标签

2. 查看栈

提交请求后转到 Default 界面（参见图 7-52），可以看到新生成了一个以 project-harbor 命名的栈，这些容器服务就是 Harbor 的相关服务。

3. 访问服务

把 Harbor 服务调度到 10.1.1.106 这台机器上，因此访问地址是 http://10.1.1.106/harbor（参见图 7-53）。

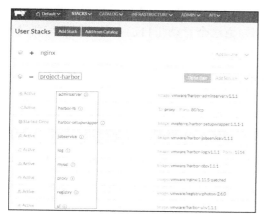
▲图 7-52　Harbor 容器列表

▲图 7-53　访问 Harbor

7.5　Rancher 名词约定

为方便后面对 Rancher 进行讲解，针对图 7-54 统一一下术语。图 7-54 中的数字标号与下面的说明条目对应。

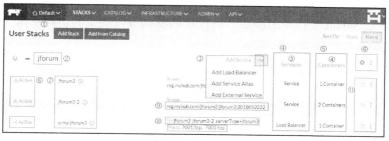
▲图 7-54　Rancher 栈

① 环境名，默认名为 Default，如测试环境、开发环境、生产环境，也可以是机房一、机房二等，看以什么方式来分隔管理单元。

② 栈名，栈就是一个服务单元，比如，把一套业务系统放在一个栈中。单击 Add Stack 可以新建栈，也可以从应用商店创建栈，比如从应用商店集成一个 Harbor 仓库。单击栈名，进入栈的明细界面（转到⑫）。

③ 添加服务的入口，提供 4 种服务，分别是服务（Service）、Load Balancer、服务别名（Service Alias）和外部服务（External Service）。

- Service：比如部署一个 nginx 服务。
- Load Balancer：Rancher 提供的负载均衡功能，实际上使用 HAProxy 来做反向代理。
- Service Alias：为服务取一个别名，比如，把班级里的每个人叫作同学。现在老师说，请同学们站起来，只需要说一声，大家都知道这个行动与自己有关，而不需要老师一个个叫姓名才站起来。有什么用处呢？比如，外来人员要找班中任意同学，只需要联系班主任按照姓名就可以找到对应的同学。为服务取一个别名就和这一样。
- External Service：外部服务，就像我们不生产水，我们只是大自然的搬运工，仅仅是做了包装。

④ 统计当前栈（或者叫服务栈）下的服务数量，服务是以容器方式提供的，一个服务下可以有多个容器实例。可以看到目前有 3 个服务（3 条记录），不管是 Service 还是 Load Balancer，都是服务。

⑤ 统计容器数量，jforum3-2 中的容器数量为 2。

⑥ 栈的全局操作入口（参见图 7-55）。

⑦ 列出栈下的服务名称，这个服务名称在环境内唯一，有唯一标识功能，后面会用到。单击服务名进入服务详情界面（转到⑰）。

⑧ 服务的状态，当然我们最喜欢看到的就是 Active，存活比什么都重要。 代表这是一个活动状态的 Load Balancer。 代表活动状态且使用了别名。 代表活动状态且是外部服务。

⑨ 当前服务所用的镜像。

⑩ 当前 Load Balancer 代理的服务名、代理的规则等，提供的访问端口。

⑪ 服务的操作入口（参见图 7-56）。

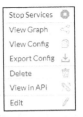

▲图 7-55　栈操作

▲图 7-56　服务操作

- Upgrade：与新增操作基本无异，建立容器的操作全位于此处。
- Restart：重启服务，包括服务下的每一个容器。
- Stop：停止服务，包括服务下的每一个容器。

- View in API：Rancher 有完善的 API，方便第三方集成，作者开发的 DevOps 就基于 Rancher。
- Clone：复制一个服务，复制当前服务的全部配置，只需要修改服务名，默认不启动。

⑫ 在栈的明细界面，可以选择显示哪个栈（参见图 7-57）。

⑬ 可以用 3 种不同形式来显示栈的信息，分别是 List 方式、图形方式、Compose 文件方式。默认是 List 方式（参见图 7-57）。图形方式如图 7-58 所示，把服务之间的关系图形化。在 Compose 文件方式下，使用 Compose 文件表述容器的配置，可以直接写 Compose 文件来定义容器，图 7-59 中是 Rancher 显示的 Compose 文件。

▲图 7-57　栈的明显界面

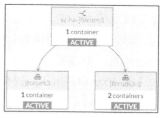

▲图 7-58　关系图

⑭ 整个栈的状态，栈中任何一个容器不健康都会影响整个栈的状态。

⑮ 停止按钮，停止全部服务。

⑯ 栈的操作入口。

⑰ 在服务详情界面（参见图 7-60），可以增加或减少容器实例数。容器实例数增加到两个（参见图 7-61）后，可以看到多了一个 IP 地址。

⑱ 当前容器的 IP 地址，IP 地址由 Rancher 维护管理，Rancher 内部的路由归根到底是由 IP 地址访问的，IP 地址前面的 Name 也很重要（后面会提到）。

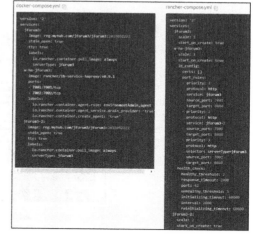

▲图 7-59　Compose 文件

▲图 7-60　服务详情界面

▲图 7-61　增加容器实例数

⑲ 表示当前容器实例启动在哪台主机上，显示的是主机名。我们可以知道当前容器在哪台主机上启动，有时候想进入容器，首先要知道容器在哪台主机上。

⑳ 当前容器的状态，主要显示 CPU、内存、网络、存储状态。对容器的监控，虽然不一定详细，但聊胜于无。

㉑ Execute Shell，提供了以 Web 方式进入容器的通道。界面是我们熟悉的黑白屏（参见图 7-62）。对于多数人来讲，能够进入容器很重要，可以在其中进行日志查看、问题分析、环境调试等工作。

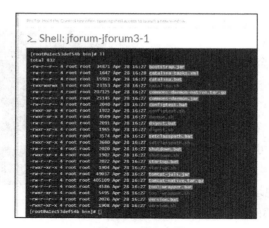

▲图 7-62　进入容器

7.6　本章小结

本章主要讲解了 Rancher 环境的安装，集成镜像仓库的方法，用于为后续的持续部署场景做准备。Rancher 与 Harbor 都是以容器方式运行的，部署相当方便。

第 8 章　持续部署

第 6 章对持续部署做了设计，第 7 章准备好了实验环境，本章开始介绍持续部署实操，以场景为单元进行讲解。

8.1　单系统部署

很多系统并没有大量的业务访问量，通常都部署一个实例。这种需求在中小企业中是很常见的，部署也比较容易。下面给出一个简单的示例。

实验环境 GitLab 中有两个项目，我们选择使用 jforum3（可以从 GitHub 复制到本地仓库）项目。

jforum3 以 war 包方式发布，在 Tomcat 8 下运行，依赖数据库。数据库选用 MySQL。把 jforum3 的运行放在 Docker 容器中。暂时复用主机（10.1.1.150）上的 MySQL，目前在生产环境中，数据库多数还使用专用服务器，MySQL 直接运行在物理机上，暂时不进行容器化。一方面数据库的主机规模不会像应用服务那样有很多实例；另一方面数据库对于系统来说是核心资源，服务器都是专用的，没必要再包装一层容器，同时人们对物理机上数据库的运维更得心应手。当然，你要把数据库容器化也是完全可以的。

开始前的准备工作包括进行环境配置，规划部署过程。

环境清单见表 8-1。

表 8-1　环境清单

类别	访问地址	用户/密码
GitLab	http://10.1.1.149:808	seling/Pass1234qwe
Harbor	http://10.1.1.150/harbor/projects	admin/Harbor12345
Rancher	http://10.1.1.102	admin/admin
Jenkins	http://10.1.1.102:808	seling/Pass1234qwe
MySQL	jdbc:mysql://10.1.1.150:3306/jforum3	root/Pass1234qwe!

项目 GitLab 的地址是 http://10.1.1.149:808/seling/jforum3.git。图 8-1 是 GitLab 中的项目列表。图 8-2 显示了部署流程。

▲图 8-1 GitLab 中的项目列表

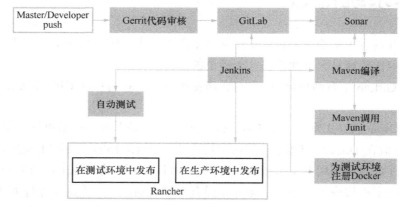

▲图 8-2 部署流程

8.1.1 源码扫描、编译、打包

为了从 GitLab 下拉代码、静态扫描、编译、打包，按如下步骤操作。

1）在 Jenkins 中新建一个 Maven 任务（参见图 8-3）。

▲图 8-3 建立 Jenkins 任务

2）主要配置内容如图 8-4 和图 8-5 所示。

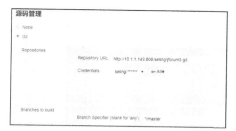

▲图 8-4　配置源码访问 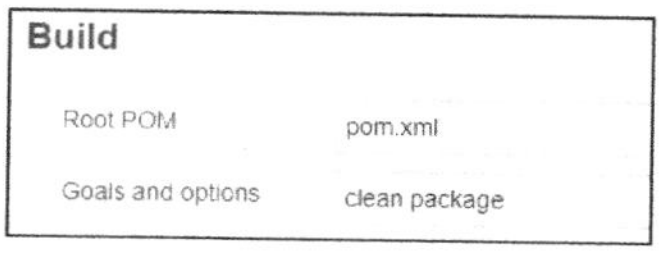　　　　　　　　　▲图 8-5　配置源码构建

8.1.2　制作镜像并上传到 Harbor 中

要制作镜像并上传到 Harbor 中，可按以下步骤操作。

1）在 GitLab 中修改一下 MySQL 的连接配置（打成 war 包以后修改更麻烦），MySQL 中的 jforum3 库需要先准备好。脚本在 src/main/resources 目录下（参见图 8-6）。

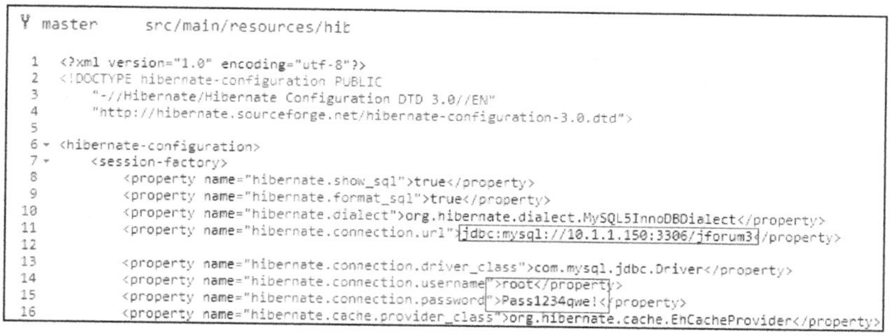

▲图 8-6　修改数据库连接配置的脚本

2）配置 Dockerfile。reg.myhub.com/library/tomcat8:latest 为私有镜像仓库中的 Tomcat 基础镜像，从 Docker 官方仓库下拉一个 Tomcat 8 镜像，贴上标签后推送到自己的私有仓库。注意程序对应的 Tomcat 版本及 JDK 版本。jforum3 的 Dockerfile 文件如下。

```
from reg.myhub.com/library/tomcat8:latest

COPY ./jforum3* .war /op/apache-tomcat-8.0.52/webapps
WORKDIR /op/apache-tomcat-8.0.52/bin
RUN chmod +x /op/apache-tomcat-8.0.52/bin/catalina.sh
EXPOSE 8080
CMD ["/op/apache-tomcat-8.0.52/bin/catalina.sh","run"]
```

3）配置构建镜像的 Shell 脚本（参见图 8-7）。代码如下。

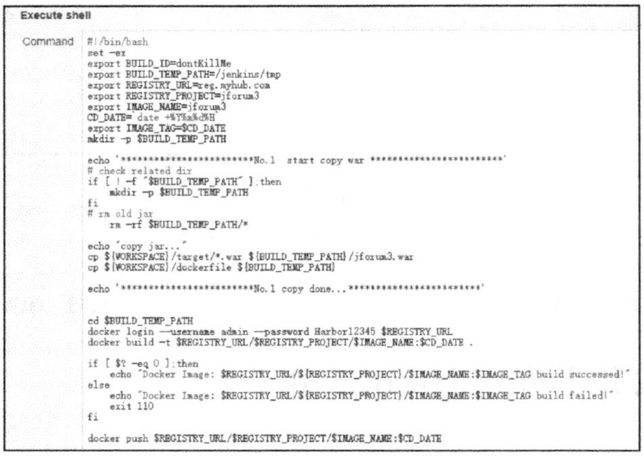

```
Execute shell
Command  #!/bin/bash
         set -ex
         export BUILD_ID=dontKillMe
         export BUILD_TEMP_PATH=/jenkins/tmp
         export REGISTRY_URL=reg.myhub.com
         export REGISTRY_PROJECT=jforum3
         export IMAGE_NAME=jforum3
         CD_DATE=`date +%Y%m%d%H`
         export IMAGE_TAG=$CD_DATE
         mkdir -p $BUILD_TEMP_PATH

         echo '***********************No.1  start copy war ************************'
         # check related dir
         if [ ! -f "$BUILD_TEMP_PATH" ];then
             mkdir -p $BUILD_TEMP_PATH
         fi
         # rm old jar
             rm -rf $BUILD_TEMP_PATH/*

         echo "copy jar..."
         cp ${WORKSPACE}/target/*.war ${BUILD_TEMP_PATH}/jforum3.war
         cp ${WORKSPACE}/dockerfile ${BUILD_TEMP_PATH}

         echo '***********************No.1 copy done...************************'

         cd $BUILD_TEMP_PATH
         docker login --username admin --password Harbor12345 $REGISTRY_URL
         docker build -t $REGISTRY_URL/$REGISTRY_PROJECT/$IMAGE_NAME:$CD_DATE .
         if [ $? -eq 0 ];then
             echo "Docker Image: $REGISTRY_URL/${REGISTRY_PROJECT}/$IMAGE_NAME:$IMAGE_TAG build successed!"
         else
             echo "Docker Image: $REGISTRY_URL/${REGISTRY_PROJECT}/$IMAGE_NAME:$IMAGE_TAG build failed!"
             exit 110
         fi
         docker push $REGISTRY_URL/$REGISTRY_PROJECT/$IMAGE_NAME:$CD_DATE
```

▲图 8-7　配置构建镜像

```
#!/bin/bash
set -ex
export BUILD_ID=dontKillMe
export BUILD_TEMP_PATH=/jenkins/tmp
export REGISTRY_URL=reg.myhub.com
export REGISTRY_PROJECT=jforum3
export IMAGE_NAME=jforum3
CD_DATE=`date +%Y%m%d%H`
export IMAGE_TAG=$CD_DATE
mkdir -p $BUILD_TEMP_PATH

echo '***************************No.1  start copy war ***************************'
# check work dir
if [ ! -f "$BUILD_TEMP_PATH" ];then
    mkdir -p $BUILD_TEMP_PATH
fi
# rm old war
    rm -rf $BUILD_TEMP_PATH/*${IMAGE_NAME}*.war

echo "copy jar..."
cp ${WORKSPACE}/target/*.war ${BUILD_TEMP_PATH}
cp ${WORKSPACE}/dockerfile ${BUILD_TEMP_PATH}

echo '***************************No.1 copy done...***************************'
echo '***************************No.2 bulid image ***************************'
cd $BUILD_TEMP_PATH
docker login --username admin --password Harbor12345 $REGISTRY_URL
docker build -t $REGISTRY_URL/$REGISTRY_PROJECT/$IMAGE_NAME:$CD_DATE .

if [ $? -eq 0 ];then
    echo "Docker Image: $REGISTRY_URL/${REGISTRY_PROJECT}/$IMAGE_NAME:$IMAGE_TAG build successed!"
else
```

```
            echo "Docker Image: $REGISTRY_URL/${REGISTRY_PROJECT}/$IMAGE_NAME:$IMAGE_TAG build
            failed!"
            exit 110
    fi
    echo '****************************No.2 bulid done… ****************************'
    echo '****************************No.3 push image ****************************'
    docker push $REGISTRY_URL/$REGISTRY_PROJECT/$IMAGE_NAME:$CD_DATE
    echo '****************************No.3 push image done…****************************'
```

8.1.3 通过 rancher-compose 启动容器

可以利用 docker-compose 文件对容器的启动参数进行定义。Rancher 的启动可以通过 rancher-compose 工具来完成，我们利用 Jenkins 来驱动 rancher-compose 启动容器。下面分 3 步实现整个过程。

1. 配置准备

我们先要准备两个文件——docker-compose.yml 与 rancher-compose.yml。前者定义容器启动参数，后者定义在 Rancher 中如何启动，比如，在 Rancher 中启动几个容器实例。让初学者写 Compose 文件有点太突然，建议先直接照抄，后面再给出省力的办法。

docker-compose.yml 文件的内容如下。

```
version: '2'
services:
  jforum3:
    image: reg.myhub.com/jforum3/jforum3:2018052221
    stdin_open: true
    tty: true
    ports:
    - 7001:8080/tcp
    labels:
      io.rancher.container.pull_image: always
```

services 是服务定义，jforum3 是服务名，image 是镜像仓库地址，ports 是端口映射配置，7001 是主机端口，8080 是 Tomcat 默认端口。

rancher-compose.yml 文件的内容如下。

```
version: '2'
services:
  jforum3:
    scale: 1
    start_on_create: true
```

scale 指定启动多少个容器实例。

安装 rancher-compose cli，下载地址为 Rancher 官网。

在解压后的目录中直接可以使用，但我们准备用 Jenkins 来执行 Shell 脚本，所以需要把 rancher-compose 工具加入到环境变量中，这样无论在什么目录中都可以执行。

这里把 rancher-compose 复制到/usr/bin 目录中，加入环境变量（参见图 8-8）。

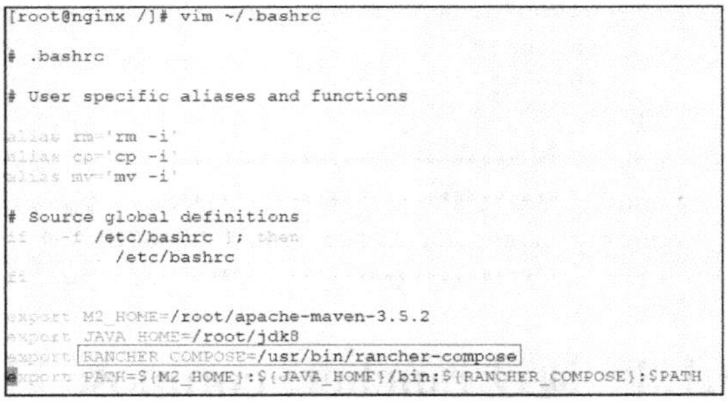

在 Shell 脚本[root@nginx ~]# rancher-compose -help 后加上 rancher- compose 并启动容器，可以看到以下日志。

▲图 8-8 配置环境变量

```
export RANCHER_URL="http://10.1.1.102"
export RANCHER_ACCESS_KEY="9BC5E357498705E65D34"
export RANCHER_SECRET_KEY="mZ1TqbdQozshw4qJmx3EXx2N4vWEGJopJZh8R3qg"
export STACK_NAME=jforum

echo "version: '2'" >docker-compose.yml
echo "services:" >>docker-compose.yml
echo "  jforum3:" >docker-compose.yml
echo "    image: "$REGISTRY_URL/$REGISTRY_PROJECT/$IMAGE_NAME:$CD_DATE >docker-compose.yml
echo "    stdin_open: true" >>docker-compose.yml
echo "    tty: true" >>docker-compose.yml
echo "    ports:" >>docker-compose.yml
echo "    - 7001:8080/tcp" >>docker-compose.yml
echo "    labels:" >>docker-compose.yml
echo "      io.rancher.container.pull_image: always" >>docker-compose.yml

echo "version: '2'" >rancher-compose.yml
echo "services:" >>rancher-compose.yml
echo "  jforum3:" >>rancher-compose.yml
echo "    scale: 1" >>rancher-compose.yml
echo "    start_on_create: true" >>rancher-compose.yml

rancher-compose -p ${STACK_NAME} -f ./docker-compose.yml -r ./rancher-compose.yml up -d --force-upgrade --confirm-upgrade
```

2. 配置 Jenkins 任务

当使用 Jenkins 驱动 rancher-compose 时，需要使用 docker-compose.yml 与 rancher-compose.yml 文件。Jenkins 获取这两个文件的方式有多种。如果文件内容少，个人倾向于在 Jenkins 任务中直接配置，好处是不需要查找文件，坏处是 docker-compose.yml 与 rancher-compose.yml 变化后需要修改 Jenkins 任务。也可以把 docker-compose.yml 与 rancher-compose.yml 放在源程序中，使用 GitLab 进行版本管理，Jenkins 任务使用 Git 下拉这两个配置文件。图 8-9 中的 docker-compose.yml 与 rancher-compose.yml 文件是使用 Shell 脚本创建的，创建在 Jenkins 任

务的工作目录下（参见图 8-10）。

▲图 8-9　生成 Compose 文件

▲图 8-10　Compose 文件列表

dockerfile 与 jforum3.war 用来构建镜像。docker-compose.yml 与 rancher-compose.yml 用来在 Rancher 中创建一个栈，并在栈的下面启动一个服务（jforum3 容器）。其中，以下命令使用 rancher-compose 工具启动容器，并纳入 Rancher 的管理范围（在 Rancher 中可见，可以管理容器的生命周期，如更新、启动、删除等）。

```
rancher-compose -p ${STACK_NAME} -f ./docker-compose.yml -r ./rancher-compose.yml up -d
--force-upgrade --confirm-upgrade
```

3. 保存 Jenkins 并运行构建

执行成功后在 Rancher 中可以看到图 8-11 所示的栈信息。单击 7001 链接进入服务访问页面（参见图 8-12）。

▲图 8-11　栈信息

▲图 8-12　服务访问页面

至此，服务从编译、打包、制作镜像到在 Rancher 中启动的整个过程完成。

8.1.4 在 Jenkins 中访问 Rancher

在配置 Jenkins 作业时有这样一段内容（参见图 8-13）。这用于配置 Rancher 的访问密钥，这是通过环境 API 的方式来访问 Rancher 的，密钥需要在 Rancher 中生成（参见图 8-14 和图 8-15）。

▲图 8-13　Shell 片段　　　　　　　　▲图 8-14　访问密钥列表

相关 Jenkins 任务可从 GitHub 网站获取，清单如图 8-16 所示。

▲图 8-15　生产环境中的访问密钥　　　　▲图 8-16　Jenkins 任务清单

001-jforum3（build-image-up）任务负责编译源码、构建镜像、启动 rancher-compose。

编号为 101～103 的 Jenkins 任务把编译源码、构建镜像、启动 rancher-compose 三个过程分开。编号为 100 的任务负责统筹整个过程，编号为 101 的任务负责编译源码并打包，编号为 102 的任务负责构建镜像，编号为 103 的任务负责利用 rancher-compose 启动容器。

为什么要在任务名前加上数字前缀呢？是为了方便把相关的任务显示在一起并排序。当在 Tomcat 下发布多个服务且服务有先后关系依赖时，也可以在包名前加上序号，序号小的先启动。

8.2 集群部署

为了应对大规模业务量，缓解系统压力，我们通常采用集群架构来部署服务。图 8-17 显示了常见的两种集群部署结构。

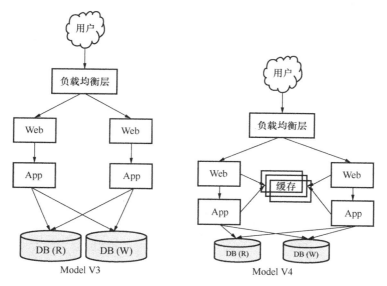

▲图 8-17 集群架构

Model V3 结构中的 Web 和 App 服务都可以用多台机器来分担负载，DB 的压力也可以采用分区、分库、分表的方式来缓解；分库、分区、分表的宗旨是减小遍历范围，提高响应速度。还可以采用读写分离的方式来减轻单台服务器的 I/O 负担，这相当于增加了机器的处理能力。读写分离比较适合以读操作为主的应用，可以减轻写服务器的压力，但是读服务器会有一定的延迟。当一些热点数据过多时，还可以对这些热点数据进行缓存（Model V4）。

对于负载均衡层，目前主要是在 TCP/IP 协议的第 4 层与第 7 层进行负载分发。第 4 层流行的有 LVS（LVS 集群采用 IP 负载均衡技术和基于内容的请求分发技术，目前互联网公司大量使用，如阿里、京东等）、F5（强大的商业交换机，好处是快，但就是贵），第 7 层流行的有 Tengine、nginx、HAProxy、Vanish、ATS、Squid 等。目前互联网企业多采用 LVS+Tengine/nginx 的组合来进行负载均衡。

Model V3、Model V4 的集群架构基本上能够解决多数企业的性能问题，但缺点也比较明显。多个 Web 服务器之间的用户请求状态需要同步（为保证高可用性，如果其中一台宕机，另一台服务器能够正常处理用户请求，专业术语叫会话黏滞），这会消耗不少 CPU 资源。另外，在数据库中实现读写分离后数据的同步（保证数据一致性）成为一个性能问题，大量数据的同步 I/O 会面临瓶颈。另外，业务量大了以后，数据的安全保障机制也受到挑战，备份问题凸显。种种问题也促进了分布式系统的发展。这里不展开讨论，下面实现这种结构的部署。

8.2.1 部署多个实例

jforum3 集群部署架构如图 8-18 所示。

部署两个 jforum3 服务实例，使用容器发布，启动两个容器实例，DB 保持不变（DB 同样安装在宿主机上）。

在图 8-19 所示界面中选择 Edit 来修改容器实例个数。在 Edit Service 界面上，可以拖动滑块来增加或减少容器实例个数（参见图 8-20）。

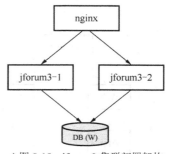

▲图 8-18　jforum3 集群部署架构

▲图 8-19　jforum 服务栈

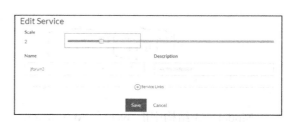

▲图 8-20　调整实例个数

如图 8-21 所示，可以看到启动了两个容器实例，Rancher 在两台主机上调度它们。Rancher 调度规则可以自己设置。显然，我们当前没有设置，默认是平均调度到各台主机上。可以看到这两台主机上的容器都映射了 7001 端口，如果启动 3 个容器实例，端口如何分配呢？当然是报错了（参见图 8-22）。

我们只有两台主机，同一端口只能由一个程序占用，这样想运行多个容器实例就没办法了吗？有。

可以利用 Rancher 提供的 Load Balancer 来进行代理。去掉 jforum 服务的端口映射（参见图 8-23）。将图 8-24 中的一行删除，然后提交并确认完成。

▲图 8-21　实例调度情况

▲图 8-22　实例调度报错

▲图 8-23　编辑实例

▲图 8-24　映射实例端口

8.2.2　建立 Load Balancer

1. 添加 Load Balancer

Load Balancer 也是可以启动多个实例的，与上面的道理一样，我们只有两台主机，启动的实例多了也会有端口冲突，这里默认只启动一个实例。如图 8-25 所示，添加 Load Balancer。图 8-26 中，7001 是用户访问 jforum3 的端口，8080 是 jforum3 在容器中启动的服务端口，在容器外是不能访问 8080 端口的。Target 部分采用栈/服务名的格式，服务名是核心，Rancher 可以让容器之间的服务通过服务名访问。

▲图 8-25　增加 Load Balancer

▲图 8-26　配置 Load Balancer 端口映射

在图 8-27 中，jforum3 启动了 3 个实例，ha-jforum3 作为负载均衡代理层启动了一个实例，单击 7001/tcp 直接访问 jforum3 服务。本地访问地址是 http://10.1.1.107:7001/jforum3，刚好调度到 IP 地址为 10.1.1.107 的这台主机。

上面使用 Load Balancer 代理服务时是通过选择服务来进行代理的，这相当于 Docker 中容器间的链接操作。常见的是一个容器中的服务要访问另一个容器中的服务，而被依赖的服务所在的容器并没有向外暴露访问端口，此时可以通过 link 参数来完成容器间的互通（参见图 8-28）。

▲图 8-27　服务列表　　　　　　　　　　▲图 8-28　使用 link 参数

2. 当有多个服务需要被代理时怎么办

为了代理多个服务，要按以下步骤进行操作。

1）添加新的 jforum3 服务，完成后的服务列表如图 8-29 所示。

▲图 8-29　添加服务列表

2）修改 Load Balancer 的端口配置，如图 8-30 所示。

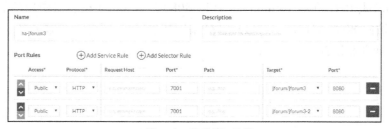

▲图 8-30　修改端口映射

在图 8-30 中，有几个服务就要配置几条服务规则。一旦服务多了就要选择多条服务规则，这显然不友好，因此可以使用 Add Selector Rule 功能。

3）在图 8-31 中，修改服务，给服务加上标签，单击 Upgrade 按钮进入服务编辑页面，建立 ServerType=jforum3 的 Label。

4）配置 Load Balancer。在图 8-32 中，单击 Add Selector Rule 按钮添加了一条规则，用 7002 端口来代理 ServerType=jforum3 的一类服务。

▲图 8-31　给服务加标签

▲图 8-32　配置端口映射

在图 8-33 中，使用 7002 端口访问正常，同时 7001（参见图 8-34）端口也可以继续访问。

有些读者可能会对 Rancher 的 Load Balancer 感兴趣，可以进到容器中查看一下代理配置。因为 Rancher Load Balancer 是使用 HAProxy 来代理的，所以要进入 HAProxy 的容器（参见图 8-35）。

进入服务的详情页面（1a5 是环境 ID，实验环境是 Default），1st12 是栈 ID（栈名是 jforum），1s48 是添加的 Load Balancer 服务的 ID）。单击 Execute Shell 进入 Shell 窗口（参见图 8-36）。

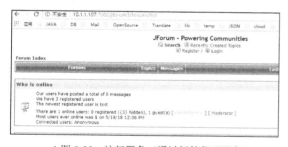

▲图 8-33　访问服务（通过标签代理服务）

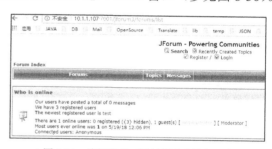

▲图 8-34　访问服务（通过服务名访问服务）

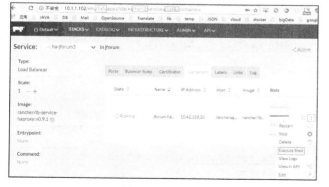

▲图 8-35　进入容器

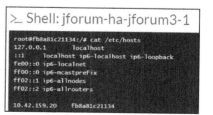

▲图 8-36　在窗口中执行 Shell

图 8-36 中 10.42.159.20 是当前容器的 IP。在图 8-37 可以看到容器的 DNS 解析是由 169.254.169.250 来完成的。这是 Rancher 在 Rancher 范围内建立的一个虚拟网络，由 Rancher 的网络组件管理，容器的 IP 获取、路由都托管给 Rancher。

```
root@fb8a81c21134:/# cat /etc/resolv.conf
search  jforum.rancher.internal ha-jforum3.jforum.rancher.internal rancher.internal
nameserver 169.254.169.250
```

▲图 8-37　容器中的 resolve 信息

通过以下代码查看 Load Balancer 的配置。

```
root@fb8a81c21134:/# cat /etc/haproxy/haproxy.cfg

resolvers rancher
 nameserver dnsmasq 169.254.169.250:53

listen default
bind *:42

frontend 7002
bind *:7002
mode http
default_backend 7002_
frontend 7001
bind *:7001
mode http
default_backend 7001_

backend 7002_
acl forwarded_proto hdr_cnt(X-Forwarded-Proto) eq 0
acl forwarded_port hdr_cnt(X-Forwarded-Port) eq 0
    http-request add-header X-Forwarded-Port %[dst_port] if forwarded_port
    http-request add-header X-Forwarded-Proto https if { ssl_fc } forwarded_proto
mode http
server a9a756cd233dbb69d4b52059c38867a04b5d7fff 10.42.26.145:8080
server 1fb6f26e308c9621c4764772a49eddca1a64113b 10.42.116.147:8080
server 460fe0d06bf4ac40097120b630e41634833c902a 10.42.91.244:8080
server b899c5e1598779944dc5180e8995b5c52f2fb4a2 10.42.20.238:8080

backend 7001_
acl forwarded_proto hdr_cnt(X-Forwarded-Proto) eq 0
acl forwarded_port hdr_cnt(X-Forwarded-Port) eq 0
    http-request add-header X-Forwarded-Port %[dst_port] if forwarded_port
    http-request add-header X-Forwarded-Proto https if { ssl_fc } forwarded_proto
mode http
server a9a756cd233dbb69d4b52059c38867a04b5d7fff 10.42.26.145:8080
server 1fb6f26e308c9621c4764772a49eddca1a64113b 10.42.116.147:8080
server 460fe0d06bf4ac40097120b630e41634833c902a 10.42.91.244:8080
server b899c5e1598779944dc5180e8995b5c52f2fb4a2 10.42.20.238:8080
```

上面为主要配置加了下划线，HAProxy 代理的这些 IP 是 jforum3 服务与 jforum3-2 服务实例的 IP。图 8-38 显示了服务列表，图 8-39 与图 8-40 显示了服务实例。jforum3 服务下的容器有两个，命令规则是"栈名-服务名-序号"，因此 jforum3 下的服务实例是 jforum-jforum3-1、jforum-jforum3-2；jforum3-2 服务下的实例是 jforum-jforum3-2-1 与 jforum-jforum3-2-2。

▲图 8-38　服务列表

▲图 8-39　jforum3 服务　　　　　　▲图 8-40　jforum3-2 服务

总之，可以得到以下结论。

- 对于同一类型的服务，可以配置一个服务，运行多个实例；也可以配置多个服务，每个服务也可以运行多个实例。
- 在建立 Load Balancer 时可以直接选择服务名来进行代理，也可以给服务配置 Label，在代理时通过 Label 来路由到服务。另外，也可以给服务指定一个别名，别名可以对应多个服务，然后代理这个服务别名。
- 当运行多个容器实例时，不建议在宿主机上映射端口供访问，当实例数量大于主机数量时会有端口冲突（同一主机上的同一端口只能被一个容器占用），建议使用 Load Balancer。Load Balancer 的实例数量也有限制，不能大于主机数量。

8.2.3　持续部署

我们在 Rancher 中手动配置了 Load Balancer，为了持续部署，我们可以把这个过程放到 Jenkins 中，让 Jenkins 来自动完成这项操作。8.1 节介绍过，我们在启动容器时用到了 docker-compose.yml 与 rancher-compose.yml 文件。读者可能对 Compose 的写法比较陌生，也不熟悉语法及关键字，有什么捷径吗？

图 8-41 中的 View Config 就是捷径，所有在 Rancher UI 中手工配置的服务都可以表述成

Compose 文件，而且 Rancher 已经帮我们生成 Compose 文件（参见图 8-42）。对照 Compose 文件回忆一下刚才的手工配置，应该会对 Compose 文件有个初步认识。

▲图 8-41　服务列表　　　　　　　　▲图 8-42　Compose 文件

把这些文件移到 Jenkins 的脚本中，由 Jenkins 任务触发即可完成持续部署。

8.2.4　用 nginx 作为 Load Balancer

有的人可能会选择 nginx 来作为 Load Balancer，这需要自己配置 nginx。想象一下，在不同主机上运行了多个容器，每个容器映射一个主机端口，端口管理成为一件麻烦的事情。另外，nginx 中要配置代理，映射了多少个端口，就要配置多少条规则。如果容器实例挂掉，就又得从 nginx 配置中移除；如果新增了容器，那么又要配置进去，很麻烦。有没有解决办法能够帮我们自动发现服务？如何让增加、移除都自动进行？

Etcd+Confd+nginx（HAProxy）是一个成熟的方案（参见图 8-43）。

把容器注册到 Etcd。Etcd 维护一个服务（容器提供的服务）列表，Confd 获取新的服务（IP、端口等信息）。Confd 根据模板生成一个新的 haproxy.cfg 配置，并替换掉 HAProxy 的 haproxy.cfg 文件。重启 HAProxy。但这显然不是一个好的方案，我们要部署 Etcd、Confd。前面说过，Rancher 可以支持容器通过服务名进行互访，用 nginx 作为 Load Balancer 正是利用了这个特性，此特性简化了操作。

我们不需要在 nginx 的代理配置中配置多条代理规则，直接用服务名代替，Rancher 的 metadata 会帮我们发现服务（参见图 8-44）。

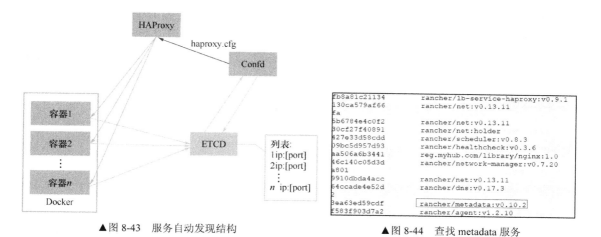

▲图 8-43 服务自动发现结构　　　　　　▲图 8-44 查找 metadata 服务

针对上面 jforum3 的部署，对 nginx 配置文件 jforum3.conf 进行如下配置。

```
upstream jforum {
    server jforum3:8080;    #jforum3是服务名,在Rancher范围内可以通过服务名直接访问服务,相当于DNS
}
map $http_upgrade $connection_upgrade {
    default Upgrade;
    ''      close;
}

server {
    listen 80;
    server-name 10.1.1.106;

    location / {
        proxy_set_header Host $host;
        proxy_set_header X-Forwarded-Host $host;
        proxy_set_header X-Forwarded-Port $server_port;
        proxy_set_header X-Real-IP $remote_addr;
        proxy_set_header X-Forwarded-Proto $scheme;
        proxy_set_header X-Forwarded-For $proxy_add_x_forwarded_for;
        proxy_set_header Upgrade $http_upgrade;
        proxy_set_header Connection $connection_upgrade;
        proxy_set_header Proxy "";
        proxy_http_version 1.1;
        proxy_connect_timeout 30s;
        proxy_send_timeout 1800s;
        proxy_read_timeout 1800s;
        proxy_pass http://jforum;
    }
}
```

8080 是 Tomcat 的默认端口，80 是 nginx 的默认端口，都只在容器中可见。server_name 这个选项很关键，必须是 nginx 容器所在宿主机的 IP 地址，在此建议指定 IP 地址。也就是说，在配置的时候就指定 nginx 要在哪台宿主机上启动，这似乎有点不灵活。反过来说，nginx 代理服务器也应该固定，服务地址不能总变来变去。

Dockfile 的配置如下。

```
from nginx:1.11.5

ADD ./jforum3.conf /etc/nginx/conf.d/jforum3.conf
EXPOSE 80
CMD ["nginx", "-g", "daemon off;"]
```

制作镜像并上传到私有仓库（参见图 8-45）。

```
[root@rancheragent01 nginx-jforum3]# ll
总用量 8
-rw-r--r-- 1 root root 114 5月  25 15:41 dockerfile
-rw-r--r-- 1 root root 827 5月  25 17:00 jforum3.conf
[root@rancheragent01 nginx-jforum3]# docker build -t reg.myhub.com/library/nginx:1.0 .
Sending build context to Docker daemon 3.584 kB
Step 1 : FROM nginx:1.11.5
 ---> 05a60462f8ba
Step 2 : ADD ./jforum3.conf /etc/nginx/conf.d/jforum3.conf
 ---> 011e88cc45ef
Removing intermediate container edc508e9d6f7
Step 3 : EXPOSE 80
 ---> Running in 128499f10d22
 ---> 090f33484311
Removing intermediate container 128499f10d22
Step 4 : CMD nginx -g daemon off;
 ---> Running in 3de1756f68ef
 ---> c45fb575b6e6
Removing intermediate container 3de1756f68ef
Successfully built c45fb575b6e6
[root@rancheragent01 nginx-jforum3]# docker push  reg.myhub.com/library/nginx:1.0
```

▲图 8-45　制作镜像并上传到镜像仓库

然后在 Rancher 中增加 nginx 服务，如图 8-46 所示。

注意：
　　镜像不要填写错误。端口 80 是 nginx 的默认监听端口，7008 是宿主机对外暴露的访问端口。容器要调度到 IP 地址是 10.1.1.106 的机器，这里的 rancheragent01 是 IP 地址是 10.1.1.106 的机器名。

提交表单，服务很快启动完成，并可以访问，如图 8-47 所示。

▲图 8-46 增加 nginx 服务

▲图 8-47 访问服务

从方便的角度看，使用 Rancher 提供的 Load Balancer 更便捷。

8.3 微服务部署

相信读者对微服务的概念及应用已经不陌生了，微服务把应用系统按一定规则拆分成更小的子系统，减少系统间性能问题带来的连锁反应。通过服务异步化，提高处理能力。服务的无状态化、服务的幂等性让系统更容易进行大规模的水平扩展。在整个系统部署结构中，每个服务角色都可以进行水平扩展。当然，微服务面临的困难与挑战一点儿也不少，仅是事务就让多少人为之苦恼。不过暂时这不是我们需要考虑的，我们的任务是按照需要来部署。

8.3.1 微服务部署需求

为了方便叙述，我们以 Dubbo 为例分析一下微服务部署的需求。

Dubbo 已经进入 Apache 基金会开始孵化，这也算为开源社区做出了巨大贡献。图 8-48 展示了 Dubbo 架构（来自 Dubbo 官网）。框架分 5 个角色，见表 8-2。

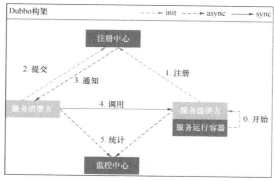

▲图 8-48 Dubbo 架构

表 8-2　　　　　　　　　　　　Dubbo 架构中的 5 个角色

角色	说明
服务提供方	提供服务
服务消费方	调用远程服务
注册中心	服务注册与发现
监控中心	统计服务的调用次数和调用时间
服务运行容器	服务运行

调用关系如下。

- 服务运行容器（Container）负责启动、加载、运行服务提供方。
- 服务提供方（Provider）在启动时，向注册中心（Registry）注册自己提供的服务。注册中心用得比较多的是 ZooKeeper，这个工具会在很多分布式框架中用到。它为大型分布式计算提供开源的分布式配置服务、同步服务和命名注册。
- 服务消费方（Consumer）在启动时，向注册中心订阅自己所需的服务。
- 注册中心向服务消费方返回服务提供方的地址列表，如果有变更，注册中心将基于长连接推送变更数据给服务消费方。
- 服务消费方从服务提供方的地址列表中，基于软负载均衡算法，选择一个服务提供方进行调用。如果调用失败，再选另一个调用。
- 服务消费方和提供方在内存中统计调用次数和调用时间，定时每分钟发送一次统计数据到监控中心（Monitor）。

Dubbo 调用关系简单，部署并无特别之处，服务器之间正常互通即可，即每一个容器服务 IP（或者域名，在 Rancher 中我们可以利用服务名代替 IP）可达。Docker 容器的互通是 Docker 网络问题。Docker 原生网络对容器互通的解决方案不太好，像这种微服务的互通要映射宿主机端口，这显然不可以接受，因此诞生了许多第三方网络框架来支持虚拟的 IP 需求。虚拟网络技术有 IPSec、VXLAN、Calico 等。所以，微服务的容器部署需求基本上可以归为大规模容器网络需求，基本上现在以 VXLAN 为主，有关 VXLAN 网络的知识参见 9.4 节。

服务的良好运行离不开运维监控。对用户访问数据做分析很重要，这通常借助日志收集来完成。由于微服务是服务于大规模业务需求的，自然部署实例会比较多，对大量日志的收集会成为一个性能问题，因此催生了统一日志收集框架。对于日志收集分析，目前业内流行的有 ELK 方案。

大量服务的运行总会有持久化数据的需求，比如，对于用户上传的文件，把业务单据存储到 DB 的需求，以及把用户状态数据存储到缓存的需求。而这些存储对于任何一个容器来说都是要跨主机的，不管容器运行或迁移到哪台主机，都要能够访问数据。DB 存储可以条带化，采用磁盘挂载的方式，前面也建议将 DB 暂时部署在物理机上。文件存储目前有一些开源的分布式存储方案，如 Ceph、OpenStack Swift。缓存通过 Restful 接口的方式提供服务，通过服务来持久化数据与读取数据。

小结一下，微服务部署的主要需求如下。
- 网络需求，需要容器互通，每个容器服务（服务可以有多个实例）需要有一个 IP 或者域名。
- 日志需求，需要统一的日志收集。
- 持久化存储需求，容器在任意主机上都可以访问数据，容器的迁移不影响数据的访问。

还有一些诸如服务监控、容器监控的需求。对于服务监控部分，Dubbo 在架构层面已经考虑，可以提供服务监控，容器监控可以利用 Rancher 自身提供的监控。

以上的微服务方案虽然可以解决基本问题，但不够优雅。目前正流行服务网格（Service Mesh）中比较有代表性的是 Google 与 IBM 联手的 Istio 及 Buoyant 的 Conduit（上一代产品是 Linkerd）。Service Mesh 作为应用程序之间的通信层代替了原先微服务中的注册、路由、负载均衡等功能，作为非侵入式的基础网络设施，简化了微服务架构的复杂性，同时还可以实现一部分的运营功能，比如服务熔断、限流等功能。

8.3.2 在 Docker 中实现日志统一收集

Docker 处理日志的方法是通过捕捉每一个容器进程的 STDOUT 和 STDERR，并为容器指定不同的日志驱动来实现容器日志的收集。默认驱动（json-file Logdriver）将容器的 STDOUT/STDERR 输出保存在磁盘上，然后用户使用 docker logs <container> 进行查询。另外，也可以把应用的日志写在文件中，然后把文件映射到本地磁盘以供访问。不管使用 docker logs 来查看日志，还是查看日志文件，都只适合于开发及测试环境。在生产环境中，容器实例多，要定位在哪个实例上出的问题以及这个实例在哪台主机上，这些都是问题。使用统一的日志收集是解决这类问题的好办法。

图 8-49 利用 Docker 日志驱动收集主机上的容器日志，使用第三方日志收集工具把日志传递到日志处理中心，如 ElasticSearch，然后利用 ElasticSearch 强大的分析处理功能来搜索日志。

▲图 8-49　Docker 日志方案

- JSON File：默认设置，Docker 默认将日志格式化为 JSON 并保存到文件中。
- syslog：Docker 将日志输出到 syslog。以下是百度百科上对 syslog 的介绍。

syslog：常称为系统日志或系统记录，是一种用来在使用互联网协议（TCP/IP）的网络中传递日志消息的标准。syslog 协议属于一种主从式协议：syslog 发送端会发送一条小的文字消息到 syslog 接收端。syslog 接收端通常称为"syslogd""syslog daemon"或 syslog 服务器。系统日志消息能以 UDP 协议及/或 TCP 协议来发送。这些数据以明码方式发送。不过由于 SSL 加密外套（如 stunnel、sslio 或 sslwrap 等）并非 syslog 协议本身的一部分，因此可以用来通过 SSL/TLS 方式提供一层加密。syslog 通常用于信息系统管理及信息安全审核。虽然它有不少缺陷，但仍获得相当多的设备及各种平台的支持。因此，syslog 能用来将来自许多不同类型系统的日志记录集成到集中的存储库中。

- Fluentd：一个开源的日志收集系统，支持 150 多个插件，能够将日志收集到远程日志服务器上，Fluent 能够以 JSON 格式来处理日志，每天可以收集 5000 多台服务器上 5TB 的日志数据，每秒可以处理 50000 条消息。

当然，还有一些其他方案，我们不一一列举，可以查看 Docker 官网。

我们要重点介绍的是 ELK 方案，ELK 是广泛使用的统一日志收集方案。图 8-50 显示的是 ELK 极简架构。利用 logstash 收集日志信息，传递到 ElasticSearch 进行存储及索引，用户通过 Kibana 来访问 ElasticSearch，获取自己想要的日志信息。

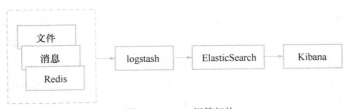

▲图 8-50　ELK 极简架构

logstash 是开源的具有实时输入数据能力的数据收集引擎，logstash 接收多种数据的输入（可以是文件、消息、Redis、标准输入等），可以设置过滤规则。logstash 相对于 ElasticSearch 与 kibana 来说是客户端，把客户端机器上的日志等数据源的数据传送到 ElasticSearch 服务器。在日志收集方案中还有 scribe（Facebook）和 flume（Apache 基金会项目），它们也比较流行。很多大数据分析的数据源会采用 flume。

因为 ElasticSearch 是一个基于 Apache Lucene（TM）的开源搜索引擎，支持近乎实时搜索，具有强大的检索和聚合能力，所以它不仅用来做日志分析、监控等工作，有些企业也利用 ElasticSearch 做大数据检索。官方参考资源参见图 8-51。

Kibana 为 ElasticSearch 提供分析和可视化的 Web 系统，可以在 ElasticSearch 的索引中查

找、交互数据，并生成各种维度的图表，Kibana 也基于 Apache 开源协议。

通常，在收集日志时我们要在每个主机上安装一个 logstash（参见图 8-52），大量的日志收集上传可能会导致 CPU 资源的紧张。业内已经有更好的方案，比如可以使用 Beats 平台采集日志。Beats 平台集合了多种单一用途的数据采集器。这些数据采集器安装后可用作轻量型代理，从成百上千台或成千上万台机器向 logstash 或 ElasticSearch 发送数据。

▲图 8-51　ElasticSearch 学习资源

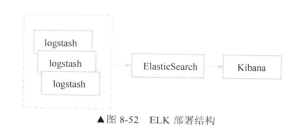

▲图 8-52　ELK 部署结构

目前 Beats 包括以下 4 种。

- packetbeat：用于收集网络流量数据。
- topbeat：用于收集系统、进程和文件系统级别的 CPU 和内存使用情况等数据。
- filebeat：用于收集文件数据；基于 Go 语言，无任何依赖，并且比 logstash 更加轻量级，非常适合安装在生产机器上，不会造成过高的资源占用率。然而，因为 filebeat 并没有集成和 logstash 一样的正则处理功能，而是将收集的日志上报，所以很多时候 filebeat 还和 logstash 搭配使用。
- winlogbeat：用于收集 Windows 事件日志数据。

Beats 将收集到的数据发送到 logstash，经 logstash 解析、过滤后，发送到 ElasticSearch 存储，并由 Kibana 呈现给用户（参见图 8-53）。

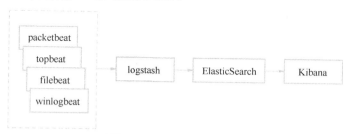

▲图 8-53　ELK+Beats 部署结构

另外，也有引入消息队列机制的架构（参见图 8-54），将服务日志直接传递到 Kafka，logstash 从消息队列中拉取数据。

或者利用 logstash 收集数据，然后传递到 Kafka（参见图 8-55），再由 logstash 从 Kafka 拉取数据。目前 logstash 支持 Kafka、Redis、RabbitMQ 等常见消息队列。这种架构适合于日志规模比较庞大的情况。Kafka 的引入减少了数据丢失的可能性，日志处理过程异步化缓解了网络闭塞，减轻了 ELK 的压力。

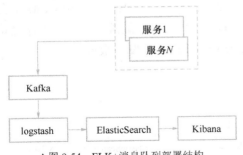

▲图 8-54　ELK+消息队列部署结构

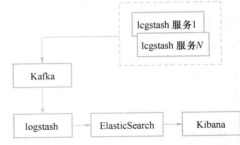

▲图 8-55　ELK+消息队列+logstash 部署结构

Elastic 官网有许多文档可以参考。

8.3.3　filebeat 与 ELK 的集成

ELK 官网有 ELK 详细的安装文档。同时在 Rancher 的应用商店中也可以找到 logstash、ElasticSearch、Kibana。容器化的 ELK 已经有很多安装实例，可以参考 GitHub 网站。

安装前确保机器上安装了 docker-compose 工具，尽量下载新版。安装步骤如下。

1）下载 ELK，进行安装和配置。

ELK 以容器的方式运行，下载的是 yml 文件（参见图 8-56），yml 文件定义了 ELK 的各种配置。

2）启动 docker-compose。

在下载的 yml 文件根目录中，运行 docker-compose up -d 命令，一段时间后启动完成（启动过程中需要下载镜像）。本地初始访问界面如图 8-57 所示。

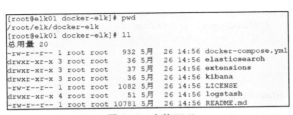

▲图 8-56　安装 ELK

▲图 8-57　访问 Kibana

接下来，集成日志。

在图 8-57 中选择 Add log data 按钮。默认支持 5 种日志，这里使用 System logs 来收集日志（参见图 8-58）。为此，需要安装 filebeat，filebeat 的工作原理如图 8-59 所示。

▲图 8-58　选择 System logs

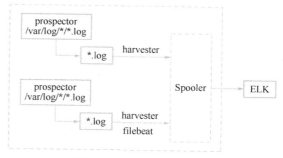

▲图 8-59　filebeat 的工作原理

filebeat 由两个主要组件 prospector 和 harvester 构成。这两类组件一起协同完成 filebeat 的工作，从指定文件中把数据读取出来，然后发送数据到配置的 output 中。

harvester 负责进行单个文件的内容收集，在运行过程中，每一个 harvester 会对一个文件逐行进行内容读取，并且把读取到的内容发送到配置的 output 中。

prospector 负责管理 harvster，并且找到所有需要进行读取的数据源。如果 input type 配置的是 log 类型，prospector 将会到配置路径下查找所有能匹配上的文件，然后为每一个文件创建一个 harvester。

安装 filebeat 的方法参见 Elastic 网站。

filebeat 以容器方式部署，我们以收集 Tomcat 日志并传递到 ElasticSearch 为例来练习一下。通过以下代码下拉镜像。

```
docker pull docker.elastic.co/beats/filebeat:6.2.4
```

为了利用 filebeat 收集日志并直接传递到 ElasticSearch，需要先配置 filebeat，指定输出到 ElasticSearch，配置代码如下。

```
mkdir -p /data/filebeat           #建立 filebeat 配置文件目录
touch filebeat.yml                #建立 filebeat 配置文件
vim filebeat.yml:
filebeat.prospectors:
- type: log
  enabled: true
  paths:
    - /var/log/tomcat/logs/*.log
output.elasticsearch:
  hosts: ["10.1.1.110:9200"]
setup.kibana:
  host: "10.1.1.110:5601"
```

> **注意**：
> enabled: true 是必需的。

- - /var/log/tomcat/logs/*.log 是利用 filebeat 上传的文件目录。
- 10.1.1.110:9200 是 ElasticSearch 访问地址。
- 10.1.1.110:5601 是 Kibana 访问地址。

我们运行一个 Tomcat 容器，把日志映射到宿主机的/data/tomcat/logs 目录，Tomcat 的启动参数如下：

```
docker run -it -p 9003:8080 --rm -v /data/tomcat/logs:/op/apache-tomcat-8.0.52/logs
reg.myhub.com/jforum3/jforum3:2018052222
```

filebeat 的启动参数如下：

```
docker run -it --rm --name filebeat -v /data/filebeat/filebeat.yml:/usr/share/filebeat/filebeat.yml -v /data/tomcat/logs:/var/log/tomcat/logs docker.elastic.co/beats/filebeat:6.2.4
```

/usr/share/filebeat 目录是 filebeat 容器中 filebeat.yml 文件的目录，注意不要搞错。/data/filebeat/filebeat.yml 是主机上 filebeat.yml 的地址，可以自己定义目录。

/data/tomcat/logs 是主机上的目录，/var/log/tomcat/logs 是 filebeat 容器中的目录，把这两者关联起来。filebeat 容器通过/var/log/tomcat/logs 目录访问/data/tomcat/logs 中的文件，而/data/tomcat/logs 中的文件由 Tomcat 容器生成（/data/tomcat/logs:/op/apache-tomcat-8.0.52/logs）。

接下来，启动 Tomcat 和 filebeat。启动后回到 Kibana 界面（参见图 8-60），在 Index pattern 中输入 filebeat*。单击"下一步"按钮，创建索引（参见图 8-61）。

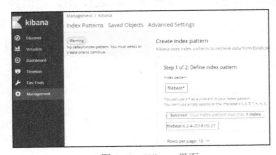

▲图 8-60　Kibana 界面

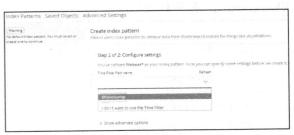

▲图 8-61　创建索引

回到 Discover 菜单，可以看到已经收集到了日志（参见图 8-62）。

▲图 8-62　在 Kibana 中查看日志

我们测试一下，在/data/tomcat/logs 目录中，往日志文件中写入一行数据（参见图 8-63）。

```
[root@rancheragent02 logs]# ll
总用量 28
-rw-r--r-- 1 root root 15952 5月  27 15:31 catalina.2018-05-27.log
-rw-r--r-- 1 root root     0 5月  27 14:58 host-manager.2018-05-27.log
-rw-r--r-- 1 root root  6588 5月  27 15:31 localhost.2018-05-27.log
-rw-r--r-- 1 root root  2201 5月  27 15:47 localhost_access_log.2018-05-27.txt
-rw-r--r-- 1 root root     0 5月  27 14:58 manager.2018-05-27.log
[root@rancheragent02 logs]# pwd
/data/tomcat/logs
[root@rancheragent02 logs]# echo "testing-----------------------------testing" > catalina.2018-05-27.log
```

▲图 8-63　手工写日志

刷新 Kibana，在图 8-64 中可以看到日志已经收集过来。

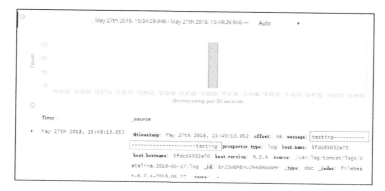

▲图 8-64　在 Kibana 中查看日志变化

接下来，利用 filebeat 收集日志并传递到 logstash。

对于 filebeat 配置，要进行修改。代码如下。

```
filebeat.prospectors:
- type: log
  enabled: true
  paths:
    - /var/log/tomcat/logs/*.log
#output.elasticsearch:
```

```
# hosts: ["10.1.1.110:9200"]
output.logstash:
  hosts: ["10.1.1.110:5000"]
setup.kibana:
  host: "10.1.1.110:5601"
```

logstash 的默认端口是 5044，这里是 5000（在 ELK 的 docker-compos.yml 文件中配置）。使用以下命令启动 filebeat 即可。

```
docker run -it --rm --name filebeat -v /data/filebeat/filebeat.yml:/usr/share/filebeat/filebeat.yml -v /data/tomcat/logs:/var/log/tomcat/logs docker.elastic.co/beats/filebeat:6.2.4
```

参考资源如下。
- logstash 实践。
- ELK 中文手册。
- Kibana 手册。

8.3.4 将 Docker 日志传递到 ELK

Docker 日志默认存储在主机的 /var/lib/docker/containers/ 目录下，只需要把 /var/lib/docker/containers/*/*.log 中的数据通过 filebeat 传递到 ElasticSearch 即可。下面开始实践。

首先，通过以下代码配置 filebeat.yml。

```
[root@rancheragent02 filebeat]# vim /data/filebeat/filebeat.yml

filebeat.prospectors:
- type: log
  enabled: true
  paths:
    - /var/lib/docker/containers/*/*.log
#output.elasticsearch:
# hosts: ["10.1.1.110:9200"]
output.logstash:
  hosts: ["10.1.1.110:5000"]
setup.kibana:
  host: "10.1.1.110:5601"
```

我们需要把 Docker 所在主机的 /var/lib/docker/containers 目录下的文件映射到 filebeat 容器中，这样 filebeat 才可以把主机上 Docker 容器的日志全部传递到 logstash，logstash 再把日志传递到 ElasticSearch。

然后，启动 filebeat。

启动 filebeat 的代码如下。

```
docker run -it --rm --name filebeat -v /data/filebeat/filebeat.yml:/usr/share/filebeat/
filebeat.yml -v /var/lib/docker/containers:/var/lib/docker/containers docker.elastic.co/
beats/filebeat:6.0.1
```

--rm 在停止容器时会删除容器实例文件,在正式使用 filebeat 时去掉此参数。

以上述命令启动 filebeat 后日志并没有传递到 logstash 中,原因是 filebeat 无权访问容器的 containers 目录,错误消息如下。

```
bash-4.2$ cd /var/lib/docker/containers/
bash: cd: /var/lib/docker/containers/: Permission denied
```

我们使用的 filebeat 的镜像是 docker.elastic.co/beats/filebeat:6.0.1。通过此镜像当前用户无法访问 containers 目录,简单的方法就是切换成 root 用户,解决办法如下。

1)构建一个新的 filebeat 镜像,dockerfile 如下。

```
FROM docker.elastic.co/beats/filebeat:6.0.1

USER root
RUN mkdir -p /var/lib/docker/containers && chmod +x /var/lib/docker/containers
```

在 dockerfile 目录下运行命令 docker build –t filebeat:v0.1。

2)通过以下代码启动容器。

```
docker run -it --rm --name filebeat -v /data/filebeat/filebeat.yml:/usr/share/filebeat/
filebeat.yml -v /var/lib/docker/containers/:/var/lib/docker/containers filebeat:v0.1
```

3)filebeat 启动后等候片刻,访问 Kibana 就可以看到 Docker 日志了。

8.3.5 通过 Docker 日志收集 log-pilot

log-pilot 由阿里云提供,只需要在每台机器上部署一个 log-pilot 实例,就可以收集机器上所有的 Docker 应用日志。log-pilot 支持标准输出与文件日志的收集,支持传递到 ElasticSearch。

log-pilot 使用简单,当容器有日志要收集时,只要通过 label 声明要收集的日志文件的路径,无须改动其他任何配置,log-pilot 就会自动收集新容器的日志。

1. 启动 log-pilot

启动 log-pilot 的代码如下。

```
docker run --rm -it \
-v /var/run/docker.sock:/var/run/docker.sock \
-v /:/host \
--privileged \
```

```
registry.cn-hangzhou.aliyuncs.com/acs-mple/log-pilot:latest
```

启动后勿关闭终端，使用上面的 --rm 参数，按 Ctrl+C 组合键终止服务后会自动关闭 log-pilog 并删除容器文件。

2. 启动 Tomcat

启动 Tomcat 的代码如下。

```
docker run -it --rm -p 10080:8080 \
-v /usr/local/tomcat/logs \
--label aliyun.logs.catalina=stdout \
--label aliyun.logs.access=/usr/local/tomcat/logs/localhost_access_log.*.txt \
tomcat
```

aliyun.logs.catalina=stdout 告诉 log-pilot 收集容器的标准输出日志。

aliyun.logs.access=/usr/local/tomcat/logs/localhost_access_log.*.txt 表示要收集的容器内的日志文件，/usr/local/tomcat/logs/ 为 Tomcat 日志目录，可以用*匹配文件名。

Tomcat 启动后 log-pilot 便开始收集 Tomcat 容器中的日志，原理是：log-pilot 监控 Docker 容器事件，当发现带有 aliyun.logs.xxx 标签的容器时，开始收集对应的日志。正常情况下可以看到与图 8-65 类似的日志。

```
2018-07-03 12:43:18.142839800 +0000 docker.d7a70ba8ae84e86768f389024baa474d19e6da402566b42
c77264f0ec5e36f13.catalina: {"log":"03-Jul-2018 12:43:18.139 INFO [main] org.apache.catali
na.startup.Catalina.start Server startup in 526 ms\r\n","stream":"stdout","@timestamp":"20
18-07-03T12:43:26.980","host":"7392de85b2c9","index":"catalina","topic":"catalina","@targe
t":"catalina","docker_container":"desperate_payne"}
2018-07-03 12:43:26 +0000 [info]: #0 following tail of /host/var/lib/docker/volumes/2b76c9
c8b80acf1d2fc4023cc9f0f313dd471764b4818a5dcd7dd75e4734c642/_data/localhost_access_log.2018
-07-03.txt
```

▲图 8-65 使用 log-pilot 收集 Tomcat 日志

在 Tomcat 的控制台中可以看到对应的日志（参见图 8-66）。

```
03-Jul-2018 12:43:18.137 INFO [main] org.apache.coyote.AbstractProtocol.start Starting ProtocolHandl
er ["ajp-nio-8009"]
03-Jul-2018 12:43:18.139 INFO [main] org.apache.catalina.startup.Catalina.start Server startup in 52
6 ms
```

▲图 8-66 Tomcat 控制台日志

3. 把 log-pilot 收集的日志传递到 EasticSearch

具体方法参照 GitHub 网站。

log-pilot 的启动方式如下。

```
docker run --rm -it \
    -v /var/run/docker.sock:/var/run/docker.sock \
    -v /:/host \
    -e FLUENTD_OUTPUT=elasticsearch \
    -e ELASTICSEARCH_HOST=10.1.1.110 \
    -e ELASTICSEARCH_PORT=9200 \
```

```
    --privileged \
    registry.cn-hangzhou.aliyuncs.com/acs-sample/log-pilot:latest
```

在 ElasticSearch 中建立索引，在启动 Tomcat 时设置了两个标签，分别是 aliyun.logs.catalina、aliyun.logs.access，在 ElasticSearch 中默认使用它们作为索引（参见图 8-67）。

设置完索引就可以查看 Tomcat 日志了，图 8-68 的上半部是在 ElasticSearch 中查看到的 Tomcat 日志，日志是访问 basic-comparisons.jsp 后产生的（见图 8-68 的下半部分）。

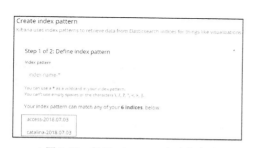

▲图 8-67　在 ElasticSearch 中建立索引

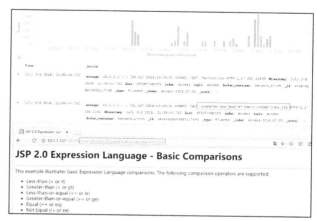

▲图 8-68　在 ElasticSearch 中查看 Tomcat 日志

因为主机上只有 Tomcat 实例，所以能够明确日志是由哪个服务产生的，但是当服务变多时，我们怎么有效过滤日志呢？

当然，还是使用标签，可以利用标签来区分。比如，给 Tomcat 容器加上标签：aliyun.logs.access.tags="app=devops, stage=test"。代码如下。

```
docker run -it --rm -p 10081:8080 -v /usr/local/tomcat/logs \
--label aliyun.logs.catalina=stdout \
--label aliyun.logs.access=/usr/local/tomcat/logs/localhost_access_log.*.txt \
--label aliyun.logs.catalina.tags="app=devops,stage=test" \
--label aliyun.logs.access.tags="app=devops,stage=test,index=devops,topic=devops" \
tomcat
```

使用上述命令启动 Tomcat，在 Kibana 中可以看到类似图 8-69 和图 8-70 的日志，比如，app 是项目的服务名（devops），stage 是部署的环境类别，这就相当于给日志加上了过滤字段。

对于日志的统一收集分析，业内的解决方案还有很多。可以根据自己的容器规模、技术支持人员的技术储备来决定选择什么样的方案，也可以采购成熟的企业解决方案，如 Splunk。Splunk 可以监控和分析任何来源的机器数据，提供操作智能，从而优化 IT 运维、企业安全和业务绩效。Splunk Enterprise 拥有直观的分析功能、开放式 API，是一个灵活的平台，可从重点用例分析扩展成整个企业范围的分析主干。

```
log: 03-Jul-2018 14:32:38.885 INFO [localhost-startStop-1] org.apache.catalina.startup.HostConfig.deployDire
ctory Deploying web application directory [/usr/local/tomcat/webapps/manager]  stream: stdout  @timestamp: July
3rd 2018, 22:32:50.427  host: 0e1ba0a68fc9  app: devops  index: catalina  stage: test  topic: catalina
docker_container: pedantic_noyce  _id: nwyPYGQBhyIqUgI--YBj  _type: fluentd  _index: catalina-2018.07.03  _score:
```

▲图 8-69　在 ElasticSearch 中查看 Tomcat 的 stdout 日志

```
message: 10.1.1.1 - - [03/Jul/2018:14:33:24 +0000] "GET /examples/jsp/jsp2/tagfiles/products.jsp HTTP/1.1" 20
0 3366  @timestamp: July 3rd 2018, 22:33:29.853  host: 0e1ba0a68fc9  app: devops  index: devops  stage: test
topic: devops  docker_container: pedantic_noyce  _id: o2yQYGQBhyIqUgI-2YAS  _type: fluentd  _index: access-2018.0
7.03  _score: -
```

▲图 8-70　在 ElasticSearch 中查看 Tomcat 的文件日志

8.4　租户隔离

Rancher 的租户隔离可以将环境分隔开，不同环境管理不同主机（一个主机只能注册到一个 Rancher 环境）。主机上运行的容器实例完全隔离开来，不同环境中的容器互不冲突，也互不影响。

在图 8-71 中，Default 与 tians 是环境名，它们管理不同主机（在 Rancher 中，同一主机只能对应一个环境，一个环境可以管理多台主机）。

▲图 8-71　环境列表

有时我们并不需要这样完全隔离，只需要隔离资源，让一些容器不相互干扰，也就是让一些类型的容器运行在特定的主机上，把不同类型的容器分开。Rancher 对此也是完全支持的，办法是给主机加上标签，把容器调度到有对应标签的主机上。

首先，给 Rancher 中的主机加上标签。图 8-72 中的 key 与 value 可自己定义，最好具有一定的业务含义。可以把已经部署的服务的 docker-compose 与 rancher-compose 文件导出来作为备份。

然后，在启动容器时指定调度类型。图 8-73 中的设置会将容器自动调度到标签为 host-user=tians 的主机上。

▲图 8-72　设置主机标签

▲图 8-73　设置容器调度

8.5　同一镜像的多环境发布

为了保证测试成果，维护版本的一致性，当测试完毕后，发布版本应该是测试通过的版本，且不需要重新打包，不需要重新制作镜像。通常来说，这个要求是没有问题的，但测试与开发配置多数是有区别的，会导致制作镜像时配置要指明环境，对配置的这种强依赖性就显得很业余了。

比如，我们用 Spring Boot 开发一个项目（服务），配置文件分 dev（开发）、proc（生产）、test（测试）3 个环境，如图 8-74 所示。在启动时，可以动态指定配置类别（dev\proc\test）。启动命令的格式如下。

```
java -jar [包名].jar -spring.profiles.active=dev -server.port=8080
```

Spring Boot 的这种动态指定配置的功能需要保留，在启动镜像时决定使用什么配置，这就变成了 Dockerfile 编写问题。

在编写 Dockerfile 时我们使用了动态参数功能，ENTRYPOINT 可以接受参数，$0 代表命令本身，$@代表传入的参数。

这里的实验环境中有一个 DevOps 项目（示例项目可以从 GitHub 网站获取），结构如图 8-75 所示。

```
─ resources
│   ├── application-dev.properties
│   ├── application-prod.properties
│   ├── application.properties
│   ├── application-test.properties
│   ├── image.properties
│   ├── logback-spring.xml
│   └── templates
│       ├── index.html
│       └── logs.html
```

▲图 8-74　项目配置文件结构

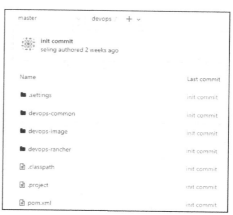
▲图 8-75　实验项目

- devops-common 是工具包。
- devops-image 是镜像管理包。
- devops-rancher 是容器管理包。
- devops-image 与 devops-rancher 以 jar 包方式运行。

包名规则如下。

```
devops-image-[版本].jar
devops-rancher-[版本].jar
```

下面以这个项目为例进行演示。

首先，通过以下代码下拉项目并打包。

```
git pull http://10.1.1.149:808/seling/devops.git
mvn clean package
```

然后，把 jar 包复制到工作目录（自己随意建立一个目录即可）中，如图 8-76 所示。

接下来，配置 Dockerfile。

Dockerfile 的关键点就在 ENTRYPOINT exec java -jar "$0" "$@"。$0 代表命令本身，$@代表传入的参数，在启动时传入参数以决定如何启动。具体代码如下。

```
devops-common
devops-image
devops-image-1.0-SNAPSHOT.jar
devops-rancher
devops-rancher-1.0-SNAPSHOT.jar
dockerfile
pom.xml
```

▲图 8-76　复制 jar 包

```
FROM reg.myhub.com/library/centos7-jdk8:latest

RUN useradd -d /usr/op op && echo ' op ALL=(ALL)NOPASSWD:ALL'
COPY ./devops-*.jar /usr/op/
RUN chown -R op:op /usr/op/*
USER op
WORKDIR /usr/op/
EXPOSE 8081
ENTRYPOINT exec java -jar "$0" "$@"
```

接下来，制作镜像（镜像名 devops:0.1）。制作镜像的命令如下。

```
docker build -t devops:0.1 .
```

接下来，启动容器。启动容器的命令如下。

```
docker run -it --rm -p 6001:8081 devops:0.1 devops-image-1.0-SNAPSHOT.jar
--spring.profiles.active=test
```

8081 为项目中通过 server.port 指定的默认启动端口，如果想在启动时动态改变，可以使 --server.port 在启动时动态指定，如下面的 9090 端口。

```
docker run -it --rm -p 6001:9090 devops:0.1 devops-image-1.0-SNAPSHOT.jar
--spring.profiles.active=test --name="image" --server.port=9090
```

启动后查看日志,可以看到已经绑定 9090 端口(参见图 8-77)。

```
INFO  o.s.jmx.export.annotation.AnnotationMBeanExporter - Registering beans for JMX exposure on startup
INFO  o.s.context.support.DefaultLifecycleProcessor - Starting beans in phase 2147483647
INFO  s.d.s.web.plugins.DocumentationPluginsBootstrapper - Context refreshed
INFO  s.d.s.web.plugins.DocumentationPluginsBootstrapper - Found 1 custom documentation plugin(s)
INFO  s.d.s.spring.web.scanners.ApiListingReferenceScanner - Scanning for api listing references
INFO  org.apache.coyote.http11.Http11NioProtocol - Initializing ProtocolHandler ["http-nio-9090"]
INFO  org.apache.coyote.http11.Http11NioProtocol - Starting ProtocolHandler ["http-nio-9090"]
INFO  org.apache.tomcat.util.net.NioSelectorPool - Using a shared selector for servlet write/read
INFO  o.s.b.c.e.tomcat.TomcatEmbeddedServletContainer - Tomcat started on port(s): 9090 (http)
INFO  com.tians.devops.image.ImageApp - Started ImageApp in 4.714 seconds (JVM running for 5.143)
```

▲图 8-77 启动日志

接下来,通过 swagger-ui 查看接口。如图 8-78 所示,通过 swagger-ui 查看接口列表。

接下来,测试一下接口是否可用,验证一下配置是否正确。

我们在不同的配置文件中配置属性 rancher.properties,图 8-79 中对开发与测试环境做了对比。

▲图 8-78 接口列表

▲图 8-79 配置对比

在测试环境中启动时访问/imageApi/getImageByName,如图 8-80 所示。
在开发环境中启动时访问/imageApi/getImageByName,如图 8-81 所示。

▲图 8-80 接口访问 1

▲图 8-81 接口访问 2

最后,在 Rancher 中启动。启动方式参见图 8-82。

▲图 8-82 启动参数

端口映射参见图 8-83。

▲图 8-83　端口映射

注意，在启动时入参有 devops-image-1.0-SNAPSHOT.jar，这用于指定运行包名。如果 image 项目与 Rancher 项目的 jar 包都不大，是不是可以把它们放在一个镜像中？这可以节省空间，制作成一个 DevOps 镜像，其中包含 devops-image-1.0-SNAPSHOT.jar 与 devops-rancher-1.0-SNAPSHOT.jar 两个包。

这个例子中，我们可以在制作镜像时让镜像的启动灵活一些，以适应不同的启动配置。但总的来说，这不一定是个好的方案，启动命令复杂，不仅容易疏忽，还要记录如何启动。另外，对于微服务来说，配置文件不宜放在 jar 包中，而是应该做统一的配置服务，当前服务从配置服务下拉配置，降低部署依赖。

8.6　本章小结

本章使用实例演示了几种常见的部署场景，可以看到实现过程并不复杂，利用 Rancher 来实现持续部署不失为一种好方案。网络管理、负载均衡与监控都交由 Rancher 处理，日志及存储采用第三方的成熟方案即可。

第 9 章 网络方案

坦率说，作者对网络心存敬畏，深感知之甚少，在实施 DevOps 时也查询了大量资料，咨询了相关人士，唯恐误导他人。本章象征性地提一下网络方案，目的是为一些从来没有从事这方面工作的朋友普及一下概念，知道为什么这么做。CI&CD 以及 DevOps 是一个大的技术栈，涉及的知识面比较广，这些任务的完成需要一支团队来协作。现在技术发展迅猛，自己孤军奋战越来越难，而且效率还不一定高，团队协作很重要，每个人做自己擅长的事，减少重复的工作。下面先从 Docker 网络讲起。

9.1 Docker 网络

主机网络解决不同主机的互联问题；容器网络基于需求，不但要解决同宿主机容器的互联，还要解决容器与主机的互联以及不同宿主机容器的互联。大量容器实例的情况下，容器网络的互联一直是容器技术的难题。可以说解决好容器网络的问题，容器化就成功了一半。

Docker 网络基于操作系统的 net 命名空间，Docker 在安装过程中就会创建 3 个网络——Host 网络，Bridge 网络和 Container 网络。可使用如下命令查看 Docker 网络（参见图 9-1）。

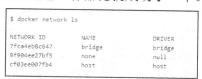

▲图 9-1 查询 Docker 网络

```
$ docker network ls
```

在创建容器时可以使用 --network 指定网络。下面讲一下网络模式的设定。

9.1.1 Host 网络

Host 网络模式并没有为容器创建隔离的网络环境，而是让 Docker 容器和宿主机共享同一个网络命名空间（参见图 9-2），所以 Docker 容器可以和宿主机一样使用宿主机的 eth0 网卡，IP 地址即宿主机 IP 地址，从而实现和外界通信。

▲图 9-2 Host 网络

对于宿主机来说，应用程序对于端口的占用都是排他性的，容器使用的端口必须保证唯一。比如，如果在容器中启动了一个 Java 应用，占用的端口是 8080，为了让外部用户（可以访问宿主机的用户）通过 8080 端口访问，那么在宿主机上 8080 端口就需要映射到容器，宿主机上的 8080 端口就不能再被别的程序占用。

要把宿主机端口映射到容器端口，在启动命令中可以用-p 参数指定。

```
docker run -d --name tomcat --network host -p 8080:8080  tomcat8
```

在-p 8080:8080 中，前一个 8080 是宿主机端口，后一个 8080 是容器端口。

Host 网络模式的好处是模式简单，性能接近宿主机网络，无损。不足是宿主机端口有限，端口管理麻烦，一旦容器数量过多，就不便管理。

9.1.2 Bridge 网络

Bridge 网络模式是 Docker 容器的默认网络模式（参见图 9-3）。它利用容器宿主机内部的网络，同时其 IPAM（IP 地址管理，负责管理 IP 池中哪些 IP 能够分配给新的容器，这样在创建新的容器时 IP 不会重复已经分配的 IP）管理也是基于容器宿主机的，所有宿主机上的容器都会连接到容器宿主机内的 Linux Bridge，即 Docker0。它默认会分配 172.17 网段中的一个 IP，因为有 Docker0 这个网桥，所以同一个宿主机上的容器可以互联互通。

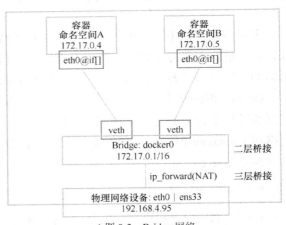

▲图 9-3　Bridge 网络

但是因为 IPAM 范围是基于同一主机的，所以其他宿主机上的容器也会出现完全相同的 IP 地址，这样两个地址肯定没办法直接通信。这就是所谓容器跨主机的网络通信问题。

如图 9-4 所示，如果主机 192.168.4.95 上的容器 172.17.0.5（应用服务）要访问主机 192.168.4.96 上的容器 172.17.0.4（DB 服务），传统做法就是在主机 192.168.4.96 上映射 DB 的端口，App 实际访问 192.168.4.96:[port]。这实际上就是 NAT（Network Address Translation，网络地址转换）。

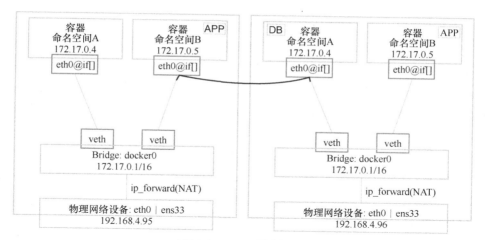

▲图 9-4 Docker 跨主机互通

9.1.3 Container 网络

Container 网络（参见图 9-5）模式是 Docker 中一种较为特别的网络模式。处于这种模式下的 Docker 容器会共享其他容器的网络环境。因此，至少这两个容器之间不存在网络隔离，而这两个容器又与宿主机以及除此之外其他的容器存在网络隔离。

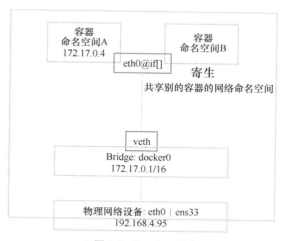

▲图 9-5 Container 网络

9.1.4 none 网络

若网络模式为 none，就表示不为 Docker 容器构造任何网络环境。一旦 Docker 容器采用

none 网络模式，容器内部就只能使用本机网络 127.0.0.1。

可以发现以上几种网络模式并不适合大规模的容器场景，网络互通、网络 IP 管理都是问题。为了解决以上困境，Docker 1.19 版本后增加了对 Overlay 网络的支持。支持 Consul、Etcd 和 ZooKeeper 三种分布式键/值存储，熟悉分布式系统的读者应该了解 ZooKeeper。利用分布式键/值存储分配的 IP 地址，在新增容器时自动分配未绑定的 IP。如果容器不可达或已销毁，就会自动回收 IP，实现 IP 的自动分配与管理。

Docker 的设计与规划相当好，对网络可以进行插拔，支持第三方网络模型。比如，可以利用 Calico 规划一个扁平网络，把相同宿主机及不同宿主机中的容器置于物理或虚拟网络中，实现较好的性能。

有关 Docker 原生的网络模型，可以参考官方说明。

9.2　Rancher 网络方案

前面简单描述了 Docker 网络，这仅仅是一项基础功能。Bridge 网络模式只能满足少量容器的互访，一旦容器数据较多，端口管理将更加麻烦，而且端口数量也是有限的，容器化就是要具备快速的容器扩充能力，原生的 Docker 网络模式显然不能满足大规模的容器应用。同样，一台主机上也不能无限制创建容器实例，为了容错和安全，容器隔离是必要的，不同主机上容器的网络通信也是必须要解决的问题，也是容器化最棘手的问题之一。

对容器化的需求催生出多种容器网络解决方案。各种方案也是各有侧重，企业需要根据自己的实际需要来选择如何构建合理的容器网络方案，没有最好，只有更适合的。

随着容器网络的进化，网络规范或者说网络体系大体分为两派，分别是 CNM（Container Networking Model）和 CNI（Container Networking Interface）。对于容器生态来说，一切皆服务（组件），容器网络也是作为服务提供的（也有称它们为插件，定义多样，知道目的就行）。CNM 由 Docker 主导，CNI 由 Google 主导。用谁呢？第三方及社区纷纷站队，也有不少持中立态度，两者都兼容的，左右逢源终归不会被放弃。像 Calico、Weave、Mesos 基本上都是中立的。Rancher 也不例外，在 1.2 版本之后也开始支持 CNI。

本节不打算讲解 CNM、CNI 的来历及发展历程，一切以用户需求为主构建容器网络。下面先列一下常见的网络需求。

1）容器能够跨主机（跨机房、跨区域）通信。

2）微服务需求，容器同物理机或虚拟机一样，一个容器实例分配一个 IP，容器就是一台完整的机器。

3）租户隔离（类似于公有云，不同租户资源要隔离），类似于 VLAN。

通常容器网络都在 TCP/IP 协议的第 2 或第 3 层上做文章，在第 2 层进行桥接或者在第 3 层进行转发。读者应该比较熟悉图 9-6，容器网络就在数据链路层或网络层适配。网络层可以运用路由规则进行转发，数据链路层让容器的网卡桥接到一个网络上。这些方法在少量容器的情况下还是比较方便的，但它对于跨机房、跨区域就无能为力了，公网 IP 是有限的，端口也是有限的。于是就出现了一种隧道技术 IPSec，最常用的 VPN 就是这种网络。

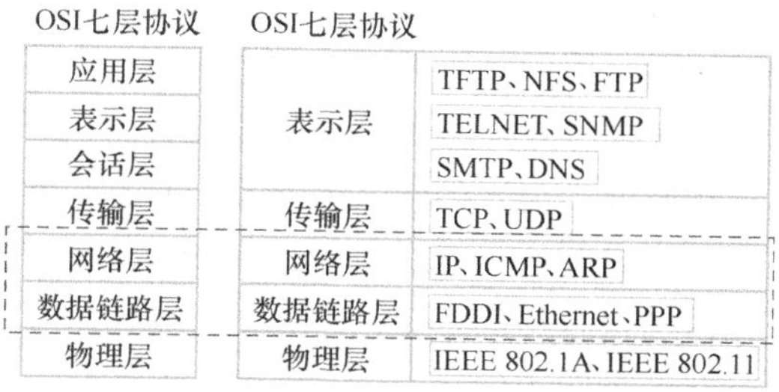

▲图 9-6 TCP/IP 协议

维基百科上对 IPSec 的解释是：互联网安全协议（Internet Protocol Security，IPSec），是一个协议组合，透过对 IP 协议的分组进行加密和认证来保护 IP 协议的网络传输协议族（一些相互关联的协议的集合）。

IPSec 由两大部分组成——创建安全分组流的密钥交换协议和保护分组流的协议。前者为互联网密钥交换（IKE）协议。后者包括加密分组流的封装安全载荷协议（ESP 协议）或认证头协议（AH 协议），用于保证数据的机密性、来源可靠性（认证）、无连接的完整性并提供抗重播服务。

人们在使用 VPN 的时候经常会抱怨速度太慢，VPN 确实比较慢，包的加解密、规则匹配都是很耗 CPU 的操作。这种技术运用在 Docker 容器上性能肯定好不了，有些场景下会有高达 50%的性能损失。Rancher 是支持 IPSec 的，既然性能这么差，我们就没理由选择它。有没有比它性能好并且满足要求的技术呢？

我们可不可以在现有的物理网络上虚拟出一个新的网络？还借助基于 IP 的基础网络技术，每个容器还拥有自己的 IP，在这个虚拟网络中通过 IP 互通。VXLAN 就是这样一种虚拟网络，它堪称主流的 Overlay 网络实现，相对于 IPSec 的效率较高。

下面解释一下 Overlay 网络。

Overlay 网络是指在不改变现有网络基础设施的前提下，通过某种约定的通信协议，把二层报文封装成 IP 报文之上的新的数据格式。这样不但能够充分利用成熟的 IP 路由协议进行数据分发，而且在 Overlay 技术中采用扩展的隔离标识位数，能够突破 VLAN 的数量（即 4000 名用户）限制，支持高达 1600 万的用户，同时在必要时可将广播流量转换为组播流量，避免广播数据泛滥（广播风暴）。因此，Overlay 网络实际上是目前最主流的容器跨节点数据传输和路由方案。Docker 是在 1.9 版本后引入 Overlay 网络支持的。

Overlay 把多个宿主机上的 Docker 实例连接在一个虚拟的二层网络里面。虚拟出来的网络对包有封装及解包过程，效率会受到一定影响（主要是因为消耗 CPU 资源）；相对于物理网络会有较大的性能损耗。

下面引用网络上流传的一个例子。

在快递行业，有的公司对员工提供内部邮递的服务，位于不同写字楼的员工可以用工位号互相邮递。公司的收发室拿到邮件后，会重新打个包，上面写着双方写字楼的地址，交给真正的快递公司去投递。收件方的收发室拿到邮件后，会拆掉外面的信封，把里面的邮件按工位号送给收件的员工。

在这个例子中，工位号就是内部地址（只有内部及收发室知道），写字楼的地址是 Overlay 的地址（公共地址，快递就靠这个传送）。Docker 的这个虚拟二层网络，就类似于企业内部邮递，但是真正派件的还是快递公司。与普通快递相比，多了个环节：收发室对邮件重新包装，不仅打包费时间，多出的包装还占重量，这就带来了额外的性能损失。

9.3 IPSec 网络

9.3.1 IPSec 的定义

9.2 节对 IPSec 的描述比较官方，一般对网络不了解的人会有晦涩感。我们熟悉的 IPSec 网络有 VPN。在大型企业中一般都会有 VPN。图 9-7 演示了最常用的 VPN。

为了保障企业信息安全，一方面企业内网与 Internet 网络是要隔离的。员工在外有访问内网资源及机器的需求，企业分支机构有互相访问的需求，为了保证信息的安全，VPN 会构建一条加密通道，让外网用户与内网安全通信。当然，加密通道会对传输效率有损耗，不但要对包进行重组加密，而且要在内网进行资源的寻址。

另一方面，IP 资源是有限的，出于成本与安全考虑，企业申请的公网 IP 是有限的，企业在内部会构建一个局域网，局域网中对 Internet 的请求通过网关统一对外。员工通过外网访问内网也必须通过网关。

在第 8 章利用 Rancher 做持续部署时提到了租户隔离，租户隔离中最彻底的是主机隔离，租户的容器运行在不同的主机上，主机又不在一个网段，甚至在不同的物理位置（比如，主机是异地的）。Rancher 可以管理不同网络下的主机，前提是网络相通。除了支持物理主机外，还支持云主机（参见图 9-8）。

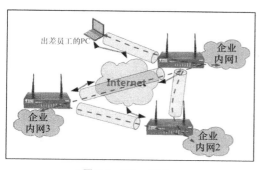

▲图 9-7　IPSec 示例

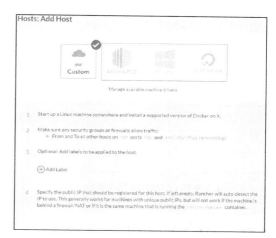

▲图 9-8　Rancher 支持的主机种类

9.3.2　Rancher 的 IPSec 网络

　　Rancher 网络遵循 CNI 框架，用户可以在 Rancher 中选择不同的网络驱动，如 VXLAN、IPSec。为了支持 CNI 框架，每个 Rancher 环境中都需要部署网络服务。默认情况下，每个环境模板都会启动网络服务。除了网络服务这个基础设施服务之外，还需要选择相关的 CNI 驱动。在默认的环境模板中，IPSec 驱动默认是启动的，它是一种简单且安全的隧道网络模型。使用默认的环境会自动创建一个默认网络，任何使用托管网络的服务其实就是在使用这个默认网络。这些服务运行着内部 DNS 服务器并且负责管理路由以暴露主机端口（通过 iptable 实现）。在 IPSec 网络驱动下，容器的 IP 分配由 Rancher 负责，分配的 IP 可用 docker inspect（Docker 用来

▲图 9-9　查看网卡

查看容器配置）命令查看。图 9-9 中的 10.42.0.1/16 是这里的实验环境中的 IPSec 网络地址，下面的 6～11 号网卡都是容器的虚拟网卡，IP 地址不可见。

　　Rancher 的网络驱动是随环境设置的，在 Rancher 中建立服务时有网络可以选择，默认是 Managed（表示托管网络），如图 9-10 所示。托管网络通常是设置环境时选择的网络驱动，这里的实验环境是 IPSec 网络驱动，因此这里（参见图 9-11）默认的 Managed 就表示 IPSec 网络。

▲图 9-10 Managed 网络选项

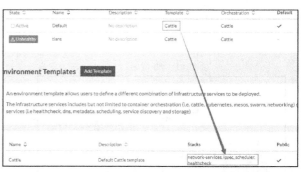

▲图 9-11 环境设置

9.4 VXLAN

9.4.1 什么是 VXLAN

以下内容引自华为官网。

VXLAN（Virtual eXtensible Local Area Network，虚拟可扩展局域网）是 NVO3（Network Virtualization Over layer3）中的一种网络虚拟化技术，通过将虚拟机、容器或物理服务器发出的数据包封装在 UDP 中，并使用物理网络的 IP/MAC 作为报文头进行封装，然后在 IP 网络上传输，到达目的地后由隧道的终节点解封装并将数据发送给目标虚拟机或物理服务器，如图 9-12 所示。

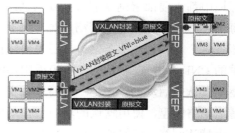

▲图 9-12 VXLAN 的原理

VXLAN 的产生主要有下面 3 个因素。

1. 虚拟机规模受网络规格限制

在大二层网络环境下，数据报文通过查询 MAC 地址表进行二层转发，而 MAC 地址表的容量限制了虚拟机的数量。

2. 网络隔离能力限制

当前主流的网络隔离技术是 VLAN 或 VPN（Virtual Private Network），在大规模的虚拟化网络中部署存在如下限制。

1）由于 IEEE 802.1Q 中定义的 VLAN Tag 域只有 12 位，仅能表示 4096 个终端，因此 VLAN 无法满足大二层网络中标识大量用户群的需求。

2）传统二层网络中的 VLAN/VPN 无法满足网络动态调整的需求。

3. 虚拟机迁移范围受网络架构限制

虚拟机启动后，可能由于服务器资源等问题（如 CPU 使用率过高、内存不够等），需要将虚拟机迁移到新的服务器上。为了保证虚拟机迁移过程中业务不中断，需要保证虚拟机的 IP 地址、MAC 地址等参数保持不变，这就要求业务网络是一个二层网络，且要求网络本身具备多路径的冗余备份和可靠性。

`NVE-Network Virtual Endpoint`

网络虚拟边缘（NVE）节点是实现网络虚拟化功能的网络实体。报文经过 NVE 封装转换后，NVE 间就可基于三层基础网络建立二层虚拟化网络。

`VTEP-VXLAN Tunnel Endpoints`

VTEP 是 VXLAN 隧道端点，封装在 NVE 中，用于 VXLAN 报文的封装和解封装。

`VNI-VXLAN Network Identifier`

VXLAN 标识 VNI 类似于 VLAN ID，用于区分 VXLAN 段，不同 VXLAN 段的虚拟机不能直接在二层相互通信。

一个 VNI 表示一个租户，即使多个终端用户属于同一个 VNI，也表示一个租户。VNI 由 24 位组成，支持高达 1600 万（$(2^{24}-1)/1024^2$）的租户。

有关 VXLAN 的详细知识请参考华为官网。

9.4.2　Rancher 的 VXLAN 驱动

Rancher 中的网络驱动设置在设置环境的时候选择，相当于基础设置。选择网络驱动后，环境中默认就使用该网络驱动来管理网络。当然，也可以选择用桥接或主机模式。

建立一个名为 VXLAN 的环境模板，在图 9-13 中选择添加环境模板，进入 Rancher 应用商店，禁用 Rancher IPSec，启用 Rancher VXLAN（参见图 9-14），然后保存。

在图 9-15 中，可以看到在 Stacks 列中 VXLAN 是以软件服务的方式提供的，在 Rancher 中会启动 VXLAN 的一个服务栈。图 9-16 建立了一个测试环境，选择的环境模板是刚才建立的 VXLAN 环境模板。

有需要进一步了解 VXLAN 的可以参考华为官网的 VXLAN 白皮书。

也可从 sdnlab 网站查看文章 "Overlay 网络与物理网络的关系"。

▲ 图 9-13　添加环境模板

▲ 图 9-14　应用商店

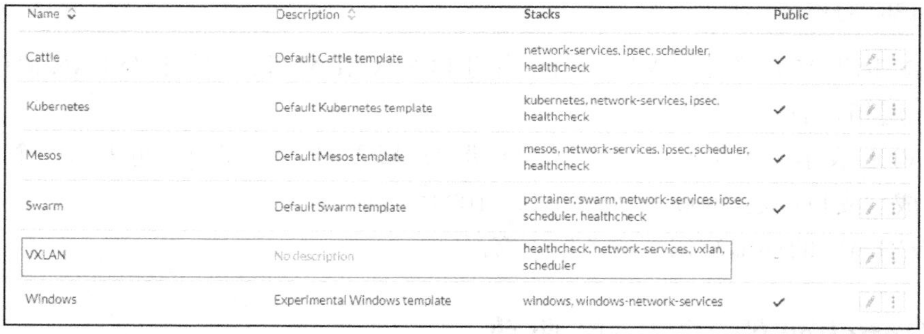

Name	Description	Stacks	Public	
Cattle	Default Cattle template	network-services, ipsec, scheduler, healthcheck	✓	
Kubernetes	Default Kubernetes template	kubernetes, network-services, ipsec, healthcheck	✓	
Mesos	Default Mesos template	mesos, network-services, ipsec, scheduler, healthcheck	✓	
Swarm	Default Swarm template	portainer, swarm, network-services, ipsec, scheduler, healthcheck	✓	
VXLAN	No description	healthcheck, network-services, vxlan, scheduler	-	
Windows	Experimental Windows template	windows, windows-network-services	✓	

▲ 图 9-15　环境模板

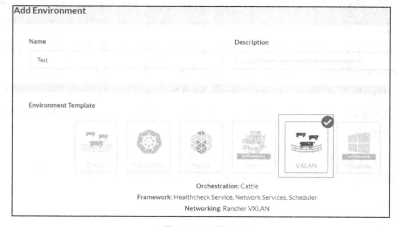

▲ 图 9-16　环境设置

9.5　本章小结

本章主要介绍了主流的 Docker 网络方案，Docker 的网络解决方案是大规模容器化的首要问题。目前各大厂商、开源社区已经提供了相对完善的网络解决方案，如 VXLAN、Calico 等，这也大大降低了企业进行容器化的难度。通过学习容器的网络方案，有助于我们全面掌握 CI&CD 技术栈，有利于 CI&CD 的运维。

第 10 章 服务管理

第 8 章在结合场景做持续部署时，只关注部署结构。良好的服务不仅要运行平稳，还要包括运维，比如蓝绿发布、灰度发布，同时应该有异常处理机制，如健康检查、日志查看。本章将围绕这些方面讲解 Rancher 的功能。

10.1 服务编排

10.1.1 Add Service

Rancher 服务存在于栈下，一个栈相当于一个服务单元（或者管理单元）。从 Default 菜单进入，默认列出当前 Rancher 中的用户栈。可以新建一个栈，然后在栈下新建服务；也可以直接在已有的栈下新建服务（参见图 10-1）。

图 10-2 是服务添加界面，表单域说明如下。

- Scale：用来设置容器实例的数量，图 10-2 中启动了一个容器实例。

▲图 10-1 使用栈

▲图 10-2 添加服务

- Always run one instance of this container on every host：在每台主机上启动一个容器实例。
- Name：给容器实例定义一个名称。
- Description：容器的描述。
- Select Image*：选择要启动的容器镜像，需要手动填入。用户需要先从镜像仓库找到镜像地址，镜像仓库默认是 Docker 官方仓库，在前面的准备环境中我们集成了本地镜像仓库。
- Always pull image before creating：在启动（或者说创建）容器前下载镜像。
- Port Map：映射服务端口，前面的端口为用户的访问端口，比如占用主机的端口；后面的端口为服务在容器内的端口，比如，在启动 nginx 时，默认的访问端口是 80。Protocol 指定访问的通信协议，通常是 TCP 协议，以 HTTP 方式访问时用到的协议是 TCP（参见图 10-3）。
- Service Links：服务链接（参见图 10-4），如果前台程序需要访问后台数据库，那么可以在此链接到后台的数据服务。实际上，这里使用 Docker 的链接功能。

▲图 10-3　端口映射

▲图 10-4　链接服务

- Sidekick：从容器创建。比如，当前容器需要一个共享的存储卷，这个存储卷由另外一个容器提供，这时两个容器可以有一种主从关系，以方便管理。

10.1.2　Command

容器在启动时通常会执行 Dockerfile 中指定的命令，如果想覆盖 Dockerfile 中指定的命令，可以在图 10-5 所示界面中进行设置，这大大方便了运维。

表单域的说明如下。

- Command：同 Dockerfile 中以 cmd 方式运行的命令，8.5 节在多环境下发布一个镜像时就在 Command 中输入参数，以动态指定启动哪个服务，使用哪些配置。

▲图 10-5　配置容器启动命令

- Entry Point：同 Dockerfile 中以 Entrypoint 方式运行的命令。
- Working Dir：指定工作目录，比如进入容器后看到的默认目录。
- User：指定默认的容器用户（账号）。
- Console：容器的控制台模式，在此设置 Docker 的交互窗口。
- Interactive & TTY(-i-t)：对应 Docker 启动参数中的-i、-t 参数。
- -i：打开 STDIN，用于控制台交互。

- -t：分配 TTY 设备，支持终端登录。
- None：不进行设置。
- Auto Restart：容器重启策略。
- Always：始终进行重启，容器崩溃后自动重启，目标是永不宕机，重启失败除外。
- Never（Start Once）：只启动一次，如果容器崩溃，则不会再次自动重启。
- Environment：在此可以设置容器的系统环境变量，容器中的程序可以调用。等同于在容器中执行 export 指令，Java 程序可以使用 system.getproperty（"环境变量名"）来获取。

10.1.3　Volumes

容器实例非持久化，实例消失后，系统数据也将消失。当有数据要持久化时，可以把主机目录映射到容器，这样可以保证数据不会随容器消失而丢失。另外，也可以利用 NFS（Network File System，网络文件系统）来存储数据，当容器调度到其他主机时还可以方便地访问持久化数据。

Rancher 提供数据卷的映射功能，把主机或 NFS 的目录映射到容器中，如图 10-6 所示。

表单域的说明如下。

- Volumes：帮助挂载（或者说映射）本地存储目录到容器。图 10-6 中的目录设置等价于：

▲图 10-6　配置数据卷

```
docker -v /opt/tomcat/forward:/usr/local/tomcat/webapps/forward
```

另外，也可以在 Dockerfile 中挂载目录。

```
FROM tomcat:8.0
VOLUME /opt/tomcat/forward
```

- Volumes From：与 Docker 启动命令--volumes-from 对应，共享其他容器的存储。其命令格式如下。

```
docker run -it -h 【新的容器名】 --volumes-from 【共享存储的容器名】
```

- Volume Driver：指定 Volume 驱动，比如可以在 Rancher 中使用 NFS 存储（参见 12.3 节 的 Rancher nfs 示例）。NFS 是一种使用分散式文件系统的协议，由 Sun 公司开发，于 1984 年向外公布。功能是通过网络让不同的机器、操作系统能够彼此分享数据，让应用程序在客户端通过网络访问位于服务器磁盘上的数据，是在类 UNIX 系统间实现磁盘文件共享的一种方法（NFS 相关内容在此不再详述，请自行搜索）。

可把 Ceph 盘挂载到主机作为目录，然后通过 nfs 访问主机的目录，让容器都可以访问这个目录，从而在数据集中共享。

10.1.4 Networking

在 Rancher 中新建容器默认使用的是托管网络（图 10-7 中默认的 Managed 选项）。托管网络的意思是网络交由 Rancher 处理，而 Rancher 网络在建立环境时已经确定，默认网络环境是 IPSec 网络，同时 Rancher 也支持其他网络的接入，比如设置环境的网络为 VXLAN。Rancher 网络遵循 CNI 网络模型，可以接入 CNI 模型的网络。

托管网络的容器、容器的 IP、路由的选择都交由 Rancher 完成，容器间的互通也由 Rancher 网络服务完成。

表单域的说明如下。

▲图 10-7　选择网络

- Network：网络模式设置，默认是 Managed。
- Managed：托管网络，由 Rancher 全权负责容器的网络、IP 地址管理、路由等。
- Bridge：与 Docker 的桥接网络对应，在 Docker 启动时用 --net="bridge" 指定。
- Host：在 Docker 启动时使用 --net=host 指定，和宿主机共用一个 Network Namespace。容器将不会虚拟出自己的网卡，也不会配置自己的 IP 地址等，而是使用宿主机的 IP 地址和端口。
- None：Docker 容器拥有自己的网络命名空间，但是并不为 Docker 容器进行任何网络配置。Docker 容器没有网卡、IP 地址、路由等信息，需要我们自己为 Docker 容器添加网卡、配置 IP 地址等。
- Requested IP：一般使用 Rancher 启动容器时会随机指定一个 IP 地址，IP 地址信息会存入元数据中。如果要指定一个 IP 地址，可以在此填写。如果填写的 IP 地址被占用了，则会随机生成一个新的 IP 地址，IP 地址的范围是 10.42.0.0~10.42.0.16。不建议填写，容器的 IP 地址不应该成为人工管理过程，不然大规模容器的管理会成为灾难。

- Retain IP：当容器（或者叫容器实例）处于非健康状态进行重启时，或者对容器进行更新时，保留使用当前的 IP 地址。
- Hostname：相当于在容器的 hosts 中设置主机名。使用 cat /etc/hosts 命令进入容器，使用 uname –a 命令进行查看。
- Use the Docker container ID：使用容器的 ID 来命名，图 10-8 中的 4caf431c68ae 是容器 ID。
- Use the container name：使用容器的名字作为主机名（见图 10-9）。

▲图 10-8　将容器 ID 作为主机名 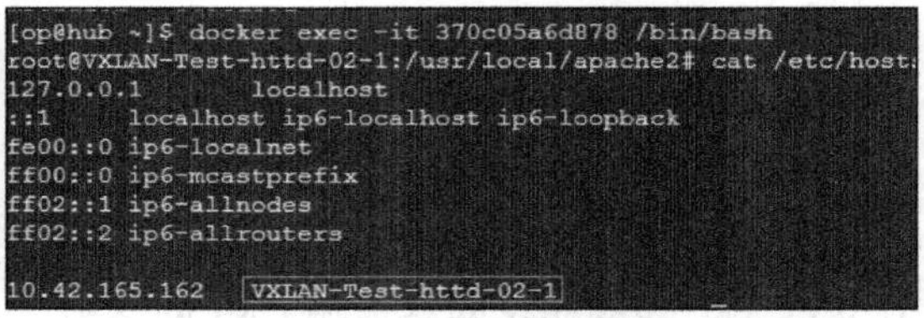　　　　▲图 10-9　将容器名作为主机名

- Set a specific hostname：设置一个主机名，不建议这么做，容器间的访问可以通过栈名-服务名来进行，特殊的主机名使用场景有限。
- Domain Name：设置域名。
- Resolving Servers：设置域名解析服务器（DNS）。在 Linux 系统中，在/etc/hosts 中进行设置，常用的有 8.8.8.8（Google 提供）、114.114.114.114（中国电信提供），还一些收费的 DNS。也可以为网络建立一个私有的 DNS，容器的网络寻址可以利用这个私有的 DNS。
- Search Domains：设置在哪些 Domains 中搜索，Rancher metadata 中对应 dns_search 信息。

10.1.5　Security/Host

容器利用操作系统的命名空间以进程的方式在主机上运行，容器间对主机资源的占用应该是共有的，但有时候我们希望容器间能够隔离资源，保证容器的性能。Docker 提供资源的配置限制，给容器资源加上限定，降低主机上容器间的相互影响。

有关 Docker 容器资源控制的知识可以参考 Docker 官网。

关于 CPU 和内存，也可参见 Docker 官网。

下面参照图 10-10 对表单域进行说明。

- Privileged：特权选项。

- Full access to the host：勾选后下面的 Capabilities 选项变灰色，相当于给予容器最大的特权，也就是容器可以无限制利用主机的所有硬件资源。
- PID Mode：命名空间模式，默认情况下，所有容器都启用了 PID 命名空间。PID 命名空间提供了进程分离，删除了系统进程的视图，因此在容器中我们可以看到 PID 是 1 的进程。如果希望容器共享主机的进程命名空间，请勾选 Host 选项。
- Host：在容器中使用主机的 PID 命名空间，勾选后在进入容器时使用 ps –elf 可以看到主机的进程信息。如果没勾选，则只能看到容器中运行的进程。

▲图 10-10　资源控制选项

- Memory Limit：内存配额设置，对容器可用的内存进行限制，对应 Docker 容器配置参数--memory。
- Swap Limit：容器可使用的交换内存大小，对应 Docker 容器配置参数--memory-swap。如果设置为 0，则忽略此设置，视为未设置。如果设置了--memory（比如 200MB）而没有设置--memory-swap，--memory-swap 可以使用相当于两倍--memory（400MB）的交换空间。
- Memory Reservation：内存配额设置，是一个软限制（相对于 Memory Limit），设置为容器保留的内存大小。例如，容器 1 占用 380MB 的内存，Memory Limit 设置为 400MB，Memory Reservation 设置为 200MB，若同一台主机要启动其他的容器，比如容器 2（与容器 1 的配置相同），内存就比较紧张，只剩余 150MB 的内存可用，为了让容器 2 可以正常运行，就要把容器 1 的内存占用量减少到 200MB 以下（不能保证一定会在 200MB 以下），释放一些内存供容器 2 使用。设置 Memory Reservation 为 0 表示不做限制，默认设置为 0，此时 Memory Reservation 与 Memory Limit 一样。
- mCPU Reservation：实际上对应 Docker 的--cpu-shares 选项（不知道是不是 Rancher 的问题，按照字面意思 Shares 才对应--cpu-shares），与主机上启动的容器数量有关。如果主机上启动了两个容器，将此选项均设置为 1024（也是默认值），那么两个容器各使用 50%的 CPU 资源。如果容器 1 设置为 1024，容器 2 设置为 2048，则容器 1 使用 33.3%的 CPU 资源，容器 2 使用 66.7%的 CPU 资源。当容器 2 空闲时容器 1 是可以使用空闲资源的（物尽其用才合理）。

- CPU Pinning：绑定容器使用的 CPU 核心，比如，0、1 指定编号 cpu0、cpu1 为容器使用，1～3 指定编号 cpu1、cpu2、cpu3 为容器所用，对应 Docker 启动配置选项 --cpuset-cpus。
- Shares：按字面意思应该要对应 Docker 中的 --cpu-shares 选项，但实际上没有用。

下面用一个例子说明一下上面几个配额参数（参见图 10-11）。

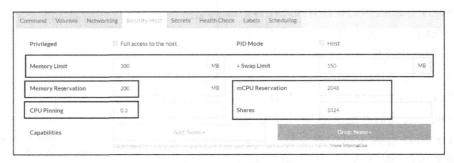

▲图 10-11　配置资源限制

这些参数与 Docker 的启动参数对应关系如表 10-1 所示（对照的 Rancher 版本是 1.6，Docker 的版本是 1.12.6）。

表 10-1　资源控制选项与 Docker 的启动参数间的对应关系

Memory Limit	--memory
Swap Limit	无
Memory Limit + Swap Limit	--memory-swap
Memory Reservation	--memory-reservation
mCPU Reservation	--cpu-shares
CPU Pinning	--cpuset-cpus
Shares	无效

- Capabilities：提供详细的超级用户权限供容器使用，用户可以在此进行勾选。可以参考 man7 官网上有关特权的介绍。
- Device Binding：将驱动（存储、光盘等）绑定到容器（参见图 10-12）。

▲图 10-12　存储绑定

- Log Driver（参见图 10-13）：可以指定容器日志收集驱动，通常会统一收集容器日志。

Log Driver 一般与 Log Options 配合使用。目前比较流行的是用 ELK 方案来集中收集日志与分析。
- Log Options：与 Log Driver 配合使用，在图 10-14 中用 syslog 来收集日志，为容器配置 Log Options。
- syslog-address：指定日志收集服务器地址。
- tag：标明运行在容器上的服务的别名，在查询日志时会比较方便。

▲图 10-13　日志收集方式

▲图 10-14　使用 syslog 收集日志

10.2　健康检查

检查服务的健康状态、做出预警、自动处理异常是现代智能运维的基础功能，Rancher 提供对容器服务健康状态的检查功能，并能够做出后续处理。Rancher 健康检查功能有两种渠道，分别是 TCP 可达（相当于 ping host IP 可通）；服务可达（直接访问容器的 HTTP 服务，断言服务的响应时间）。

下面参照图 10-15 对表单域进行说明。

- TCP Connection Opens：以 TCP 连接可达作为健康标准。
- Http Responds 2xx/3xx：根据服务的响应码来验证容器是否健康（参见图 10-16）。
- Port*：连接端口。
- Initializing Timeout：初始化超时时间。
- Reinitializing Timeout：重新初始化超时时间。
- Check Interval：两次健康检查的间隔时间。
- Check Timeout：检查的超时时间。
- Healthy After：检查成功多少次才判定服务健康。
- Unhealthy After：检查失败多少次才判定服务不健康。
- When Unhealthy：当容器不健康时做哪些操作？
- Take no action：不做任何操作。

- Re-create：重新创建一个新的容器实例。
- Re-create,only when at least [*n*] container is healthy：当至少有 *n* 个容器健康时，才重新创建新的容器实例（创建新容器并去掉旧容器）。
- Http Request*：服务请求 URL。

▲图 10-15　TCP 健康检查　　　　　　▲图 10-16　HTTP 健康检查

10.3　蓝绿发布

蓝绿发布是系统在不间断提供服务的情况下上线的部署方式，通常老版本不停用，部署新版本进行测试通过后，把流量切到新版本，然后升级老版本。

我们在 Rancher 中执行这一过程（参见图 10-17）。具体步骤如下：

1）jforum-01 运行服务。

2）jforum-02 部署新版本，jforum-ha-b 发现 jforum-02。

3）jforum-02 在线上进行测试。

4）jforum-02 测试通过，修改 serverType 属性（在 Rancher 中给服务设置的标签），jforum-02 切换到 jforum-ha 下。

5）旧版本 jforum-01 下线，或者更新旧版本，在 Rancher 中更新还可以提供滚动更新（按批次停止老版本实例，启动新版本实例，比如，5 秒更新两个容器实例），在更新出错时可以回滚。

▲图 10-17　蓝绿发布设计——前端应用

10.4 灰度发布

灰度发布是指选择一部分部署新版本,将部分流量引入新版本,新老版本同时提供服务。等待灰度的版本正常运行,可全面覆盖老版本。

图 10-18 给 jforum-01 服务设置了一个标签,比如 serverType=jforumA,给 jforum-02 服务也设置了一个标签,比如 serverType=jforumB。如果 jforum-01 为旧版本,jforum-02 为新版本,jforum-ha 可以同时代理这两个服务,新旧版本同时提供服务。新版本的实例数要少一些,这样调度到新版本的用户请求会少一些(jforum-ha 的均衡规则影响服务调度),待新版本线上测试通过后,再增加实例数,旧版本下线。

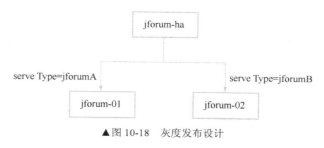

▲图 10-18 灰度发布设计

10.5 本章小结

本章主要讲解了如何在 Rancher 界面中进行服务配置,如何配置健康检查,如何利用 Rancher 进行蓝绿发布、灰度发布。用户可以根据 Rancher 的特性自己组合配置,也许能够达到意想不到的效果。

第 11 章 镜像仓库规划

当大量系统以容器的形式发布时，镜像会越来越多。当将大量容器调度到不同机器上运行时，镜像的迁移需求变多。为了解决镜像的管理问题，镜像管理工具就必不可少了。除了官方的镜像仓库外，还有一些第三方镜像仓库。比如国内的各大云服务商（腾讯、阿里、网易等）都提供公共镜像仓库供用户访问，也提供面向租户的私有镜像仓库。如果在公司内部进行容器化，进行基于容器的私有云的建设，那么自己的镜像显然不适合放在公网上，因此需要一个私有的镜像仓库。

可以选择使用 Docker 官方提供的仓库，还可以选择第三方开源的镜像仓库，在第 7 章中选择集成了 Harbor 镜像仓库。仓库选择已定，如何让它更好地服务于我们呢？本章就讨论这个问题。

11.1 镜像仓库的需求

这里不讨论镜像的好处，只针对部署环境讨论镜像仓库的需求。

1）对于企业来说，通常测试与生产环境都是隔离的，镜像仓库是测试环境与生产环境各一套还是共用一套呢？如果共用一套，如何让测试与生产主机都能够访问镜像仓库呢？

2）镜像仓库是容器化的关键组成部分，如果仓库服务挂掉，新版本就无法发布，测试与生产环境就无法部署新的服务，并且需要给仓库做灾难备份，实现负载均衡。

3）时间久了，会有很多老版本镜像沉淀下来，会占用很多存储空间，这些旧的镜像如何处理呢？

11.2 镜像仓库规划

基于简单可靠的原则，我们可以让测试与生产环境共用一套镜像仓库（参见图 11-1），毕竟维护一套镜像仓库比维护二套轻松。为了防止镜像仓库服务宕掉，可以建立集群。当旧版本镜像过多时可以考虑直接删除，建议利用 Jenkins 设置一个任务，定时清理（不建议利用操作系统的定时任务，因为容易忘记这个任务的存在）。

如果测试与生产环境各一套镜像仓库（参见图 11-2），那就涉及将测试环境镜像复制到生产环境的问题。我们选择 Harbor 作为镜像仓库，Harbor 支持不同仓库的镜像复制。

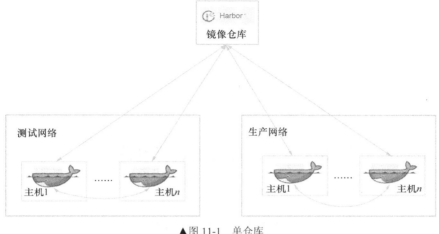

▲图 11-1　单仓库

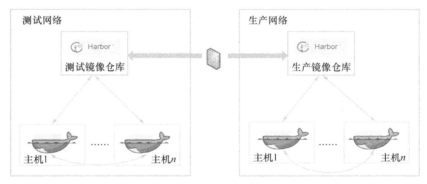

▲图 11-2　双仓库

11.3　复制 Harbor 镜像

　　Harbor 镜像复制功能支持主从复制，支持集群分发。结构如图 11-3 所示。Harbor 仓库的镜像复制由复制策略决定规则，支持全量复制与增量复制。用户上传镜像到仓库后自动完成复制任务。

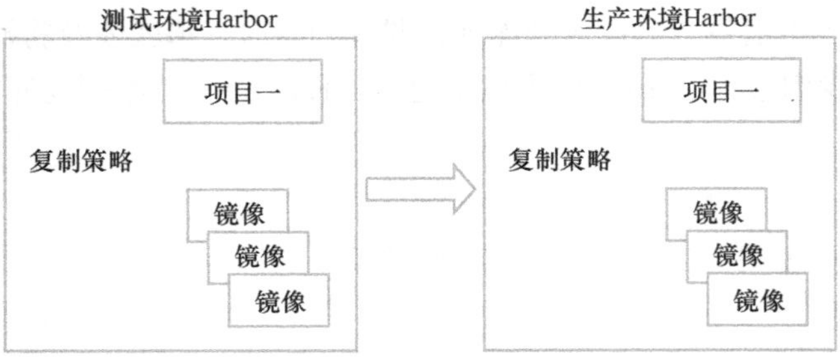

▲ 图 11-3 Harbor 镜像复制逻辑

下面以测试到生产的镜像复制为例展开讨论。

11.3.1 分别准备好测试与生产环境的镜像仓库

测试与生产环境的镜像仓库如表 11-1 所示。

表 11-1　　　　　　　　　测试与生产环境的镜像仓库

Harbor IP 地址	主 机 名	备　　注
10.1.1.150	reg.myhub.com	测试环境 Harbor
10.1.1.130	prod.myhub.com	生产环境 Harbor

仓库安装请参考 7.4 节。

11.3.2 设置复制策略

1. 设置远程仓库

在仓库管理中设置远程仓库（比如生产仓库）的连接（参见图 11-4 和图 11-5），新建目标，填写生产仓库的访问链接、账号及密码。

▲ 图 11-4 设置远程仓库

▲ 图 11-5 测试远程仓库设置

2. 复制管理

在图11-6中新建规则，选择项目，选择前面设置的目标仓库，选择镜像复制的触发方式（参见图11-7）。

Harbor是以项目为单元进行复制的，源项目是项目列表中的项目（参见图11-8），目标是仓库管理中设置的连接信息，在此可以从下拉框中选择。

3. 复制

可以手动触发复制来测试是否可以正常复制，在图11-9中单击"复制"按钮，在下面可以看到复制的状态。

▲图11-6 复制管理

▲图11-7 测试复制规则

▲图11-8 选择项目

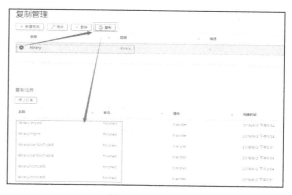

▲图11-9 复制项目

一段时间后可以在目标仓库中（参见图11-10）看到已经复制过去的项目。

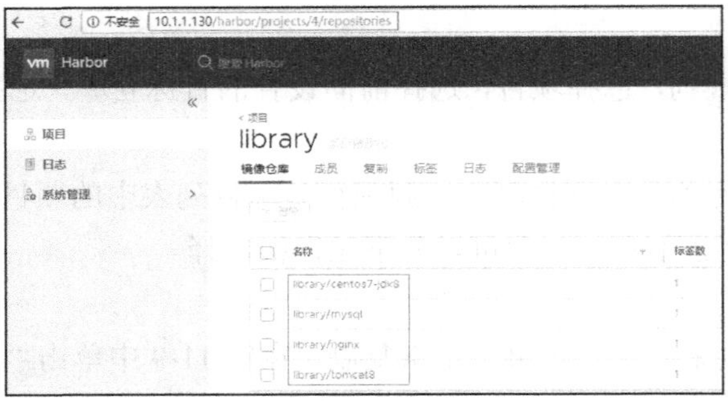

▲图 11-10 查看复制结果

11.4 本章小结

本章主要讨论了镜像仓库的需求。镜像仓库是部署一套还是二套由自己的网络环境决定。对于老旧镜像，建议利用 Jenkins 任务进行定时清理。

第 12 章 存储方案

12.1 存储需求

12.1.1 文件存储需求

容器本身采用的是非永久性存储,从容器中移除的数据也会消失,而很多场景下需要持久化数据。常用方法是把主机的文件目录映射到容器,让容器中的数据写到主机上。虽然这解决了持久化的问题,但当迁移容器时问题又来了,原来主机上的这些文件需要迁移到新的主机。对于大规模的容器集群来说,这将成为灾难,这种方法效率慢,代价高。

所以我们迫切需要一种共享存储,让每台主机都可以使用,容器无论在哪台主机上,都可以找到设置的持久化目录,NAS(Network Attached Storage)可以提供这样的服务。

NAS 是一套网络存储设备,通常直接连接在网络上并提供资料存取服务,一套 NAS 存储设备就如同一个提供数据文件服务的系统,特点是性价比高,可用于教育、政府、企业等数据存储应用。

它采用 NFS 或 CIFS 命令集访问数据,以文件为传输协议,通过 TCP/IP 实现网络化存储,可扩展性好、价格便宜、易管理。目前在集群中应用较多的是 NFS,但 NAS 协议开销高、带宽低、延迟大,不利于在高性能集群中应用。

上面讲到的是常见的文件存储,除文件存储外,对象存储、块存储的需求也越来越大。

12.1.2 对象存储需求

对象存储可以存储任意形式的非结构化数据,可以存储文件、数据库表、图像,还可以存储多媒体信息,可以用来保存整个数据结构,大小也不固定,并且每个对象都有唯一的标识。与文件存储不一样,对象数据没法通过盘符或目录找到,需要通过标识来进行访问。比如,酒店的泊车服务,你把钥匙交给服务员,索取一个泊车凭证后,他帮你停好车,你不用知道车停哪里了,离开酒店时你出示凭证,服务员帮你把车开到酒店门口,这个泊车凭证就好比对象的唯一标识。

对象存储往往都是通过 API 调用的方式来提供服务的,通常以 Restful 的方式暴露服务,具备良好的扩展性,自然对于大规模存储具有优势。

对象存储在大数据分析上使用广泛,几乎每一家云服务商都提供对象存储服务。下面列举两个对象存储场景。

- 当通过 CDN 分发内容时,对于静态资源,可以采购云服务商的对象存储服务,提升网站用户体验。
- 当进行大数据分析时,数据可以对象方式存储。

可以参考腾讯云中有关对象存储的说明。

12.1.3 块存储需求

在计算机技术中,多数文件系统都基于块设备,常见的块设备就是磁盘或硬盘。在硬盘的基础上利用操作系统来抽象成文件系统,然后保存数据。单个块设备无法存储大量数据,有时我们不得不把大量数据切成多个块来进行存储。相应的多个物理块设备也可以抽象成一个大的块设备,对用户透明(或者说是操作系统),在使用时并不用知道有多少个物理磁盘,只需要把它视为一个块存储即可。可以在企业内建立块存储服务,也可以采购云服务商通过网络提供的块存储服务。

DAS 与 SAN 是常见的两种块存储类型。

DAS（Direct Attach Storage）是直接连接到主机服务器的一种存储方式,每台主机服务器有独立的存储设备,每台主机服务器的存储设备无法互通,当需要跨主机存取资料时,必须经过相对复杂的设定。若主机服务器分属不同的操作系统,要存取彼此的资料,会更复杂,有些系统甚至不能存取。DNS 通常用在单一网络环境下数据交换量不大且性能要求不高的环境下,可以说是一种应用较早的技术实现。

SAN（Storage Area Network）是一种用高速(光纤)网络连接专业主机服务器的存储方式,此系统位于主机群的后端,它使用高速 I/O 连接方式,如 SCSI、ESCON 及光纤通道。一般而言,SAN 应用在对网络速度要求高、对数据的可靠性和安全性要求高、对数据共享的性能要求高的应用环境中,特点是代价高、性能好,如电信、银行的大数据量关键应用。它采用 SCSI 块的 I/O 命令集,在磁盘或光纤通道级的数据访问上提供高性能的随机 I/O 和数据吞吐率,具有高带宽、低延迟的优势,在高性能计算中占有一席之地。但是由于 SAN 系统的价格较高且可扩展性较差,它已不能满足具有成千上万个 CPU 的系统。

12.1.4 分布式存储需求

当单机已经难以满足大型应用的数据存储需求时,我们常用的手段是条带化,利用独立磁盘冗余阵列（Redundant Array of Independent Disks，RAID）技术把数据存储在多个磁盘上，并相互备份来保证数据不丢失、可恢复。虽然这种方案基本上能够解决大多数存储问题，但在如今的大数据场景下，扩展也成为一个问题。需求无度，扩展有限，催生出分布式存储也是很自然的事情。

与其他的分布式方案（如分布式缓存）一样，需要解决负载均衡、数据一致性、性能、容错及方便扩展等问题。与文件存储、对象存储、块存储对应，分布式存储也需要提供这三种存储服务。

12.2 常用方案

目前比较流行的分布式存储解决方案有 Ceph 与 Swift。

Ceph 是统一存储系统（同时支持文件存储、对象存储及块存储），也是分布式存储系统，具备高性能、高扩展性和高可靠性，可轻松扩展到 PB 级容量。

Swift 是 OpenStack 开源云计算项目的子项目之一，是 OpenStack 的核心组件，但是只支持对象存储，提供强大的扩展性、冗余性和持久性。除了 Swift 之外，OpenStack 体系中还有 Cinder 组件，用来提供块存储支持。如果部署 OpenStack，那么 Swift 当然是存储系统的首选。

目前多数公司采用 Ceph 作为块存储，而对象存储则会选择 Swift 专业级的对象存储系统。因为 Ceph 不是专门的对象存储系统，其对象存储服务其实是在块服务上模拟出来的，所以和专门的对象存储 Swift 比起来，在部署规模、使用成本上会有些差距。

如果只用对象存储，就选择 Swift；如果只用块存储，就选择 Ceph。既要用对象存储又要用块存储的场合，是用 Swift 还是 Ceph 呢？

- 如果节点数量很大，推荐单独用 Ceph 作为块存储，用 Swift 作为对象存储。因为在节点数量较大时，Ceph 的维护成本比 Swift 要高得多，在大多数场景中实际应用的时候会发现，大部分数据都可以放到对象存储上。
- 如果节点数量少，那就用 Ceph 统一搞定，因为一般认为生产环境中最小的分布式存储应当有 5 个节点。所以，如果节点数量少于 10 或者刚到 10，构建两个分布式存储显然是不理想的（考虑到空间划分问题）。
- 如果有专门的 Ceph 维护团队，能够解决大规模部署问题，那就果断用 Ceph。
- 如果希望对象存储能够和 OpenStack 的其他项目无缝结合，并且希望实现多租户，果断用 Swift 来实现对象存储。

Rancher 可以通过 NFS 来存储文件，NFS 可以对接 DAS、NAS、SAN 等多种存储方案。由于水平有限，与存储相关的知识不展开讲述。下面在 Rancher 中运用 NFS 功能。

12.3 Rancher NFS 示例

在 Rancher 中存储以卷（volume）的方式提供。在 Rancher 的主机上映射 NFS，在 Rancher 卷管理模块中新建一个卷，这个卷可以直接当作物理存储映射到容器中，满足存储容器数据的需求。下面介绍实践步骤。

1. 安装

在服务器端、客户端都需要安装 NFS。代码如下。

```
yum install nfs-utils
```

2. 仅在服务端配置

通过以下代码新建一个共享目录。

```
mkdir /share
chmod 777 /share
```

通过以下代码配置 NFS。

```
vim /etc/exports
/share/ 192.168.4.0/24(rw,sync,no_root_squash)
```

3. 在服务器端和客户端启动 NFS

NFS 实际上是一个 RPC 服务，因此依赖 rpcbind 程序（在 CentOS 5.x 以前，这个软件称为 portmap，在 CentOS 6.x 之后才称为 rpcbind），主要功能是把 RPC 程序号转换为 Internet 端口号。

当 RPC 服务器启动时，会选择一个空闲的端口号并在上面监听（每次启动后的端口号各不相同），同时作为一个可用服务会在 portmap 进程上注册。一个 RPC 服务器对应唯一一个 RPC 程序号，RPC 服务器告诉 portmap 进程要在哪个端口号上监听连接请求，以及要为哪个 RPC 程序号提供服务。经过这个过程，portmap 进程就知道了每一个已注册的 RPC 服务器所用的 Internet 端口号，而且还知道哪个程序号在这个端口上是可用的。portmap 进程维护 RPC 程序号与 Internet 端口号之间的映射表，里面的字段包括程序号、版本号、所用协议、端口号和服务名，portmap 进程通过这张映射表来提供程序号-端口号之间的转换功能。如果 portmap 进程停止运行或异常终止，那么系统上的所有 RPC 服务器都必须重新启动。首先停止 NFS 服务器上的所有 NFS 服务进程，然后启动 portmap 进程，再启动服务器上的 NFS 进程。但 portmap 只在第一次建立连接的时候起作用，以帮助网络应用程序找到正确的通信端口，但是一旦双方正确连接，端口和应用已绑定，portmap 就不起作用了，但它对其他任何第一次需要找到端口建立通信的应用仍然有用。

首先，启动 rpcbind。代码如下。

```
service rpcbind start
service nfs start
```

然后，启动系统。代码如下。

```
systemctl enable rpcbind
systemctl enable nfs
```

执行后可以看到图 12-1 中加框的内容。

```
auditd.service -> /usr/lib/systemd/system/auditd.service
crond.service -> /usr/lib/systemd/system/crond.service
docker.service -> /usr/lib/systemd/system/docker.service
irqbalance.service -> /usr/lib/systemd/system/irqbalance.service
kdump.service -> /usr/lib/systemd/system/kdump.service
NetworkManager.service -> /usr/lib/systemd/system/NetworkManager.service
nfs-client.target -> /usr/lib/systemd/system/nfs-client.target
nfs-server.service -> /usr/lib/systemd/system/nfs-server.service
postfix.service -> /usr/lib/systemd/system/postfix.service
remote-fs.target -> /usr/lib/systemd/system/remote-fs.target
rpcbind.service -> /usr/lib/systemd/system/rpcbind.service
rsyslog.service -> /usr/lib/systemd/system/rsyslog.service
sshd.service -> /usr/lib/systemd/system/sshd.service
sysstat.service -> /usr/lib/systemd/system/sysstat.service
tuned.service -> /usr/lib/systemd/system/tuned.service
```

▲图 12-1　查看系统启动项

4．查看 NFS 共享情况

通过以下命令查看 NFS 共享情况。

```
showmount -e 127.0.0.1
Export list for 127.0.0.1:
/share 10.1.1.0/24
```

5．在客户端挂载 NFS

在本地建立映射的目录。代码如下。

```
mkdir /data/share
```

通过以下代码挂载 NFS。

```
mount -t nfs 10.1.1.100:/share/ /data/share
```

通过以下代码解除挂载 NFS。

```
umount -t nfs 10.1.1.100:/share/ /data/share
```

6．测试

在服务器端的 /share 目录下增加一个文件。

```
echo "Is test for nfs" > readme
[root@rancher00 share]# ll /share/
总用量 4
```

```
-rw-r--r-- 1 root root 17 6月   6 12:56 readme
```

在客户端的/var/share 目录下应该能够看到这个文件。

```
[root@rancher01 share]# ll /data
总用量 4
```

7. 其他操作

NFS 服务中还有一个常用命令 exportfs，它的常用选项为[-aruv]。

- -a：全部挂载或卸载。
- -r：重新挂载。
- -u：卸载某个目录。
- -v：显示共享的目录。

当改变/etc/exports 配置文件后，不用重启 NFS 服务，直接执行 exportfs 即可。

要在 Rancher 中集成 NFS，首先在 Rancher 应用商店找到 NFS 的驱动（参见图 12-2）。

在图 12-3 中填写安装的 NFS 的地址，如 10.1.1.100，其他设置默认不变。

▲图 12-2　在应用商店中查找 NFS　　　　▲图 12-3　NFS 集成配置

提交 NFS 配置，在 Rancher 中会建立一个 NFS 容器（参见图 12-4），在 Storage（参见图 12-5）中可以找到 Hosts。由于有两台主机，因此这里显示的 rancheragent01、rancheragent02 是主机名。此时就可以开始建立数据卷了。

▲图 12-4　建立的 NFS 容器

▲图 12-5　添加数据卷

建立一个名为 logs 的数据卷用来存储 Tomcat 日志（参见图 12-6），填写 Name 即可，然后提交。在图 12-7 中，logs 目录处在 Inactive 状态，因为还没有使用。

▲图 12-6　增加日志数据卷

▲图 12-7　日志卷列表

启动或修改一个 Tomcat 服务，在 Volumes 中设置日志到卷的映射（参见图 12-8），Volume Driver 默认是 rancher-nfs。

完成后卷的状态变为 Active（参见图 12-9）。

▲图 12-8　把容器日志映射到日志卷

▲图 12-9　查看日志卷

可以从 NFS 客户端查看日志，因为是共享存储，所以在任何一个 NFS 客户端上都可以看到日志。图 12-10 展示了在名为 rancheragent01 的主机上看到的日志，图 12-11 展示了在名为 rancheragent02 的主机上看到的日志。

```
[root@rancheragent01 logs]# pwd
/data/share/logs
[root@rancheragent01 logs]# ll
总用量 12
-rw-r--r-- 1 root root 7106 6月   6 13:38 catalina.2018-06-06.log
-rw-r--r-- 1 root root    0 6月   6 13:37 host-manager.2018-06-06.log
-rw-r--r-- 1 root root  459 6月   6 13:38 localhost.2018-06-06.log
-rw-r--r-- 1 root root    0 6月   6 13:37 localhost_access_log.2018-06-06.txt
-rw-r--r-- 1 root root    0 6月   6 13:37 manager.2018-06-06.log
```

▲图 12-10　在主机 rancheragent01 上查看日志

```
[root@rancheragent02 logs]# pwd
/data/share/logs
[root@rancheragent02 logs]# ll
总用量 12
-rw-r--r-- 1 root root 7106 6月   6 13:38 catalina.2018-06-06.log
-rw-r--r-- 1 root root    0 6月   6 13:37 host-manager.2018-06-06.log
-rw-r--r-- 1 root root  459 6月   6 13:38 localhost.2018-06-06.log
-rw-r--r-- 1 root root    0 6月   6 13:37 localhost_access_log.2018-06-06.txt
-rw-r--r-- 1 root root    0 6月   6 13:37 manager.2018-06-06.log
```

▲图 12-11　在主机 rancheragent02 上查看日志

Rancher 还支持 AWS EBS 卷，一个 AWS EBS 卷只可以挂载到一个 AWS EC2 实例中。因此，所有使用同一个 AWS EBS 卷的容器将会被调度到同一台主机上，不能把容器调度到多台主机上，否则主机服务会全部不可用。

Rancher 也可以支持阿里云 NAS。

12.4 本章小结

本章主要讨论了容器化以及大规模部署面临的存储需求。对于文件存储、块存储、对象存储都有开源的解决方案，我们可以根据自己的使用规模、技术储备来选择适合自己企业的存储方案。能够满足企业需求，保证数据安全的方案就是好方案。

第 13 章　服务编排工具

容器编排工具的竞争在最近两三年更加激烈，Kubernetes 的增长速度远远高于其他编排引擎，大有一统江山的味道。国内熟知的互联网企业都拥有大量的容器集群，规模提升以后服务编排基本上都选择 Kubernetes。以前 Kubernetes 的学习难度较大，安装和维护都麻烦，需要团队支持。这方面的人才紧缺，很多工程师都加入到 Kubernetes 的学习浪潮中。这种局面对于 Rancher 无疑是一个契机，Rancher 提供了一个易于使用的容器管理平台，帮助用户快速实现 Kubernetes，解决 Kubernetes 原生使用体验不好的问题，降低学习难度。

Rancher 1.x 也是支持 Kubernetes 原生应用的。出于商业考虑，提供对多种容器编排工具（Swarm、Mesos、Kubernetes 以及自己的 Cattle）的支持显然是个好主意。随着 Kubernetes 市场占有率的提升，Rancher 2.0 完全倒向于 Kubernetes，Rancher 2.0 将良好的用户体验放在 Kubernetes 之上，充分利用 Kubernetes 的强大力量，为用户提供一个易用、门槛低、上手快的容器管理平台。

13.1　Rancher 2.0

根据 Rancher 官网的描述，Rancher 2.0 是一个企业级 Kubernetes 平台，能够让你统一管理所有云上的所有 Kubernetes 发行版以及所有的 Kubernetes 集群。Rancher 2.0 由 3 个主要组件构成：Rancher Kubernetes 引擎（RKE）、统一集群管理（Unitied Cluster Management）和工作负载管理（Workload Management）。

1. Rancher Kubernetes 引擎

（1）轻量级的 Kubernetes 安装程序

为方便对 vSphere 集群、裸机服务器以及不支持托管 Kubernetes 的云提供商部署 Kubernetes 的用户，Rancher 2.0 中嵌入了 RKE。

（2）简单的 Kubernetes 操作

Rancher 支持 Kubernetes 集群的持续操作，如集群升级和 Etcd 备份。

（3）驱动 Rancher 服务器高可用

Rancher 可以安装到现有的 Kubernetes 集群中，该集群可以是为了运行 Rancher 服务器而创建的小型 RKE 集群。

2. 统一集群管理

（1）集群和节点管理

不论是由云提供商（谷歌 GKE、微软 AKS、亚马逊 EKS、华为云、阿里云等）托管的 Kubernetes 集群，还是使用 RKE 新创建的 Kubernetes 集群，抑或是从他地方导入的现有 Kubernetes 集群，Rancher 2.0 平台均支持集群和节点的统一管理。

（2）认证

Rancher 支持本地认证、GitHub 认证以及针对所有 GKE、AKS、EKS、RKS、导入集群的 AD/LDAP 认证。

（3）用户管理

Rancher 支持两种默认的用户类型——admin 和 user，并且可以自定义用户类型。

（4）基于角色的访问控制（Role Based Access Control，RBAC）

Rancher 用户可以创建自己的全局集群角色，可以轻松地分配工作给任何用户，从而管理 Kubernetes 集群和项目。Rancher 包含所有开箱即用的 Kubernetes 角色，并且还可自定义角色。每个角色都可以分配到全局、集群或项目层面。

（5）项目和命名空间管理

用户可以创建命名空间并将它分配给项目。"项目"是一种新的 Rancher 概念，它可以让你对一组命名空间进行分组，并为这些命名空间分配用户权限。

（6）Pod 安全策略

Rancher 2.0 可以让用户创建他们自己的 Pod 安全策略，也可以创建应用于角色的安全策略。

（7）Rancher CLI

CLI 支持所有主要的 Rancher 2.0 功能集。

3. 工作负载管理

（1）工作负载 UI

Rancher 推出了新的工作负载 UI，用户可以利用它简单地创建和管理他们的 Kubernetes 工作负载。

（2）Helm 目录支持

Rancher 2.0 的目录建立在 Helm charts 上。

（3）警告管理

Rancher 2.0 利用 Prometheus Alert Manager 向各种通知器（包括 Slack、Email、PagerDuty 和 WebHook）发送系统和用户级的警告。

（4）日志管理

Rancher 2.0 中安装了 Fluentd 来收集写入特定目录的 stdout/err 输出或日志。Rancher 2.0

支持各种日志目标，包括 ElasticSearch、Splunk、Syslog 和 Kafka。

（5）CI/CD Pipeline

Rancher 2.0 包含简单的集成 Pipeline 功能，用户可在项目中创建 Pipeline 来实现持续集成。

4. 要不要从 Rancher 1.x 迁移到 Rancher 2.0

根据官网消息，最初计划在 Rancher 2.0 中同时支持 Rancher Compose 文件和 Kubernetes YAML 模板。这样从 Rancher 1.6 迁移到 Rancher 2.0 就会非常简单：可以将现有的 Compose 文件在 Rancher 2.0 上重放。

然而，当尝试在 Kubernetes 上实现完全兼容的 Rancher Compose 体验时，遇到了巨大的技术挑战。Kubernetes 支持许多类似于 Cattle 的概念。然而，两者之间仍存在着重要的差异，这使得转换工作变得非常困难。早期版本的 Rancher 2.0 技术预览版将 Rancher Compose 结构转换成 Pod，绕过了 Kubernetes 编排。但是根据用户的反馈，这并不是最正确的解决方案。相反，我们发现有大量的 Cattle 社区用户对 Kubernetes 的功能非常感兴趣，而且由于 Cattle 和 Kubernetes 之间的相似性，从 Rancher Compose 创建 Kubernetes YAML 文件并不太难。

因此，我们决定专注于在 Rancher 2.0 中单独支持 Kubernetes YAML 模板，并且开发工具和实践来帮助 Cattle 用户在 Rancher 2.0 到 Rancher 2.1 的这段时间内迁移到 Kubernetes。当然，Rancher Labs 会继续为 Rancher 1.6 提供至少一年的支持。随着新兴容器行业的发展，我们也会持续关注 Cattle 用户社区的需求。

在整个 Rancher 2.0 项目的打造过程中，我们肩负着将 Rancher 从基于 Docker 改变为基于 Kubernetes 的艰巨任务。我们用 Go 语言重写了所有遗留的 Rancher 1.6 Java 模块，在此过程中还涉及系统中几乎所有其他模块。Rancher Labs 的数十名核心开发人员同时投入到这一项目中。事实上，这么多开发人员能够如此迅速地进行协作和行动，也是 Kubernetes 平台模块化和成熟的证明。我们也更加确信，Kubernetes 会成为企业级应用程序的基础平台。

13.2 Rancher 2.0 体验

Rancher 2.0 版本的安装可参考 Rancher 官网。

用 Cluster 代替了原先的环境（参见图 13-1），多出了 Nodes（参见图 13-2）与 Workloads（参见图 13-3）。与 1.x 版本完全不一样了，Rancher 2.0 基本上重新设计，完全转到 Kerbernets 技术栈上。

▲图 13-1　Rancher 2.0 中的 Cluster

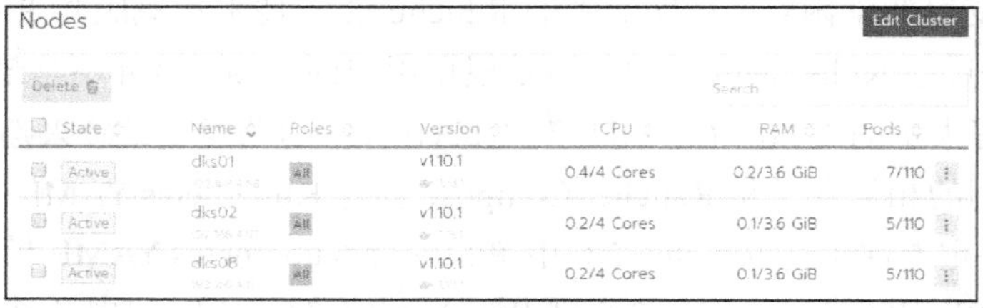

▲图 13-2　Rancher 2.0 中的 Nodes

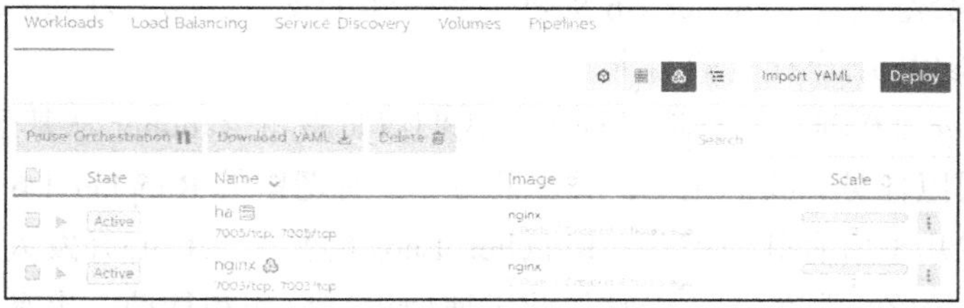

▲图 13-3　Rancher 2.0 中的 Workloads

13.3　本章小结

　　Rancher 2.0 简洁直观的界面风格及操作体验，将解决业界遗留已久的 Kubernetes 原生 UI 易用性不佳以及学习难度大的问题。Rancher 2.0 中的多 Kubernetes 集群管理功能用于解决生产环境中企业用户可能面临的基础设施不同的问题。加上 Rancher 2.0 带来的监控、日志、CI/CD 等一系列扩展功能，可以说，Rancher 2.0 为企业在生产环境中落地 Kubernetes 提供了更加便捷的途径。由于 Rancher 2.0 刚发布不久，难免会有些 Bug，建议先在测试环境中开始部署，稳定后再考虑在生产环境中推广。我们后期也将提供 Kubernetes 相关实践文档，持续帮助读者过渡到 Kubernetes 平台。